装备科技译著出版基金

极端环境无线传感器网络的设计方法

Design Solutions for Wireless Sensor Networks
in Extreme Environments

［英］Habib F. Rashvand　［美］Ali Abedi　著

史彦斌　周竞赛　李立欣　等译

国防工业出版社

·北京·

著作权合同登记　图字:军-2020-045号

图书在版编目(CIP)数据

极端环境无线传感器网络的设计方法/(英)哈比卜·拉什凡得(Habib F. Rashvand),(美)阿里·阿贝迪(Ali Abedi)著;史彦斌等译. —北京:国防工业出版社,2022.1

书名原文:Design Solutions for Wireless Sensor Networks in Extreme Environments

ISBN 978-7-118-12449-1

Ⅰ.①极… Ⅱ.①哈…②阿…③史… Ⅲ.①无线电通信-传感器-计算机网络-研究 Ⅳ.①TP212

中国版本图书馆 CIP 数据核字(2021)第 226703 号

Design Solutions for Wireless Sensor Networks in Extreme Environments,
by Habib F. Rashvand and Ali Abedi
ISBN 978-1-63081-177-8
ⓒ Artech House 2018

All rights reserved. This translation published under Artech House license. No part of this book may be reproduced in any form without the written permission of the original copyrights holder.

本书简体中文版由 Artech House 授权国防工业出版社独家出版。
版权所有,侵权必究。

※

国防工业出版社出版发行
(北京市海淀区紫竹院南路23号　邮政编码100048)
三河市腾飞印务有限公司印刷
新华书店经售

*

开本 710×1000　1/16　印张 17¾　字数 315 千字
2022 年 1 月第 1 版第 1 次印刷　印数 1—2000 册　定价 128.00 元

(本书如有印装错误,我社负责调换)

国防书店:(010)88540777　　书店传真:(010)88540776
发行业务:(010)88540717　　发行传真:(010)88540762

译者序

无线传感器网络(Wireless Sensor Network,WSN)作为物联网的基本组成部分,已经成为当下的研究热点之一。随着微机电系统技术、无线通信技术和数字电子技术的进步,具有感知能力、计算能力和通信能力的无线传感器网络综合了传感器技术、嵌入式计算技术、分布式信息处理技术和通信技术,能够协作实时监测、感知和采集网络分布区域内的各种环境或监测对象信息,并对这些信息进行处理,传送到需要这些信息的用户,为建立低能耗、低成本的无线传感器网络提供了有利条件,为安全维护管理与监控、人体健康护理、环境监测、战场侦察、食品安全监控与追溯以及智慧能源等领域提供了基础设施条件。

本书着眼于无线传感器网络在极端环境条件下的应用问题,紧密结合具体极端应用环境,针对性地解决实际应用部署中遇到的软硬件问题,对无线传感器网络在水下、地下、空间、油气工业等极端应用环境下的技术设计以及部署方案进行了深入研究,系统地构建了海底(海床)智能网络以及在水下无人探测器中的应用框架;针对空间环境无线传感器网络抗辐射性、水下环境网络防水性等具体案例,提出了多种网络部署方案,展示了大量基于智能传感器的小型超宽带无线传感器网络应用案例以及技术实现;重点从技术实践的角度研究了无线传感器网络信号在水下传播的特性,在地磁传播的特性,在工业生产部门以及空间飞行器发动机健康监控、无线能量传输、环境监控及传感器等方面的特殊应用要求。

本书可供在国土资源管理、复杂作战环境感知、危险工业厂房监控、海洋环境监测等领域从事无线传感器系统设计、研究、生产的科学研究人员和工程技术人员学习使用,也可供高等院校物联网工程相关领域的高校教师、研究生、高年级本科生以及希望从事极端环境探测与感知的研究人员学习参考。

本书由史彦斌、周竞赛、李立欣翻译,其中,史彦斌翻译了第1~6章,并对全书进行了统稿,周竞赛翻译了第7、8、9、11章,李立欣翻译了第10、12、13章。参加翻译工作的还有劳永军、王光宇、郭辉、王宇、步健、鲁华平、王昊鹏、刘鉴轩、周俊杰等同志,他们重点在文字校对和绘图方面做了大量工作。本书的翻译出版得到了中央军委装备发展部"装备科技译著出版基金"和吉林省教育厅"十三五"科学技术研究项目"恶劣环境中无线传感器网络的部署与关键技术研究"（JJKH20201208KJ）的支持，在此表示感谢。

鉴于译者水平所限，书中难免存在不足和不妥之处，希望读者不吝指教。

译 者

2021 年 6 月

目 录

第1章 极端环境下的无线传感简介 …………………………………… 1

- 1.1 引言 ………………………………………………………………… 2
- 1.2 无线传感器系统 …………………………………………………… 2
- 1.3 微处理器单元 ……………………………………………………… 3
- 1.4 无线收/发单元 ……………………………………………………… 3
- 1.5 极端环境 …………………………………………………………… 6
- 1.6 本书结构 …………………………………………………………… 6

第2章 极端条件下无线传感器建网:吞吐量与干扰的平衡 …………… 9

- 2.1 引言 ………………………………………………………………… 9
- 2.2 极端环境中的无线传感 …………………………………………… 11
  - 2.2.1 能量需求 …………………………………………………… 11
  - 2.2.2 频谱管理 …………………………………………………… 13
  - 2.2.3 维护 ………………………………………………………… 14
- 2.3 吞吐量要求 ………………………………………………………… 16
  - 2.3.1 吞吐率 ……………………………………………………… 16
  - 2.3.2 吞吐量增强 ………………………………………………… 17
  - 2.3.3 延迟削减 …………………………………………………… 17
- 2.4 传感器网络中的干扰 ……………………………………………… 18
  - 2.4.1 码间干扰(时域) …………………………………………… 18
  - 2.4.2 串扰(频域) ………………………………………………… 19
  - 2.4.3 互相关(码域) ……………………………………………… 20
  - 2.4.4 干扰的抑制与防护 ………………………………………… 21
- 2.5 结束语 ……………………………………………………………… 22
- 参考文献 ………………………………………………………………… 23

第3章 柔性传感器系统:寿命设计 ………… 25

- 3.1 引言 ………… 25
- 3.2 寿命的定义 ………… 25
- 3.3 传感器系统设计 ………… 27
  - 3.3.1 传感器材料 ………… 27
  - 3.3.2 传感器系统 ………… 28
  - 3.3.3 网络科学与工程 ………… 30
- 3.4 环境适应性 ………… 33
  - 3.4.1 物理和化学参数 ………… 33
  - 3.4.2 信道参数 ………… 35
- 3.5 结束语 ………… 37
- 参考文献 ………… 37

第4章 传感系统在极端环境中对电子学及硬件的挑战 ………… 39

- 4.1 引言 ………… 39
- 4.2 传感硬件面临的挑战 ………… 42
  - 4.2.1 空间辐射 ………… 42
  - 4.2.2 水下传感器 ………… 42
  - 4.2.3 工业应用 ………… 43
- 4.3 通信挑战 ………… 44
  - 4.3.1 空间 ………… 44
  - 4.3.2 水下 ………… 45
  - 4.3.3 工业应用 ………… 46
- 4.4 参数估计 ………… 49
  - 4.4.1 直接法 ………… 49
  - 4.4.2 间接法 ………… 50
  - 4.4.3 基于邻近的技术 ………… 50
- 4.5 结束语 ………… 51
- 参考文献 ………… 52

第5章 极端环境下的传感器设计:材料科学的视角 ………… 54

5.1 引言 ………… 54
5.2 传感器响应间隔 ………… 55
 5.2.1 时域 ………… 55
 5.2.2 频域 ………… 56
 5.2.3 码域 ………… 57
5.3 无源传感器建模 ………… 59
5.4 询问机设计 ………… 61
5.5 干扰抑制 ………… 63
5.6 设计挑战 ………… 64
5.7 结束语 ………… 65
参考文献 ………… 65

第6章 极端环境中无线波束形成 ………… 68

6.1 引言 ………… 68
6.2 天线阵列 ………… 70
6.3 方向性的重要性 ………… 74
6.4 无线传感器波束形成 ………… 76
6.5 移动波束形成解决方案 ………… 77
 6.5.1 无线传感器网络波束形成的一般方案 ………… 79
 6.5.2 低频波束形成方案 ………… 80
 6.5.3 MIMO 波束形成方案 ………… 85
6.6 结束语 ………… 86
参考文献 ………… 87

第7章 覆盖技术在无线传感部署中的作用 ………… 88

7.1 引言 ………… 88
7.2 覆盖管理 ………… 89
7.3 点对点网络 ………… 92
7.4 网络管理 ………… 95

7.5 高级网络管理 ········· 97
 7.5.1 5G 计划 ········· 97
 7.5.2 移动边缘计算 ········· 99
 7.5.3 软件定义的网络、网络功能虚拟化以及增强现实 ········· 99
 7.5.4 动态网络管理的基本因素 ········· 101
 7.5.5 核心覆盖处理器 ········· 103
7.6 动态预警系统 ········· 106
7.7 结束语 ········· 109
参考文献 ········· 110

第 8 章 极端环境的信息流：使用相关流的源估计 ········· 113

8.1 引言 ········· 114
8.2 首席执行官问题 ········· 115
 8.2.1 二元相关模型 ········· 116
 8.2.2 信息理论回顾 ········· 117
8.3 二元 CEO 问题的实用编码设计 ········· 118
 8.3.1 分布式信源编码与联合编码 ········· 118
 8.3.2 实际分布式信源编码回顾 ········· 120
8.4 带双模解码器的分布式卷积码并行级联 ········· 120
 8.4.1 编码器结构 ········· 121
 8.4.2 解码器结构 ········· 121
 8.4.3 双模解码运算 ········· 123
8.5 性能分析 ········· 127
8.6 扩展到多跳网络 ········· 131
8.7 结束语 ········· 133
参考文献 ········· 135

第 9 章 水下无线传感器系统 ········· 141

9.1 引言 ········· 141
 9.1.1 技术管理 ········· 142
 9.1.2 洪水中人类的不稳定 ········· 143
 9.1.3 浅水地震 ········· 145

9.2 水下传播技术 ··· 147
    9.2.1 声传播技术 ·· 149
    9.2.2 其他可能的传播方法 ·································· 156
9.3 遥感 ··· 159
9.4 能源 ··· 161
9.5 水下无线传感器的应用 ······································ 161
    9.5.1 浅水及海岸洋流 ······································· 162
    9.5.2 深水应用 ·· 164
9.6 特殊情况:海上油气工业 ···································· 164
    9.6.1 海上远程生产 ··· 166
    9.6.2 海底应用 ·· 166
9.7 结束语 ·· 169
参考文献 ··· 170

第10章 无线传感器系统的地下应用 ························ 173

10.1 引言 ··· 173
10.2 地下感知 ·· 174
    10.2.1 地壳观测 ·· 174
    10.2.2 地表观测及改善工业活动 ························· 176
    10.2.3 改善农业和畜牧业 ································· 176
10.3 地球建模 ·· 178
    10.3.1 泛大陆与地壳移动 ································· 178
    10.3.2 全球地震断层图建模 ······························ 180
10.4 无线地下传感器网络关键技术 ·························· 182
    10.4.1 电磁传播 ·· 183
    10.4.2 远场磁传播 ··· 186
    10.4.3 地震波传播 ··· 189
10.5 近地表服务 ·· 191
    10.5.1 近地表地下服务:扫描定位 ······················· 192
    10.5.2 近地表地下服务:监控应用 ······················· 195
    10.5.3 近地表地下服务:联网服务 ······················· 200
10.6 典型应用:矿井监测 ······································ 203
10.7 结束语 ··· 204

参考文献 ·· 204

第 11 章 工业和运输用无线传感器系统 ············· 208

11.1 引言 ·· 208
11.2 创新应用 ··· 211
    11.2.1 生产质量控制 ··· 211
    11.2.2 生产线自动化 ··· 211
    11.2.3 创新副作用的控制 ·· 212
11.3 工业生产 ··· 212
    11.3.1 水下工业无线传感器网络 ·· 213
    11.3.2 地下工业无线传感器网络 ·· 215
    11.3.3 制造业无线传感器网络 ··· 215
    11.3.4 航空航天工业无线传感器网络 ······································· 218
    11.3.5 运输系统行业的无线传感器网络 ···································· 218
11.4 工业无线传感器网络的服务部署 ··· 221
    11.4.1 能源问题 ·· 222
    11.4.2 平台部署 ·· 224
    11.4.3 网络方面 ·· 225
11.5 创新解决方案评估 ·· 225
11.6 结束语 ·· 226
参考文献 ·· 226

第 12 章 无线传感器系统的空间应用 ···················· 228

12.1 引言 ·· 228
12.2 无线传感器系统用例场景 ·· 229
    12.2.1 空间飞行器 ··· 229
    12.2.2 卫星和有效载荷 ·· 230
    12.2.3 表面勘探 ·· 231
    12.2.4 地面系统 ·· 232
    12.2.5 空间定居地 ··· 233
12.3 应用特定要求 ·· 234
    12.3.1 技术领域 2 子主题 4.1:发动机健康监测 ························· 235

12.3.2 技术领域3子主题3.4：无线能量传输 ……………………… 236
12.3.3 技术领域5子主题2：射频通信 ……………………………… 237
12.3.4 技术领域5子主题5.3：认知网络 …………………………… 238
12.3.5 技术领域6子主题4.1：环境监测和传感器 ………………… 239
12.3.6 技术领域7子主题4.1：空间定居系统 ……………………… 240
12.3.7 技术领域10子主题4.1：传感器和执行器 ………………… 240
12.4 结束语 ……………………………………………………………… 241
参考文献 …………………………………………………………………… 242

第13章 极端环境下的无线传感器网络设备和系统 ……………… 244

13.1 引言 ………………………………………………………………… 244
13.2 传感器 ……………………………………………………………… 245
13.3 水下 ………………………………………………………………… 250
　　13.3.1 浅水 ………………………………………………………… 253
　　13.3.2 深海 ………………………………………………………… 253
　　13.3.3 水下航行器 ………………………………………………… 253
13.4 地下 ………………………………………………………………… 254
　　13.4.1 近地表地下服务 …………………………………………… 255
　　13.4.2 全球地震波层析模型 ……………………………………… 257
13.5 空间 ………………………………………………………………… 257
　　13.5.1 航电 ………………………………………………………… 258
　　13.5.2 卫星 ………………………………………………………… 258
　　13.5.3 外层空间 …………………………………………………… 260
13.6 其他极端环境传感器 ……………………………………………… 262
13.7 其他传感器 ………………………………………………………… 263
13.8 无线传感器网络系统 ……………………………………………… 265
13.9 结束语 ……………………………………………………………… 266
参考文献 …………………………………………………………………… 266

第1章
极端环境下的无线传感简介

对于在恶劣或极端环境中需要高效可靠工作的系统而言，感知至关重要。从环境或系统中收集的性能指标信息越多，系统就越能够可靠地工作。此类应用包括喷气发动机的振动或化学参数感知、涡轮内部的温度感知以及野火的风向监测等。在过去的一个世纪中，大多数传感器系统都是用有线电缆设计的。有线系统的设计和维护一般比较繁琐和昂贵，因而很少甚至不可能应用于极端恶劣环境。

另外，由于无线传感技术能够提供一种低成本、轻量级的解决方案，同时还可以提供更多的灵活性和功能性，通过免除接线、捆扎、布线和增加固定装置以固定电缆的需要，从而节省了大量的成本，而且还减少了日后因电线断裂或老化而需要的维护工作。无线传感器不但可以很容易地移动，而且可以根据需要添加新的传感器单元。相比而言，在现有有线系统中添加一个新传感器则需要重新设计路由、实施串扰分析等工作，当然还需要额外增加成本。

设计用于极端恶劣环境的无线传感器的第一步是精准的需求分析。如果这个步骤没有充分考虑到问题的各个方面，最终的设计结果可能无法按预期执行，或者成本超过预算。

需求分析从传感系统本身的输入输出规范开始，并持续进行环境条件分析，以确保工作的连续性。需求分析的其中一个角度是从传感器本身的功能以及检测特定参数的方法入手，另一个角度是从考虑用于制造传感器的材料是否能够承受恶劣的环境条件入手。

本章对无线传感的基础知识进行概述，并回顾理解本书其余部分所需的基本概念。本书从对传感系统的概述开始，通过对本书其他章节的概述，继续深入对无线电和网络概念进行回顾和总结。对本章的阅读将有助于提高其他章节的可读性，同时帮助读者决定书中哪些章节与他们的应用和兴趣相关。

值得注意的是，掌握电气工程、通信系统和网络的基础知识将有助于理解本章和本书的其余部分。阅读本章之前，应回顾电路分析、滤波、数字信号处理和收/发器设计等基本概念。

1.1 引言

无线传感器网络主要由传感器、微处理器和无线收/发单元三部分组成。传感器本身可以包括多个模块,如样本集中器、前端、传感器和接口等。有些传感器可能还需要自己的电源(加热元件以吸收某些材料)或使用通过接口线提供的电源实现运行。

微处理器的输入通道可以是数字或模拟通道,有些具有内部模拟/数字转换器(Analog – to – Digital Converter,ADC),有些需要外部 ADC。微处理器的作用是对传感器采集的数据进行采样,并将采样数据发送到无线收/发单元进行传输。微处理器(CPU)充当系统的大脑,可用于有效的电源管理,使系统进入睡眠状态的工作循环以及与其他监控或编程接口交互。

无线收/发单元包括信源编码器、信道编码器、调制器、天线和双工器(Duplerer,DUP),DUP 用于传输和接收数据。无线收/发单元可能是整个系统中最耗电的单元。

第 2 章将研究所有上述这些不同的单元及其子系统。

1.2 无线传感器系统

无线传感器系统通常包括样本集中器、前端、传感器和接口等,如图 1.1 所示。

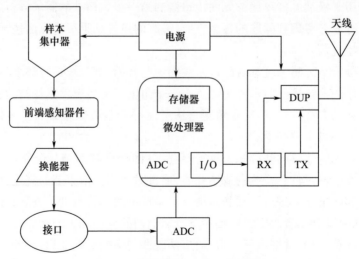

图 1.1 无线传感器系统功能框图

根据传感器的灵敏度以及正在取样的介质(如空气或水)中的化学或生物样品数量差异,可能需要使用集中器将样品密度提高到传感器可检测的水平。前端或传感元件,是设计用来对特定分子敏感的材料。例如,如果将薄膜沉积在一个基底上,这样薄膜中的物质就可以与特定的分子形成边界并改变其性质,从而测量空气中这些分子的浓度水平。

然后测量薄膜或基底的属性变化,并使用传感器单元将其变为电压或电流信号。接口模块用于将转换信号连接到采样 ADC 的微处理器上。在某些情况下,这些模块可以组合成一个同时进行转换和接口的电路。

下一步是确定如何将传感器连接到微处理器。如果传感器有数字输出,微处理器支持数字输入,则可以直接连接。然而,通常在传感器和微处理器之间使用缓冲电路以防止意外短路,这通常是保护微处理器的有效方法。

对于具有模拟输出的传感器而言,如果微处理器内的 ADC 具有足够的分辨率和分辨速度,则可以直接将传感器连接到微处理器上。但在某些情况下,可能还需要使用外部 ADC 来实现更高的分辨率或分辨速度。

1.3 微处理器单元

微处理器单元(也称为微控制器)由内部存储器、ADC、输入/输出(Input - Output,I/O)接口和编程或算术运算单元组成。

一旦将数据加载到处理器内,无论是使用外部还是内部 ADC,都将按照程序中确定的预定采样频率对其进行采样,然后数据被传送到无线收/发单元。

系统的所有其他编程功能,如何时打开或关闭传感器,向收/发单元传输数据的频率以及系统的整体电源管理等,都由微处理器完成。

1.4 无线收/发单元

无线收/发单元由接收器(Receiver,RX)、发射器(Transmitter,TX)和双工器组成。双工器用于实现 RX 和 TX 单元共用一个天线。RX 和 TX 单元由信源编码器/解码器、信道编码器/解码器和调制器/解调器模块组成,如图 1.2 所示。

信源编码器模块用于消除数据中的冗余,并对其进行压缩,以避免不必要的功耗或传输冗余数据。广泛使用的压缩算法,如用于图片压缩的 jpeg、视频压缩的 mpeg 以及数据压缩的 zip,都是高效数据压缩方法的例子。数据压缩算法的基本原理是将更少的比特分配给更频繁的符号,而不是统一的比特分配。

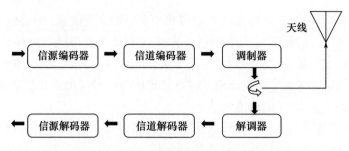

图 1.2　无线收/发单元框图

实例:考虑表 1-1 所列的 5 个代表传感器温度的符号。如果要对这些符号进行统一的比特分配,需要多少比特? 如果将较短的比特序列分配给更频繁的符号,那么平均比特数是多少?(提示:哈夫曼编码可以作为一种最佳的数据压缩方法。)

表 1-1　实例

符号	温度/℃	概率
A	+15	0.1
B	+5	0.2
C	0	0.5
D	-5	0.15
E	-15	0.05

解决方案:使用统一的二进制编码,为了表示 5 个符号,需要 3bit 信息。尽管 3bit 可以代表 8 个符号(如 2^3),但该实例只使用其中 5 个。

使用哈夫曼编码,需要从高概率到低概率对符号进行排序,并从概率最低的两个符号开始构建哈夫曼编码树(图 1.3)。新的组合符号将具有其分量概率之和。然后根据从符号到根(概率为 1 的最后一个符号)的跳数分配代码,1 表示上分支,0 表示下分支。

符号	概率					码
C	0.5	1			1	1
B	0.2	1		0.5	0	10
D	0.15	1	0.3	0		100
A	0.1	1	0.15	0		1000
E	0.05	0				0000

图 1.3　哈夫曼编码实例

平均码长(表 1-2)或所需位数可通过代码长度加权平均值计算得出,总计为 1.95bit。这相当于节省了 35% 的传输功率。

表1-2 平均码长实例

符号	概率	码	码长	平均码长
C	0.5	1	1	0.5
B	0.2	10	2	0.4
D	0.15	100	3	0.45
A	0.1	1000	4	0.4
E	0.05	0000	4	0.25
总 计				1.75

可以想象,由于在传输过程中没有内置的冗余来修正翻转位,使得压缩数据对误差非常敏感。信道编码模块将添加一些人工冗余来缓解这个问题。当然,与原来的内置冗余相比,添加的冗余总是尽量保持在最小值。一种简单的信道编码方法称为分组编码,是将一个比特序列映射到另一个具有几个额外比特作为奇偶校验的序列。汉明(Hamming)码是一种广泛使用的分组码。Hamming(7,4)码通过将数据向量和 Hamming 生成器矩阵相乘,将每 4 位数据映射为 7 位数据(含奇偶校验),有

$$G = \begin{bmatrix} 1 & 1 & 0 & 1 \\ 1 & 0 & 1 & 1 \\ 1 & 0 & 0 & 0 \\ 0 & 1 & 1 & 1 \\ 0 & 1 & 0 & 0 \\ 0 & 0 & 1 & 0 \\ 0 & 0 & 0 & 1 \end{bmatrix}$$

下面,将产生的 7 位码字发送到调制器进行传输。在接收端,一旦接收并解调出一个新的 7 位码字,将使用综合解码对接收的矢量进行解码,并提取发送的 4 位码字。可以使用此方法纠正少量错误(1 位或 2 位错误)。如果需要更高的错误保护,可以使用更强大的信道编码方案,如低密度奇偶校验码或 Turbo 编码。

无线收/发单元的最后一个模块分别是发射机和接收机模块的调制器和解调器。这两个模块通过双工器连接到同一个天线,以避免高传输功率泄漏回接收器(自干扰)。调制器的作用是将基带低频信号转换为高频信号进行远程通信。另外,解调器将高频信号转换为基带信号进行检波。广泛使用的调制方案是调幅(Amplitude Modulation,AM)或调频(Frequency Modulation,FM)。数据通信通常使用数字调制而不是模拟方法(AM 或 FM)。数字调制方法,如相移键控(Phase Shift Keying,PSK)或正交幅度调制(Quadrature Amplitude Modulation,

QAM),广泛应用于各种数据通信系统中。

1.5　极 端 环 境

本节研究极端恶劣环境对无线传感器系统3个主要部件的影响。对于传感器装置本身而言,主要的挑战在于其材料特性和承受极高或极低温度的能力。如果材料不能耐受这些恶劣环境,则采用某些类型的涂层(甚至封装),在某些情况下可能会有所帮助。恶劣的环境不一定局限于极端的温度波动,在化学气体蒸气或液体中的运行也可能对传感器设备造成恶劣影响。本书后面将讨论一些关于材料选择和设计方面的注意事项。

即使传感器本身就是为恶劣环境而设计的,电池和电源的放置仍然是一个挑战。对于能够在非常高或非常低的温度条件下保持有效工作的电池,目前仍然没有太多的选择余地。对该问题的一些解决方案将在本书后面使用无源传感技术时介绍。

无线收/发单元在恶劣电磁环境(高反射介质)中还面临着不同的挑战。换句话说,温度或腐蚀性气体的挑战并不是唯一需要考虑的问题。无线电信号的反射和散射以及更高的噪声是在恶劣环境、反射罩内部和工业环境中需要额外考虑的问题。

微处理器可能是整个系统中最敏感的部分,需要冷却或加热(取决于不同应用环境以保持其性能)。在某些应用中,传感器可以放置在不同的位置,并连接到微处理器,微处理器必须远离热源且与气体或液体隔离。因此,在某些情况下,有线/无线混合可能是唯一的解决方案。

1.6　本 书 结 构

本书的其余部分组织如下。

第2章介绍在极端恶劣和具有挑战性的环境中工作的无线传感器网络在吞吐量和干扰之间的权衡。分析在恶劣环境下使用传统干扰管理方法限制环境敏感应用的边界条件和限制因素。从能量、频谱管理和维护的角度出发,分析具有挑战性的环境对无线感知的需求,并提出干扰管理的实用方法。

第3章通过介绍材料科学、传感器系统和网络科学与工程方面的最新发展,重点分析传感器的柔性和寿命,有助于延长传感器系统在恶劣环境中的寿命。定义系统的可靠性和风险比,并提供几个实例和解决方案,以便于更清楚地了解可靠性和风险比。

第 4 章研究无线传感系统在太空和水下等极端环境中实际部署的设计考虑和主要挑战。在空间应用中，辐射耐受性是另一个主要问题，而在水下环境中，防水是一个主要挑战。在恶劣的工业环境中部署硬件和电子设备需要在一组完全不同的边界条件下进行设计，这与在地球上进行日常活动所使用的普通电子设备相比是完全不同的。所有这些问题都用实例来加强概念解析。

第 5 章从材料科学的观点介绍在恶劣环境中实现和使用无源无线传感器的方法，并从材料科学和信号处理的角度介绍无源传感器的建模与设计。

作为无线传感器网络的一种自然特性，波束形成的原理、技术特性和潜力在第 6 章进行讨论。在此过程中，分析系统/方法的各种技术领域，包括阵列天线、波束方向性图和方向性的重要性。通过研究无线传感器网络的能量和高传播问题，进而引出无线传感器网络特有的波束形成的巨大潜力。无线传感器网络波束形成的基本特性源于这样一个事实：如果网络中的节点能够作为一个集群通过任何其他规则进行协作，共享它们同步的传播信号，那么就可以动态地改变它们的整体传播方向，使其形成指向性非常高的波束，从而向特定方向（如所需基站）发送能量（波瓣），同时避免向附近友好节点发送几乎为零的能量（空）。在高流量无线传感器网络中，将波束形成特性与多输入多输出（Multi Input – Multi Output, MIMO）技术相结合，可以为一种新的、更优越的大规模无线传感器网络范式提供一个新的高性能平台。

第 7 章介绍覆盖技术，它源于传统的网络管理，覆盖作为一个概念正在稳步成熟，并处在不断发展的过程中。在互联网蓬勃发展和个人对个人（Peer – to – Peer, P2P）服务提供的同时，覆盖技术也在不断壮大。为了阐明这种情况，定义 4 种覆盖技术：①传统的监督覆盖监测（Supervisory Overlay Monitoring, SOM）；②轻量级任务覆盖管理（Mission Overlay Management, MOM）；③服务网络覆盖（Service Network Overlay, SNO）；④网络管理覆盖（Network Management Overlay, NMO）。虽然 MOM 和 SNO 在互联网服务中非常流行，但建议通过一种称为动态网络管理（Dynamic Network Management, DNM）的新算法部署开发的最后一个阶段，即网络管理覆盖阶段。这种动态覆盖技术具有新的特性，以增强比以往任何时候都更适合极端环境（包括动态预警系统（Dynamic Early Warning System, DEW））的新型传感器应用。

第 8 章讨论的重点是无线传感器网络的一个特定变种，即数据源位于难以抵近的区域，因此出现其他挑战和问题，包括极端环境条件下现场监测的一个重要场景。因此，提出联合信源信道编码和相关传感器数据的分布式编码的概念，并给出详细的解释和实例。

第 9 章介绍一种新的研究范围广泛的使用智能传感器技术形式的进步和成

就,即轻型水下无线传感器网络的应用。新的发展机遇潜力是巨大的,但不幸的是,它受到普遍可用的低带宽声传播技术的阻碍。检查远端模型声音信号,可以通过遥感、联网和使用水下自主飞行器(UAV)增强其功能,使其能够实现新的应用,它们与新的网关、浮标和其他海上平台结合,使其具有科学性和地质性,使得探险安全愉快。水下无线传感器网络还为位于海床和海底新型巨大的可用石油和天然气资源提供了新的工业机会,在这些资源中,使用智能传感器技术使许多新的作业槽变得可行和安全。

第10章介绍利用无线传感器网络在两个不同维度上实现新应用的深入调查:①保护人类免受地壳相关灾难(如地震)的影响;②增强地下传感的工业和农业生产能力。第一部分涉及地震传感器(检波器)的广泛使用以及建立全球规模的数据库,以了解地下、地球和泛大陆理论。第二部分首先利用无线地下传感器网络(WUSN)技术提高采矿安全性,然后利用无线传感器网络加强农业产业,寻找更好的传播方法,包括电磁无线电、宽带地震和磁感应。一种未来在灵活和快速反应有创新前途的中程 Ad hoc 无线地下感知(WUSX)可以更好地利用所有可用的传播技术。

第11章讨论在生产和运输等极端恶劣环境中,通过无线传感器网络进行广泛创新的生产工艺、产品和提供服务的可能性。从创新的角度对开发和设计的各个方面进行分析,以便在建立项目之前分析和讨论具体的需求和要求。通过工业物联网(Industrial Internet of Things,I^2oT)和工业无线传感器网络(Industrial Wireless Sensor Network,IWSN)的最新发展,研究各种极端环境中独特的设计和开发方法,以使许多即将到来的工业无线传感器网络范例得以实现。

第12章研究无线传感器网络的空间应用。基于美国国家航空航天局(NASA)的技术路线图,对无线传感器系统在空间探测中的应用进行全面的介绍。研究指导空间探测技术发展的各种技术领域,确定无线传感器系统的发展方向。

第13章介绍与设备相关的传感器、设备和系统样本,以补充本书的其他章节。为此,提出一种新的编码方法,用于对相关项目和极端环境进行分类。最后,提出一个模块化的系统设计,集成成功的开发案例以及对新的处理器系列的要求,以实现在极端环境下的低成本和低能耗的无线传感器网络服务。

第2章
极端条件下无线传感器建网：
吞吐量与干扰的平衡

本章首先介绍无线传感器网络在恶劣和具有挑战性的环境中工作时，在吞吐量和干扰之间有关平衡方面的最新发展，分析在这种环境下使用常规干扰管理方法限制环境敏感应用的边界条件和限制因素。然后，给出几个与空间应用相关的极端环境实例，从能量需求、频谱管理和维护的角度分析具有挑战性环境下的无线传感需求。最后，探讨一些当前和未来的实用方法，就如何管理干扰提出实用的解决方案，以设计在特定的恶劣条件下具有可接受吞吐量性能的高效网络。

本章不涉及电子硬件问题、传感器设计背后的材料科学问题以及在恶劣环境中电池的工作问题。有关这些相关主题的详细讨论，可分别参阅第3~5章。

2.1 引 言

无线传感器网络在不同条件下对物理、化学或生物在单一或复合环境中感兴趣的可测量参数进行采样时，要求具有很高的空间分辨率，这与能够实现高时间分辨率输出的先进ADC技术非常相似。

通常，理解标量场的变化并确定事件是否发生对于各种应用程序都是非常重要的[1]。典型的实例包括追踪森林中的野火，监测海洋中的石油泄漏，追踪散布在某个地区的生物或化学气体，预测人口中心附近的风暴登陆以及监测空间定居地环境等。

在这些实例中，需要从尽可能多的位置以最快的速度获取大量样本来反映勘察感兴趣的区域。在勘察野火的实例中，温度是描述标量场的参数。预测火灾的蔓延方式以及未来的方向对于明智地规划疏散方案至关重要，可以防止不必要的交通堵塞（图2.1）。

图 2.1　加拿大荒地火灾信息系统预测 2016 年 5 月 5 日火情图
（经加拿大自然资源部林业局许可复制，2018 年）

另一个实例是监测住宅的能源效率以及空间定居地生命支持系统的工作情况。图 2.2 显示了美国国家航空航天局充气月球空间定居地的内部视图，这是一个由美国国家航空航天局建造的直径为 42ft 的同心环面，缅因州大学 WiseNet 实验室研究人员使用 124 个无源传感器和 48 个有源传感器进行监测。这些传感器用于监测空间定居地的结构完整性，定位撞击，发现泄漏并跟踪内部温度和湿度等参数。

显然，基于这些实例的数据做出有用的决策需要大量样本。提高空间和时间分辨率等同于提高网络中的数据吞吐量，特别是当数据变得更接近融合中心（在集中式算法中）或簇头（在分布式算法中）时[2-4]。要解决的问题是如何确定多少数据足够，何时停止增加分辨率或采样率。无线网络高吞吐量的一个明显副作用就是增加了干扰，它将是决定吞吐量上限的一个关键限制因素。

研究人员对基于基础设施的无线网络中的干扰管理进行了深入研究，并提出了许多有效的解决方案，如干扰对齐[5,6]。但是，由于无线传感器网络在恶劣和具有挑战性环境中的能量、频谱和计算能力有限，还需要在干扰管理方面进行

图 2.2　缅因大学 Wise Net 实验室的研究人员在充气月球空间定居地内测试传感器

更多的理论研究和技术开发。

本章介绍在恶劣和具有挑战性的环境中工作的无线传感器网络在吞吐量和干扰权衡方面的最新进展,对在这种环境中如何工作提出另一组边界条件和限制因素[7,8]。

本章的其余部分安排如下。2.2 节介绍在恶劣和具有挑战性的环境中工作时施加在无线传感器网络上的边界条件。2.3 节讨论与简易接收机设计有关的吞吐量要求以及与干扰的平衡。2.4 节介绍无线传感器网络中的干扰以及在极端和具有挑战性环境中的管理策略。2.5 节为小结。

2.2　极端环境中的无线传感

在恶劣和具有挑战性的环境中,施加在无线传感器网络上的边界条件决定了开发有效吞吐量和干扰管理方法的进展。本节将讨论这些限制及其对相关典型方法的影响。需求分为三个主题:能量需求、频谱管理和维护。本节提供一些适合极端环境的设计解决方案,作为实践工程师的指导。

2.2.1　能量需求

对恶劣环境而言,最具挑战性的要求是获得能量以保障电子电路的运行。电池在非常高或非常低的温度下工作通常是有问题的。频繁更换电池花费很高,也很麻烦。因此,解决方案要么是将电源线(在受控环境中)连接到恶劣环境中的传感器上,要么是开发能够承受恶劣环境的电池。根据对恶劣环境的定义,电池设计的最新发展提供了能够承受 -40~85℃(美国纽约州塔迪兰公司)甚至高达 125℃(美国北卡罗来纳州萨夫特公司)的解决方案。

除了能量需求和电池故障外,系统的其他电子部件在恶劣和极端环境下工作时也容易出现故障。针对特定温度范围的另一个有趣的解决方案[9]是高温电路。例如,电子电路可以在高达 400℃ 的温度下工作(美国俄亥俄州 NASA 格林研究中心)。然而,随着应用的温度范围要求越来越宽,可用的解决方案会变得越来越少。将电线连接到传感器是一种基于热电偶原理,并已经在熔炉和烤箱中使用多年的解决方案。而在恶劣环境下将能量通过无线网络传输到传感器上,是近年来研究和开发的一种新的解决方案。

无线能量传输的实例包括用于远程应用的射频能量收集芯片(美国宾夕法尼亚州 Powercast 公司)的最新发展,或在近距离应用中无法进入腔体时使用近场磁耦合(NFC 标准)。

另一个实例是文献[10]中基于传感器远程供电的无电池解决方案。如图 2.3 所示,可以使用基于现场可编程门阵列(Field Programmable Gate Array,FPGA)的询问器作为发射机和接收机来读取无源或无电池传感器。询问器由合成器、FPGA、放大器、射频(RF)开关和滤波器组成。首先 FPGA 板从合成器产生与特定传感器代码相匹配的扩频信号;然后将该信号放大并通过射频开关传输到传感器。传感器会反射包含已经发生变化的信号,而且这些变化可以根据温度变化进行量化。此时,射频开关创建指向滤波器、放大器和信号处理单元的接收通道,这些接收通道也可以存储在 FPGA 中,或者使用 MATLAB 嵌入式仿真程序离线执行。这是无源传感器的一个实例,它能够在传感器级解决能量需求,而不需要电池。

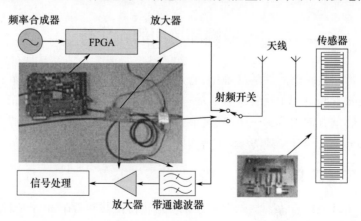

图 2.3 缅因大学开发的无电池传感器系统框图[13](经工程技术学院许可复制)

无线传感器所需能量的其他实例包括空间太阳能研究使用的高聚焦微波束的无线功率传输技术,从环境中已有的射频信号中获取射频能量以及使用高强度类太阳光源和太阳能阵列的光功率传输。文献中对这些方法进行了广泛的研究,并有其各自的优点和缺点。

2.2.2 频谱管理

结构监测等需要高空间分辨率的应用对传感器网络的频谱可用性提出了很高的要求。在恶劣环境中,例如,难以到达的区域或空间有限的金属腔体内,经常使用扩频技术对抗干扰和多径反射,这对宽带信号需求提出了更高的要求。压缩传输数据或使用频谱有效的方法可以在一定程度上解决这一问题,但是在某些时候,也可能无效。因此,需要一种改变频谱共享模式的方法。文献[11]综述了近年来的一些技术发展,如节点协作、动态频谱接入、协作频谱感知和信道状态信息的使用等。

节点协作或转发其他节点的数据是一种利用频谱的有效方法。例如,如果从信源到目的地的直接通信链路正在遭受低信噪比的困扰,或者在多径信道处于深衰落的情况下,则信源没有必要浪费宝贵的频谱和功率资源尝试发送注定丢失或接收端接收到噪声太大而无法重建的数据包,而且此操作还会对其他相邻节点造成干扰。相反,信源可以使用信道状态信息来预测这种情况,使用更接近的中继,更低的功率,影响更少的相邻节点,并提高其成功传输的概率。

事实上,频谱并非是一直处于使用状态,所有用户也不会一直处于发送状态。因此,识别频谱空洞和共享频谱能够显著提高网络频谱的总体使用效率。

这种方法对于一个简单的三节点网络来说很容易解释和优化,但是对于一个具有多节点和不同业务优先级的大规模网络来说,在解决资源(功率和频谱)分配问题时可能会出现复杂的优化问题。博弈论方法(如文献[12]中的方法)为分析此类系统提供了简单的解决方案。如图2.4所示,假设具有不同优先级的不同用户 S_1 和 S_2,低优先级用户 S_2 可以在每个时隙的一部分时间段充当高优先级用户 S_1 的中继,以增加其吞吐量,并在随后的时隙中为低优先级用户打开更多机会来发送其数据。在这个基于博弈论的资源分配方案中,需要保证高优先级用户的专用时间段,从而确保不同优先级用户之间的协作。

协作中继的主要优点是按需求从难以抵近区域的节点中继信息来扩展网络的覆盖范围。如上所述,当主信道遭受低信噪比困扰时中继高优先级数据是中继的另一个显著优势。另一个频段的认知无线电网络通过精心规划的共享机制,促进对频谱等可用资源更有效的利用。

这种协作机制和认知无线电相结合的方法可能是未来实现认知网络的关键。完全的干扰缓解是不可能的,高优先级用户(或在认知无线电术语中表示为主用户)将永远不会在没有任何实际收益的情况下冒险许可他人使用其频谱。

协作中继是低优先级用户(或次要用户)在每个时隙内预定但动态获得对许可频谱的访问而支付的代价。

使用协作中继的一个实例是在救灾行动期间的应急管理情况。想象一下,在树木茂密的地区有一个急救人员,没有任何蜂窝信号覆盖,距离最近的基站也在几英里远的地方。与急救人员使用的手持设备相比,可安排具有更强大无线节点的车辆停靠在灾区和基站之间用作中继。在这种情况下,通常可能有几个不同的机构对事件作出反应,包括消防员和医务人员等。

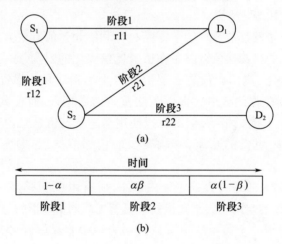

图 2.4 认知合作下的资源分配[12]
(a)网络模型;(b)时帧模型。

在某个时刻,作为中继的车辆将被数据淹没,这些数据可能包括救生视频或对任务成功至关重要的信息。此时,中继需要查看数据流优先级,并决定何时中继哪个数据流,以确保关键数据获得高优先级。通过对该问题的博弈论建模和相关仿真结果的分析,保证了中继设计参数的合理选择,避免了数据丢失或大范围延迟。

2.2.3 维护

在难以抵近的区域,施加在传感器上的另一组边界条件是维护。如果传感器永久性地嵌入结构中,取出或修复是极其昂贵或不可能的,在一些应用中,可能很少或根本不会出现维护的情况。从维护的角度来看,人们需要的是能够承受高温和低温,并且能够在恶劣环境下工作的坚固材料。一些无线传感器在压电基板上的低维护实现,如铌酸锂[13]在室温下工作,而有些材料如果涂层适当可用于高温应用[14],如硅酸镧镓。第 3 章将从材料科学的角度进行详细介绍。

充气空间定居地的结构监测是空间应用的一个实例。如果每一个传感器都能够正确定位,则放置在空间定居地内墙上的无源传感器可用于结构监测。可以单独使用接收信号强度、到达角或到达时间的方法,也可综合使用上述方法以实现所有传感器的高分辨率定位。结合材料特性,根据气压或应变测量值决定曲率,可以生成结构的三维动态模型(图 2.5)。

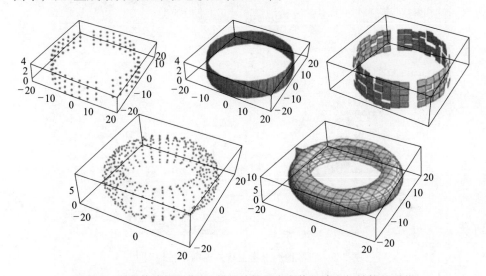

图 2.5 利用传感器的位置、材料特性和应变值重建充气结构的形状

另一个实例是利用振动传感器(加速计)数据确定碰撞位置。空间定居地和飞行器一直面临着频繁发生微陨石和空间碎片撞击的危险。拥有一个无线传感器网络来监测撞击的严重程度并报告位置,对机组人员的安全和任务的成功至关重要。振动传感器通常是基于微电机械(MEMS)悬臂梁电容的变化来工作的。类似的 MEMS 概念可用于在恶劣环境中清除能量(类似于射频能量收集)。

能量需求、频谱管理和维护这三个主要类别构成了一组独特的条件,这些条件将指导无线传感器网络在恶劣和具有挑战性的环境中的设计和实现。2.3 节将概述吞吐量要求及其对干扰的影响。

2.3 吞吐量要求

想象一下，因事故导致有害气体扩散到一个人口稠密的城市，如伦敦（图2.6），其面积超过 $600mi^{2[15]}$。由于 IEEE 802.15.4 传感器节点具有典型的 300ft 通信范围，它需要超过 180000 个无线节点覆盖整个区域。对于一个典型的 250kbit/s 的低数据速率节点，集中式算法中的融合中心需要以 45Gbit/s 的速率处理大量数据。

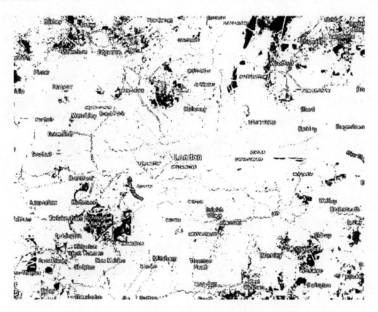

图2.6 谷歌地图上覆盖传感器的伦敦地图[15]

即使是基于集群的分布式网络，也需要处理数百兆每秒的数据速率。这似乎是一个夸张的实例，但有助于正确看待问题。如 2.2 节所述，在具有挑战性的环境中，传感器节点的运算能力有限，要求降低吞吐量，以将干扰保持在可管理的阈值以下。这确保了简单的接收器设计在简单的节点实现中保持实用性。

2.3.1 吞吐率

从吞吐量来看，由于有源传感器所需的控制开销较大，因此，无源传感器比有源传感器效率更高。无源传感器可以通过从询问机发送的波形读取，而无需数字传输，例如，根据有源传感器的要求打包和捆绑。本书中的有源传感器定义为传统的传感器/无线收/发单元/微处理器三元组,而无源传感器只是简单的转发器,根据感测到的参数反映失真的读取器信号。这是值得注意的第一级效率。

2.3.2 吞吐量增强

在没有直接链路,必须通过另一个节点中继的通信链路中,两个传感器节点之间交换数据,每个数据包至少需要 4 个时隙。如图 2.7 所示,节点 A 使用第一时隙将其分组发送到中继节点,中继节点在第二时隙将该数据转发到节点 B。在同一个过程之后,节点 B 将其数据包发送到节点 A。

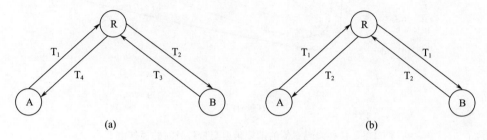

图 2.7　不带网络编码和带网络编码的双路路由通道
（a）不带网络编码；（b）带网络编码。

当两个节点同时发送它们各自的数据,而且中继节点分别向 A 和 B 广播叠加的信号时,可以使用如网络编码之类的简单线性编码方法来将吞吐量提高 2 倍。在这种情况下,每个节点可以使用一个简单的数学异或操作提取另一个数据包。网络编码可以在网络层或物理层执行。与没有网络编码的传统双向中继信道相比,在网络层进行简单的异或操作可以显著提高效率。然而,如果使用物理层网络编码,则可以显著地增强吞吐量。

物理层网络编码利用了无线信号的广播特性和干扰的优势。当两个用户同时向一个中继节点发送信号时,如果中继节点没有采取任何措施以避免干扰,根据物理定律,这两个电磁波首先将在空中相互叠加;然后中继节点将接收到一个信号。虽然中继不可能将该信号分解为两个用户的信号,但是它可以将该信号广播回两个用户。这样,每个用户都可以在一些信号处理(比简单的异或操作复杂一些)之后找到对应的信号。中继可以执行一些简单的操作,如放大、去噪,甚至解码,以进一步提高性能。

2.3.3 延迟削减

在网络中从一点到另一点获取数据包的延迟通常是直接影响点对点吞吐量的限制因素。文献[16]提出了一种延迟优化的数据打包策略,该策略根据信道误码率调整每个数据包的长度,以最小化延迟。如图2.8所示,如果使用适当的打包时间,可以获得各种误码率(Bit Error Ratio,BER)值的最小延迟。

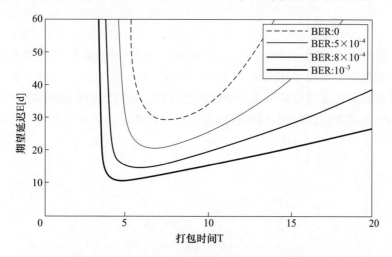

图2.8 各种误码率值的期望延迟与打包时间的最佳值[16]

在实时和任务关键型应用中,延迟通常是比吞吐量更重要的性能参数,例如,动态飞行控制,通过低速数据网络传输的语音或视频应用以及网络物理系统。2.4节将介绍添加更多具有不同延迟的传感器将增加网络的总体延迟。

2.4 传感器网络中的干扰

即使设计不当,一对发射机和接收机设备可能只会受到一个干扰节点的影响。但在精心设计的网络中添加多个新的传感器节点会增加干扰,最终会破坏网络。了解干扰的性质并确定在恶劣环境部署的网络中管理干扰的有效方法非常重要。

本节研究适用于恶劣和具有挑战性的环境中无源传感器的干扰问题,研究在时域、频域和码域不同级别的干扰抑制。

2.4.1 码间干扰(时域)

当多个传感器同时受到信号冲击时,它们的响应会叠加在一起,使得难以提取单个传感器的数据,这类似于通信系统中的码间干扰。为了避免这种情况,可以在每个传感器中采用不同的固定延迟值,以确保接收器在不同的时间分别接收各自的响应。时域分离可以在传感器数量方面带来灵活性,同时也对传感器的尺寸提出了挑战。

注意:在传感器结构中添加延迟将转换为更长的传感器,这一限制因素使人们想了分离传感器响应的其他方法。

图 2.9 说明了具有 3 个传感器的网络时分概念。每个传感器以连续的方式在不同的时隙响应,并且在接收器处接收融合信号。传感器可以是不同的类型,也可以具有更长或更短的响应信号,但是只要它们在时间上不重叠,在接收器处的数据提取就如同对接收信号进行分区一样简单。

这种确定的时隙分配将在设计级别执行,并且每个节点都使用硬件中内置的特定延迟值来构建。在有源系统中,用户节点通过重新配置其收/发单元,可以使用更有效的分时方法。

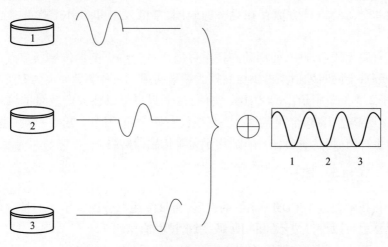

图 2.9 具有三个时间间隔响应的三传感器网络

基于 IEEE 802.15.4 标准的 ZigBee 是这种网络的一个实例。载波感知多址冲突避免技术(CSMA/CA)用于多个传感器之间的媒介共享。这种随机的时分方法(与无源网络中的确定性预定义方法相比)能够处理网络中的更多节点或用户。这个过程包括感知频谱以避免发现其他载波传输。在这种情况下,设置一个随机退避计时器,以防止节点同时发送,从而限制干扰和打包丢失。

这种方法的优点是支持网络中更多的低速数据节点,但不足之处在于它不支持无源传感器。

2.4.2 串扰(频域)

类似于工作在不同频道上的不同电台或电视台,传感器可以设计为在不同的中心频率上工作。简单的滤波器组或接收器端的可调谐滤波器就可以很容易地分离在不同频带接收到的传感器响应。这种方法的主要局限性是频谱的稀缺性和有限的带宽可用性。如果与时分相结合,这两种方法可以增加传感器的数量,在没有太多无法控制的干扰的情况下,可以彼此接近地使用,但仍然需要新的方法增加传感器的数量。

与图2.9所示的传感器响应时分类似,频分也可产生融合信号,该融合信号可使用调谐到该特定频带的滤波器来提取每个传感器的响应。这个关键的设计准则确保在每两个频带之间设置一些保护带,以允许实际的滤波器设计。

在传统的通信系统中,这是一个众所周知的设计准则,而对于在恶劣和挑战性环境中运行的系统来说,这一准则更为重要。在这样的环境中,滤波器的设计在可用和合适的组件方面存在更多的限制,杂散发射和带外干扰要求也更加严格。

在有源无线系统中,使用动态频率分配通过允许更多的传感器节点在几乎相似的频带上同时发射来提供更高效的频谱利用。一种避免冲突的方法叫做跳频,对于2.4.1节中给出的ZigBee实例,每个用户可以在固定数量的频率之间跳跃,速度高达1800个频点每秒。只要没有两个用户同时在同一个频道上,就不会发生冲突,但这种方法并不适用于无源传感器网络。

2.4.3 互相关(码域)

扩频技术促进了CDMA系统的发展,为每个用户分配了不同的扩频码。无源传感器也可以设计成不同的ID码,用于扩展输出响应。

只要两个不同的传感器响应之间互相关的峰值旁瓣比(Peak to Side-Lobe Rate,PSLR)最小,就可以实现另一个分离传感器响应的自由度。同样的参数,PLSR也被用来为每个传感器设计正交码,并确保这些码的自相关具有最大可能的PLSR。

例如,ZigBee网络使用16个PN序列中的一个,该PN序列为32个芯片长,用于传播信号并提供编码操作。这些准正交码提供了不同用户信号之间的另一种分离度。每4位输入数据将选择这16个序列中的一个。在无源传感器中,已经为每个传感器节点内置了一个扩展码,并将其用作每个用户的ID。

在频谱和能量有限的恶劣和挑战环境中,时域、频域和码域可以在大量传感器之间提供合理的分离。

即使采用所有这些分离方法,由于制造缺陷和设计误差,仍然会产生少量干扰。由于信号衰减和多径衰落效应,放置在与读取器不同相对距离处的传感器可能获得不同的振幅响应。这些挑战需要新的干扰抑制方法,以确保能够正确提取传感器响应。

图 2.10 单传感器响应与多传感器响应比较

(a)单传感器响应;(b)多传感器响应。

2.4.4 干扰的抑制与防护

在这一节中,提出两种减少干扰的方法。第一种方法是有源干扰抑制[8],第二种方法是无源干扰防护[17]。

多传感器网络中的有源干扰抑制可以以不同的方式进行。对于无源传感器,更适合于具有挑战性的环境的替代方案是与网络中的所有传感器节点并行工作的滤波器组,以从叠加的接收信号(图 2.10(b))中检测出每个传感器的响应(图 2.10(a))。然后根据峰值旁瓣与最弱信号的比值,将滤波器响应从最强信号中排序。下一步是移除接收信号中与最强信号相关的部分,并对其余传感器响应重复此过程,直到检测到最弱信号。图 2.11 总结了这一过程。

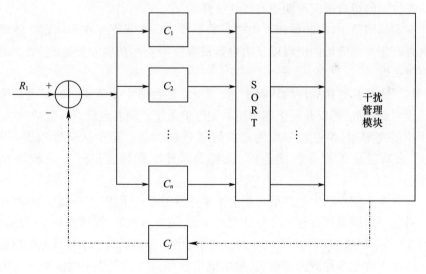

图 2.11 迭代干扰抑制[8]

我们注意到,每个传感器的理论理想响应是已知的,可用于在从接收的融合信号中移除之前提高每个传感器响应中的信号质量。

为了进行性能分析，可以使用下式计算每个时隙由一个未知传感器引起的平均干扰：

$$f_1 = M(C_i) + \frac{1}{n}\sum_{j=1,j\neq i}^{n} N(C_j) \tag{2.1}$$

式中：$M(\cdot)$ 为所需传感器的自相关响应；$N(\cdot)$ 为干扰传感器的互相关；N 为网络中的传感器数量（包括正在询问的第 i 个传感器）。

将式(2.1)扩展到包括网络中所有 $n-1$ 个传感器引起的平均干扰，即

$$f_m = M(C_i) + \frac{1}{n^m}\sum_{j_1}^{n}\cdots\sum_{j_m}^{n} N(C_{j_1}) + \cdots + N(C_{j_m}) \tag{2.2}$$

这是一个 n 维的计算量非常大的矩阵。在文献[8]中提出了一个简化复杂度的方程，可以显著降低复杂度，即

$$f_n = f_{n-1} + \frac{1}{n}\sum_{j=1,j\neq i}^{n} N(C_j) \tag{2.3}$$

2.5 结 束 语

本章研究了在恶劣环境中工作的无线网络中的干扰问题。对于不同的应用和网络方案，并不存在一种方法比其他方法更优越，可以使用一种或多种干扰管理防护方法的组合来实现期望的吞吐量性能。

在通信网络中，吞吐量和干扰之间的平衡是一个长期存在的问题。随着具有高吞吐量需求应用的出现以及用户数量或所需空间精度的提高，它变得更加具有挑战性。

在恶劣和具有挑战性的环境中，获得能量往往是主要障碍。维护也是第二个最重要的挑战，需要开发坚固耐用的免维护系统。随着通信设备数量的增加，干扰也随之增加，频谱效率成为系统可靠性的关键。至少从统计角度（平均干扰）来看量化干扰是很重要的，以便为设计工程师提供一个比较准确的指导。

具有多个节点的大型网络可能会带来非常复杂的干扰计算问题。本章提出了一种基于简单递推方程的降复杂度方法解决这一问题。即使在对不同用户的信号在时域、频域和码域上进行了分离之后，仍然有必要减少来自其他用户的干扰。这种干扰是多种原因造成的，包括滤波器和放大器制造中的缺陷等。本章提出一种新的正在申请专利的信源端干扰抑制方法，可以减轻对接收器处的集合信号的处理要求。这个想法的基础是在源头上硬限制干扰信号，不允许它们聚集和堆积到无法控制的水平。

参考文献

[1] Farah, C., F. Schwaner, A. Abedi, M. Worboys. Distributed homology algorithm to detect topological events via wireless sensor networks [J]. *IET Wireless Sensor Systems*, Vol. 1, No. 3, pp. 151 – 160, 2011.

[2] Akyildiz, I. F., W. Su, Y. Sankarasubramaniam, E. Cayirci. A survey on sensor networks [J]. *IEEE Communications Magazine*, Vol. 40, No. 8, pp. 102 – 114, 2002.

[3] Heinzelman, W. R., A. Chandrakasan, H. Balakrishnan. Energy – efficient communication protocol for wireless microsensor networks [C]. *Proceedings of the 33rd Annual Hawaii International Conference*, System Sciences, 2000, Vol. 2, pp. 10.

[4] Younis, O., S. Fahmy. HEED: a hybrid, energy – efficient, distributed clustering approach for ad hoc sensor networks [J]. *IEEE Transactions on Mobile Computing*, Vol. 3, No. 4, pp. 366 – 379, 2004.

[5] Cadambe, V. R., S. A. Jafar. Interference Alignment and Degrees of Freedom of the K – User Interference Channel [J]. *IEEE Transactions on Information Theory*, Vol. 54, No. 8, pp. 3425 – 3441, 2008.

[6] Maddah – Ali, M. A., A. S. Motahari, A. K. Khandani. Communication Over MIMO X Channels: Interference Alignment, Decomposition, and Performance Analysis [J]. *IEEE Transactions on Information Theory*, Vol. 54, No. 8, pp. 3457 – 3470, 2008.

[7] Razi, A., A. Abedi. Interference reduction in Wireless Passive Sensor Networks using directional antennas [C]. IEEE Fly by Wireless Workshop (FBW), 2011 4th Annual, Montreal, QC, 2011, pp. 1 – 4.

[8] Abedi, A., K. Zych. Iterative interference management in coded passive wireless sensors [C]. SENSORS, 2013 IEEE, Baltimore, MD, 2013, pp. 1 – 4.

[9] Ponchak, G. E., et al. High temperature, wireless seismometer sensor for Venus [C]. Wireless Sensors and Sensor Networks (WiSNet), 2012 IEEE Topical Conference on Santa Clara, CA, 2012, pp. 9 – 12.

[10] Abedi, A. Battery free wireless sensor networks: Theory and applications [C]. Computing, Networking and Communications (ICNC), 2014 International Conference on Honolulu, HI, 2014, pp. 287 – 291.

[11] Kompella, S., et al. Special issue on cognitive networking [J]. *Journal of Communications and Networks*, Vol. 16, No. 2, pp. 101 – 109, 2014.

[12] Afghah, F., et al. A reputation – based Stackelberg game approach for spectrum sharing with cognitive cooperation [C]. 52nd IEEE Conference on Decision and Control, Firenze, 2013, pp. 3287 – 3292.

[13] Dudzik, E., A. Abedi, D. Hummels, M. P. Da Cunha. Wireless multiple access surface acoustic

wave coded sensor system[J]. *Electronics Letters*, Vol. 44, No. 12, pp. 775 – 776, 2008.

[14] Pereira da Cunha, M., et al. Wireless acoustic wave sensors and systems for harsh environment applications[C]. Wireless Sensors and Sensor Networks (WiSNet), 2011 IEEE Topical Conference on Phoenix, AZ, 2011, pp. 41 – 44.

[15] Google map, Google Inc.

[16] Razi, A., F. Afghah, A. Abedi. Channel – Adaptive Packetization Policy for Minimal Latency and Maximal Energy Efficiency[J]. *IEEE Transactions on Wireless Communications*, Vol. 15, No. 3, pp. 2407 – 2420, 2016.

[17] Abedi, A. Systems and methods for interference mitigation in passive wireless sensors, US Patent 9,607,187, Issued: March 28, 2017.

第3章
柔性传感器系统:寿命设计

传感器网络的寿命不仅由设计运行阶段的各种性能参数(图3.1)决定,同时还受到环境条件的影响。在恶劣环境中部署传感器需要特别注意这些参数,以延长传感器系统的寿命。本章介绍材料科学、传感器系统、网络科学和工程等方面的最新发展,这些都有助于提高传感器系统在恶劣环境中的使用寿命。

图3.1 寿命取决于设计、操作和环境参数

3.1 引 言

在为极端环境设计无线传感器系统时,首先要考虑数据采集和传输的功率要求以及对环境的适应性等设计参数,传感器材料也是设计考虑的另一个重要方面。只要有一个主要部件(传感器、处理器或收发单元)发生故障,整个系统将无法运行。

从网络的角度看,运行周期、传感器的数量、网络协议和布设标准是可以优化并提高网络寿命的另一组关键参数。

环境因素为设计和运行设定了边界条件,也直接影响系统的整体性能和成本。

3.2 寿命的定义

寿命的定义从每个单独的组件开始。一个广泛使用的预测电子元件预期寿命的模型是基于指数概率分布的。

实例:实验测试表明,在2000h之前,1/2的传感器在相同的工作条件下发生故障。这个传感器的预期寿命是多少?

解决方案:在本例中,可以使用指数概率分布建模每个传感器的寿命。对于这个模型,概率密度函数为

$$f_L(t) = \propto e^{-\propto t}, t > 0$$

在未知参数的情况下,可以利用实验测试的结果进行估计。由于 1/2 的传感器会在 2000h 前失效,则

$$P(L < 2000) = \int_0^{2000} f_L(t)\,dt = 1 - e^{-2000\propto} = 0.5$$

因此,可以计算出

$$\propto = -\frac{\ln 0.5}{2000} = 3.47 \times 10^{-4}$$

现在,可以使用指数概率特性计算传感器的预期寿命:

$$E[L] = \frac{1}{\alpha} = 2885\text{h}23\min$$

包括传感器系统在内的大多数电子系统都包括许多寿命不同的元件。这些元件中的一类采用串联方式,而另一类采用并联方式或备用互联方式,如图 3.2 所示。

对于这些体系结构中的每一类,总寿命的计算方式表达如下。

对于由随机变量 X 和 Y 表示的两个组件串联组成的系统而言(图 3.2(a)),总寿命计算为 $\min\{X,Y\}$。可以看出,寿命较短的部件将决定整个系统的寿命。例如,级联滤波器、放大器系统和反馈控制系统。

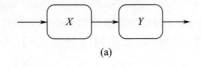

(a)

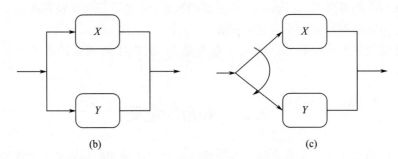

(b)   (c)

图 3.2 三种不同的组件(或系统)互联
(a)串联组件;(b)并联组件;(c)备份组件。

并联组件(图 3.2(b))可以创建一个更可靠的系统,其总寿命为 $\max\{X,Y\}$。只要其中一个部件处于良好的工作状态,则认为整个系统是正常的。这种架构的一个实例可以在分组网络中的多链路冗余网络连接发现。

备用互联(图 3.2(c))是一个部件工作而另一个部件处于备用状态时的可靠性设计。一旦第一个系统出现故障,自动开关将使备用系统联机。在这种情况下,总寿命为 $X+Y$。例如,飞机上的冗余通信系统。

所有上述组件的互连可以扩展到系统体系或扩展到多个组件。系统可靠性正式定义为寿命超过特定阈值的概率,并用概率分布函数表示为:

$$R(t) = P(X > t) = 1 - P(X \leqslant t) = 1 - F_X(t)$$

可使用系统可靠性函数 $R(t)$ 计算预期寿命:

$$E[X] = \int_0^\infty R(t)\,\mathrm{d}t$$

使用条件可靠度或危险率的概念,可以更准确地估计已经运行一段时间的传感器系统的寿命。例如,如果系统或组件在时间 t 工作,则在时间 x 之前发生故障的概率为

$$F_X(x|X>t) = \frac{P(x \leqslant X, X > t)}{P(X>t)} = \frac{F_X(x) - F_X(t)}{1 - F_X(t)}$$

对上式等式两边求导,得到危险率函数 $H_X(t)$ 的定义为

$$f_X(x|X>t) = \frac{f_X(x)}{1 - F_X(t)} = \frac{-R'(t)}{R(t)} = H_X(t)$$

这些初步讨论是关于寿命随机建模以及以下章节中关于网络寿命的基础。虽然正确的设计可以显著影响寿命参数和控制寿命的概率函数,但值得注意的是,组件、系统和网络的寿命都是随机变量,只能讨论它们的平均值或期望值。这种分析也有助于确定由几个具有不同寿命和可靠性的部件组成的复杂系统的寿命和可靠性极限。识别系统中的关键组件是消除性能和可靠性瓶颈的重要步骤。

3.3 传感器系统设计

3.3.1 传感器材料

传感器的基底材料不仅需要设计成能够承受恶劣环境,而且还需要在环境条件快速变化时保持正常工作。本节介绍一种可以提高对变化的耐受性并延长使用寿命的技术。

传感器通常使用多层具有不同膨胀系数的材料制成,不同的配置可产生各

种具有适于集成到无线或有线系统中的电响应传感器。然而,由于材料类型的差异以及它们对环境变化(如极端温度)的反应方式不同,这些不同层之间的粘合和连接可能会受到影响。为了应对这一挑战,要求无线传感器要么被布设在温度受控的腔体或环境中(这破坏了它们在极端环境中工作的全部目的),要么被涂上能够承受这种极端温度变化的材料。

这种保护涂层的一个例子是50nm氧化铝层,它能够保护传感器在300~7500℃之间工作[1]。另一个例子强调了环境气体而不是温度带来的挑战。大多数气体传感器是用S_nO_2制造的,S_nO_2在氢气存在的高温下不稳定。为了防止这种气敏的溶解,在文献[2]中提出了一种微孔陶瓷涂层实现气体感知,同时防止氢气对传感层的影响。

3.3.2 传感器系统

传感器系统与寿命相关设计的主要问题是能量需求问题。功率要求决定电池的大小,这反过来限制了电池类型的选择,进一步限制了其工作条件。除了近年来发展起来的超低功耗微电子设计技术外,网络环境下的智能信号处理、占空比、功率分配和管理技术可以极大地延长传感器系统的寿命。

基本的信号处理技术,如数据压缩和变化检测,减少了不必要的数据通信和有限的板上功率的浪费。先进的信号处理方法可以通过考虑传感器之间的相关性来进一步延长寿命。

实例: 应用于字符串(如"aaaaaaaaffffrrrraaaaaaaa")的简单运行长度编码将字符串压缩为"8a4f4r8a"。假设每个字符传输在1ms的时隙内需要消耗5mA,并且板载电池具有480mA时的容量,如果在运行长度压缩或不压缩的情况下连续传输这些字符串,电池将分别持续多长时间?

解决方案: 未编码字符串包含24个字符,因此需要120mA才能传输。480mA时的电池将持续4h。如果字符串被压缩,只需要传输8个字符,这需要40mA。在这种情况下,电池将持续12h。

占空比(图3.3)可以显著降低对电源的需求并延长网络寿命。例如,温度传感器的输出变化可能不会那么快,每秒只需要1个样本;因此,也许每分钟1个样本甚至10min的占空比就足够了。值得注意的是,测量参数的变化率决定了最佳占空比,可以显著节省板载电池的电量。下面的实例用来说明使用占空比可以节省电源。

实例: 假设在1s的时间间隔内测量和传输一个温度值需要10mA,那么当将占空比从每秒1个采样切换到每小时1个采样时,在带有18000mA时电池的传感系统中会获得多大的额外寿命?

第3章 柔性传感器系统：寿命设计

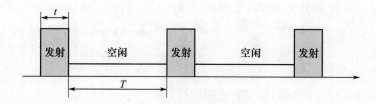

图3.3 占空比示意图
（占空比定义为发射时间 t 除以空闲时间 T 的比值。传感器在发射期间发送，在空闲时间段内保持空闲（以节省能源））

解决方案：更高的采样率（每秒1个采样）在1h内需要进行3600次测量和传输，总计36000mA。在这种情况下，18000mA时的电池只能维持30min。然而，在同一时间内每小时1个采样的较低采样率只需要传输一次，总共需要10mA。因此，相同的电池将持续1800h或75天。

将电源分配给具有较低功率要求和较低选择性（LPLS作为触发器）的传感器，同时保持具有较高功率要求和较高选择性（HPHS）的传感器关闭直到触发，这样可以显著提高寿命。一旦低功耗传感器在特定地理区域发现变化，就可以在感兴趣的区域激活具有更高选择性和灵敏度的高功耗传感器。

这项技术可以在多个节点或无线收/发单元之间进一步推广应用，以尽可能降低总体功率需求，同时保持低干扰。图3.4显示了一个传感器网络，其中有三种类型的传感器（HPHS、HPLS和LPLS），从触发阶段开始到测量阶段，并保持在运行阶段，直到所有传感器的估计值低于预定阈值。除了省电之外，该体系结构还可用于确定事件的拓扑形状。

实例：假设一个混合传感器网络，其中900个低功耗传感器只需要1mA即可工作，100个高功耗传感器需要100mA即可工作。假设低功率传感器始终开启（100%占空比），但是高功率传感器仅开启10%的时间，则此类网络在1h内的总功耗是多少？将你的答案与一个具有1000个高功率传感器的异构网络进行比较。

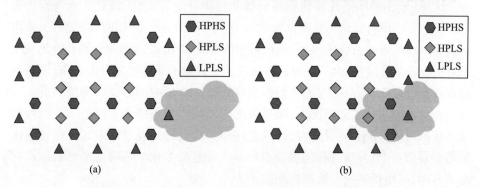

(a)　　　　　　　　　　　　　　　(b)

29

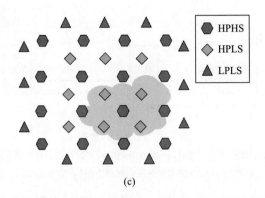

(c)

图 3.4 高/低功率高/低选择性(HPHS/LPLS)异质传感器
(a)触发阶段；(b)测量阶段；(c)运行阶段。

解决方案：1h 的总功耗包括两部分：低功耗传感器和高功耗传感器。前者需要 900mA 时，后者需要 1000mA 时才能在 10% 的占空比下工作。因此，总数将为 1900mA 时。对于异构场景，1000 个大功率传感器需要 100000mA 时才能工作 1h，是原来的 52 倍。

3.3.3 网络科学与工程

网络寿命还取决于其他参数，包括组件的寿命、系统的寿命以及管理网络中的资源。组件寿命和系统的寿命已经在前面讨论过。本部分主要研究网络资源的有效管理，重点是物理层的频谱和功率管理以及网络层的高效路由管理。

1. 物理层资源分配

频谱和功率是远程部署、电池供电的无线网络中最稀缺的资源。资源配置问题可以从不同的角度进行研究，可以寻求一种解决方案来找到最佳的资源分配，以获得更高的吞吐量、最小化干扰并延长网络寿命。

当以寿命为主要目标时，需要考虑电路功率和发射功率，并尽量实现最小化。文献[3]中提出了几种传感器选择和功率分配算法，可以显著地节省功率(相关噪声为 2dB，非相关噪声为 10dB)。但是，资源分配优化不应该导致服务质量(Quality of Service，QoS)受损，低质量的数据或不可靠的无线电链路在决策中是没有用的。文献[4]提出了一种具有服务质量保障的最优资源分配方案，以达到总有效容量的最大化。本节对下行能量分配和上行功率控制进行了联合优化。

在无线能量传输的情况下，功率分配问题的边界条件是不同的。在能量波束形成和时间分配共同设计时，可以使用多天线电源站以最佳方式将能量传输到传感器节点[5]，并实现传感器节点的总吞吐量最大化。当两个传感器节点网络共存时，采用博弈论方法提供激励。

在无线传感器节点信道和功率分配中使用博弈论有助于延长网络寿命。文献[6]提出了一种基于博弈论的稀疏分布无线传感器节点迭代功率和信道分配方法，比较了级联功率和信道分配以及隔行扫描方法的性能，结果表明，它们可以显著地节省约55%的功率。文献[7]研究了非对称无线传感器网络中的功率分配问题。在总功率约束条件下，实现了信源数据和解码数据在传输后的互信息的最大化，提出了一种调度算法，将影响误码率性能的传感器节点分离出来。类似的工作使用速率失真作为在文献[8]中提出的度量（而不是互信息），其中还考虑了衰落。文献[9]系统地比较了几种功率分配方法，分别称为最优、扩展最优、一致、扩展一致和单节点选择。最优和一致方法的扩展版本还考虑了传感器节点故障的可能性，提出了鲁棒性的概念，从网络寿命的角度考虑节点失效的可能性，对网络寿命给出了不同的定义。

在理想情况下，希望具有最大的一致性。因此，可以将网络寿命定义为第一个节点失效的时间。另一个更宽松的定义可能是当一些节点（$p\%$）出现故障，仍然可以在传感器出现故障的位置插入数据。该定义可适用于测量连续场的情况，其中微分方程可用于对场建模，从而在缺失的节点区域内进行数据插值。

总之，在各种应用场景中的功率和信道分配问题可能在某些情况下是难以解决的。这取决于网络中使用的是集中式还是分散式检测方法，所测量的参数以及需要的精度或时空分辨率，这些都可能会改变解决资源分配问题的方法。在文献[10]中，人们提出了一些受自然启发的方法，如猫群算法和布谷鸟搜索算法，来解决分散式传感器网络中的功率分配问题。对于这些情况，生物激发的方法也可能是一种有趣的方法。

2. 有效路由

与物理层类似，路由问题可以通过考虑不同的目标来解决。最小跳数、较高吞吐量和较低延迟是设计路由方法时需要考虑的几个参数。为了优化上面列出的期望收益，需要考虑与每跳和节点相关的成本，可以根据流量、节点速度、跳长和其他几个因素来确定。在这一部分中，将重点关注增加网络寿命的路由设计方法。

典型的路由问题定义如下。假设一个具有无线连接的传感器网络正在收集数据并将其传输到一个融合或决策中心。在这种情况下，路由问题是寻找具有最低延迟、最高吞吐量或最低功耗的最佳传输路径。联合考虑并优化以上所有方面是最理想的，但是在大多数情况下这可能是不可实现的。图3.5描绘了一个由7个无线传感器和一个集合中心组成的网络。每个节点有物理层和网络层两层。物理层负责无线收发并且通过提供误码率的估计来从电磁学的角度测量信道条件；网络层负责路由分组并且测量误包率和延迟。

连接图可以使用以下矩阵 A 建模，即

$$A = \begin{bmatrix} a_{11} & \cdots & a_{17} \\ \vdots & \ddots & \vdots \\ a_{71} & \cdots & a_{77} \end{bmatrix}$$

式中：a_{ij} 表示节点 i 和 j 之间的信噪比（Signal Noise Ratio，SNR）或链路质量。

对于大多数情况，该矩阵是对称的（图3.5中的 $a_{ij}=a_{ji}$）。而对于如图3.5所示的特殊情况，由于某些 i 和 j 之间没有链路，所以其中的 $a_{ij}=0$（如 $a_{34}=a_{35}=a_{37}=0$）。

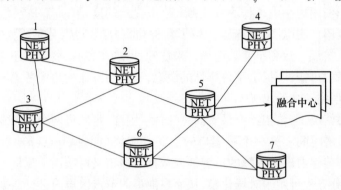

图 3.5　具有融合中心的无线传感器网络路由图

这个具有信噪比值的矩阵，可以被物理层用来确定在两个节点之间传输比特或符号（调制比特）的最省电或频谱效率的方式。为了帮助网络层解决路由问题，可以建立一个用误码率代替信噪比的相似矩阵。

网络层需要为每条路径分配开销，误码率可能是一个很好的参数。误码率越低，在第一次尝试时成功传输一个数据包（可能包括几个比特）的可能性就越高。如果数据包中的少量比特被损坏，则数据包中应用的前向纠错码可以修复错误码元。但是，如果错误的数目超过特定代码的纠错能力，该包将被丢弃，并且向发送节点发送重传请求。这将浪费大量的电能并给网络增加大的延迟，违背了延长网络寿命的主要目标。

实例：考虑图3.5中所示的网络和下面的连接矩阵，其信噪比以 dB 表示。

$$A = \begin{bmatrix} - & 10 & 20 & 0 & 0 & 0 & 0 \\ 10 & - & 10 & 0 & 20 & 0 & 0 \\ 20 & 10 & - & 0 & 0 & 25 & 0 \\ 0 & 0 & 0 & - & 10 & 0 & 0 \\ 0 & 20 & 0 & 10 & - & 10 & 15 \\ 0 & 0 & 25 & 0 & 10 & - & 10 \\ 0 & 0 & 0 & 0 & 15 & 10 & - \end{bmatrix}$$

从节点 3 到融合中心的最佳路径(最高信噪比)是什么?

解决方案:检查图表,从节点 3 到节点 5 或融合中心有两条路径。一个通过节点 2,另一个通过节点 6。通过节点 2 或 6 的聚合信噪比如下:

$$SNR_{325} = \alpha_{32} + \alpha_{25} = 10 + 20 = 30 dB$$

$$SNR_{365} = \alpha_{36} + \alpha_{65} = 25 + 10 = 35 dB$$

很明显,用 SNR_{365} 表示的通过节点 6 的路径具有更高的信噪比值,可以提供更低的误码率。

在本例中给出的每个节点上增加处理成本的方法可能会改变解决方案。目前,已经有大量文献分析路由协议,有的以能量感知为主要关注点,有的以编码感知为主要关注点。大多数情况下,在具有单一融合中心的集中式网络中出现的一个挑战是与融合中心相邻节点的非对称功耗。这些节点也称为近邻,不仅传输自己的数据,还从网络的其他部分发送其他数据包。负载均衡策略可用于在较大的节点组之间分配中继任务,并尽可能地分散瓶颈。网络的寿命在很大程度上取决于这样的瓶颈节点。

在前面的实例中,节点 1、3、4 和 7 可能比节点 2、6 和 5 更持久。节点 5 作为与融合中心的连接,可能是第一个断电的节点。对节点 5 的挑战是显而易见的,可以通过增加更多的板载能量来缓解,但是节点 2 和节点 6 的解决方案可能不那么容易处理。当网络规模扩大时,这个问题会变得更加严重。

文献[11]提出了一种低能量自适应聚类层次结构(Low-Energy Adaptive Clustering Hierarchy,LEACH),它能均匀地分配网络中的能量负载。该方法利用数据融合信息进行路由决策。经过证明,在许多情况下可以提高网络寿命 2 倍,已经扩展到许多应用工作中,有各种各样的目标和改进来适应不同的应用场景。

3.4 环境适应性

环境适应性的概念可以从两个不同的角度来研究。下面将首先关注可能对传感器系统产生不利影响的环境物理和化学特性。包括极高或极低的温度、腐蚀性气体或化学品的存在以及缓解或管理这些情况的策略。3.4.2 节讨论可能影响网络寿命的通信信道参数(侧重于无线收/发单元而非传感器)。恶劣天气或恶劣环境下的传播挑战是这些讨论的主要焦点。

3.4.1 物理和化学参数

从极低到极高(超过 1000℃)的温度变化对传感器、电子设备和无线收/发单元设计提出了一定的挑战。如果得不到妥善解决,可能会显著缩短网络寿命。

因此，根据应用程序的时间要求对它们进行分组。与基于事件的短期部署相比，需要长期监视的应用程序可能需要不同的设计方法。

在恶劣环境中使用无线传感器进行长期监测的一个例子是发动机健康的相关应用。无论是监测发动机部件上的化学气体成分或应变，还是测量温度，这种长期监测应用都可以大大节省基于条件的维修，而不是传统的基于计划的维修[12]。基于条件的维修的主要挑战是确保将误警率降到最低。在恶劣环境中，如在高温和腐蚀约束的喷气发动机内部，传感器和无线收/发单元材料应能长时间承受高温，无源无线传感器可能提供一个很好的解决方案，即将无线收/发单元和其他电子设备置于发动机的热区之外。简单的绝缘封装可用于短期监测，但不适用于这种情况。

在报告海洋溢油等事故时，可部署基于事件的短期监测网络。具有坚固材料的封装技术能够承受严酷、盐碱和潮湿的海洋环境，在某些情况下，冷水可能会在短时间内起作用。在寒冷的环境中可以使用加热器，在炎热的阳光充足的地方可能需要紫外线保护，在这些情况下，具有与运行时间跨度相关寿命因子的短期解决方案可以满足寿命需求。

电离辐射是恶劣环境的另一种特征，它会造成器件损坏，降低无线传感系统寿命。这种短期应用的一个例子是与辐射防护有关的空间应用。在太空中短期使用的物品可以使用传统的电子元件开发，而长期的深空任务可能需要抗辐射的电子设备（图3.6）和空间外壳封装，这大大提高了任务成本[13]。

图3.6　API技术耐辐射电子产品的一些实例

除了选择封装和材料之外，克服恶劣环境挑战的另一种方法是间接估算方法。例如，如果对被测参数进行了很好的研究，就有可能识别出恶劣环境之外的其他参数，这些参数随着与原始参数的已知关系而变化。例如，金属外壳内的温度变化可能会导致金属的外表面发射红外线，在恶劣环境中使用红外线传感器很容易测量。

另一个例子是对来自其他行星的光线进行光谱分析,以确定它们的大气物质组成。

3.4.2 信道参数

各种原因将会导致通信信道质量受到损害或降低。其中环境障碍,如建筑物、山丘或传播媒介的变化,如雨雪天气,是改变信道参数的原因之一。多径衰落、散射和遮蔽效应给通信信道参数估计增加了另一层复杂度,但它们对于优化物理层和网络层操作以增加网络寿命至关重要。最后,但并非最不重要的是,增加节点的移动性将带来另一个挑战,称为多普勒效应,其中工作频率略有变化。

多径衰落(图3.7)是由接收端接收到同一信号的多个延迟信号而引起的。这些延迟信号可能经过不同距离的传输路径,导致它们同相或异相。同相时,信号将以有益的方式相加,从而产生比原始信号在自由空间传播后更强的信号,而异相信号可能相互抵消,从而产生非常差的低功率信号。当无线电信号接近建筑物或其他障碍物的尖锐边缘时,就会引起散射。当波长比障碍物尺寸较小时(即在高频时),这种效应非常显著[14]。当无线电波被障碍物部分或全部阻挡时,就会产生遮蔽效应。图3.8描绘了城市网络中遮蔽和散射的一个实例。移动传感器网络带来另一个挑战:多普勒效应。在传统环境中,由于移动监控网络中发射机和接收机单元的相对速度而引起的频率变化可能很容易得到解决,但在恶劣环境中,其影响可能变得更为明显。

在良好的受控环境中可以应对这些挑战,但是这些技术不一定适用于恶劣的环境。问题是如何使传感系统能够适应环境的这些变化。

在解决恶劣环境下传播媒介的挑战时,功率消耗限制、性能下降以及可在恶劣环境下工作的材料和组件的有限选择,阻碍了成熟的编码和信息理论技术和电子设计方法的应用。简单的冷却技术在发射机系统中往往不被注意,但是在热环境中,能量耗散的速度可能比室温下慢得多。基于发射机内部温度的自适应数据包长确定是避免过热的一个很好的解决方案。

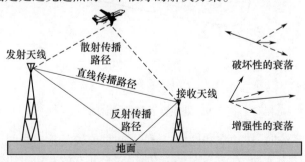

图3.7 衰落现象

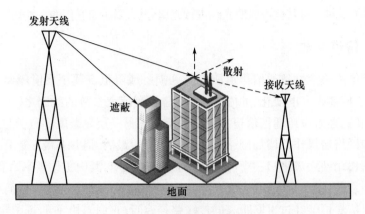

图 3.8 散射和遮蔽效应

自适应数据包长可能会带来更大的延迟,因为数据包会变得更小,包含的数据更少。文献[15]提出了一种通过调整数据包大小来最小化无线网络点对点延迟的最优分组方案。如图 3.9 所示,如果适当地选择打包时间,则可能实现最小预期延迟。在恶劣环境中,可以使用类似的方法来调节数据包大小,以最小化发射机负载为主要目标。数据包越大,吞吐量越高,延迟越低,但是同时提高了发射机温度。这两个自相矛盾的参数(高温低延迟与低温高延迟)可以用来构造一个优化问题,并为每个应用场景找到可能的最佳数据包长度。

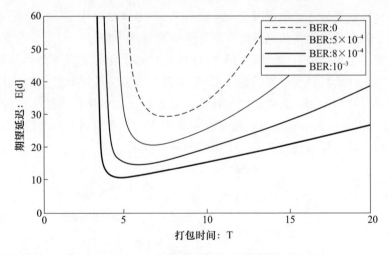

图 3.9 期望延迟与打包时间[15]

设计此类系统时,在功率和性能、较低吞吐量或较高延迟之间进行权衡可能是未来研究的一个方向,在此类场景中,使用冗余并有效利用可用自由度是另一个应该利用的工具。

3.5 结束语

本章研究了提高传感器网络寿命的问题。基于传感器失效时间的随机模型和实验参数估计技术,定义了传感器的寿命和可靠性。研究了串联、并联、备份等不同系统之间的互联问题,并且利用最小、最大以及和函数给出了这些复杂系统的总寿命和可靠性。假设系统已经运行了一段特定的时间,还提出了条件生存期的概念。为了解释上述所有概念,提供了几个实例。

本章继续研究传感器系统设计问题,讨论用于传感器设计的材料以及电源管理和占空比,以提高网络的寿命。在数据收集、准备和传输的每个阶段,遵循从设备、系统、网络的发展来解决恶劣环境下的网络寿命问题。最后从物理化学参数和传播媒介两个角度对环境适应性进行了阐述,强调了这些场景中面临的挑战,并提出了解决这些问题的一些方向。

本章补充了学术期刊和会议记录中大量引用的参考文献,这些文献为提高网络寿命提供了新的见解和解决方案,如果采用,也可用于恶劣环境。

 参 考 文 献

[1] Maskay,A. ,A. Ayes,R. J. Lad,M. Pereira da Cunha. Stability of Pt/A1203 – based electrode langasite SAW sensors with A1203 capping layer and yttria – stabilized zirconia sensing layer [J]. 2017 *IEEE International Ultrasonics Symposium (IUS)*,Washington,DC,2017,pp. 1 – 4.

[2] Prasad,R. M. ,et al. Sensing in harsh conditions:How to protect S_nO_2 sensing layer[J]. 2010 *IEEE Sensors*,Kona,HI,2010,pp. 755 – 758.

[3] Niyazi,L. B. ,et al. Energy – Aware Sensor Networks via Sensor Selection and Power Allocation [C]. 2017 *IEEE 86th Vehicular Technology Conference (VTC – Fall)*,Toronto,ON,2017,pp. 1 – 6.

[4] Gao,Y. ,W. Cheng,H. Zhang,Z. Li. Optimal Resource Allocation with Heterogeneous QoS Provisioning for Wireless Powered Sensor Networks[C]. GLOBECOM 2017 – 2017 *IEEE Global Communications Conference*,Singapore,2017,pp. 1 – 6.

[5] Chu,Z. ,et al. Wireless Powered Sensor Networks for internet of Things:Maximum Throughput and Optimal Power Allocation[J]. *IEEE internet of Things Journal*,Vol. 5,No. 1,pp. 310 – 321,2018.

[6] Strauss,R. ,A. Abedi. Game Theoretic Power Allocation in Sparsely Distributed Clusters of Wireless Sensors (GPAS)[C]. IWCMC′09,Leipzig,Germany,2009,pp. 1454 – 1458.

［7］ Jiang, W. , X. He, T. Matsumoto. Power Allocation in an Asymmetric Wireless Sensor Network [J]. *IEEE Communications Letters*, Vol. 21, No. 2, pp. 378 – 381, 2017.

［8］ Behroozi, H. , F. Alajaji, T. Linden. On the optimal performance in asymmetric Gaussian wireless sensor networks with fading[J]. *IEEE Trans. Signal Process*, Vol. 58, No. 4, pp. 2436 – 2441, 2010.

［9］ Alirezaei, G. , O. Taghizadeh, R. Mathar. Comparing Several Power Allocation Strategies for Sensor Networks[C]. WSA 2016; 20th International ITG Workshop on Smart Antennas, Munich, Germany, 2016, pp. 1 – 7.

［10］ Tsiflikiotis, A. , S. K. Goudos. Optimal power allocation networks using emerging nature – inspired algorithms [C]. 2016 *5th International Conference on Modern Circuits and Systems Technologies (MOCAST)*, Thessaloniki, 2016, pp. 1 – 4.

［11］ Heinzelman, W. R, A. Chandrakasan, H. Balakrishnan. Energy – efficient communication protocol for wireless microsensor networks[C]. *Proceedings of the 33rd Annual Hawaii International Conference on System Sciences*, 2000, pp. 10, Vol. 2.

［12］ Ellis, B. A. , A. Byron. Condition based maintenance[J]. *The Jethro Project* 10 (2008): pp. 1 – 5.

［13］ Rockett, L, et al. Radiation hardened FPGA technology for space applications[C]. *Aerospace Conference*, 2007 IEEE. 2007.

［14］ Ghassemi, A. , A. Abedi, F. Ghassemi. *Propagation Engineering in Radio Link Design* [M]. Springer, 2013, ISBN:978 – 1 – 4614 – 5313 – 0.

［15］ Razi, A. , F. Afghah, A. Abedi. Channel – Adaptive Packetization Policy for Minimal Latency and Maximal Energy Efficiency [J]. *IEEE Transactions on Wireless Communications*, 15. 10. 1109/TWC. 2015. 2503750.

第4章
传感系统在极端环境中对电子学及硬件的挑战

本章研究无线传感系统在极端环境,如在太空和水下应用部署时的设计考虑以及面临的主要挑战。在这些环境中,从极低温到极高温之间温度范围变化很大。耐辐射是在空间应用中另一个主要问题,而防水是在水下应用的主要挑战。与在地球上日常生活中使用的普通电子设备相比,部署在恶劣工业环境中的硬件和电子设备需要在完全不同的边界条件下进行设计。

除了能承受恶劣的条件外,传感系统在测量特定的物理、化学或生物参数以及传输或存储测量参数以进行进一步处理时,还需要保持可接受的可靠性。本章介绍直接、间接和基于邻近技术的传感方法,并用几个实例说明所提出的概念。

4.1 引　言

在不同类型的应用程序中恶劣或极端环境可能有不同的定义。极端的温度变化,从液体燃料罐内极冷的低温程度到喷气发动机内极热的高温程度,为如何定义恶劣的环境提供了一个视角。在工业应用中,许多金属、反光表面或物体会让无线电波产生散射或阻塞现象,这是极端环境的另一种定义。

腐蚀性气体或充液环境等化学物质也是一种恶劣环境。一般来说,任何需要对电子电路的运行进行特殊设计考虑的环境都可以归类为恶劣环境。很明显,本章不能介绍所有可能的极端情况,只对目前应用于极端环境的技术以及设计稳健的电子系统和方法进行介绍。

当部署传感器和电子电路时,恶劣的环境会带来一些挑战。极高的温度要求特殊的材料设计来承受高温,同时仍然以可接受的精度和性能运行。低温(低至深低温程度)也不利于包括传感器和无线收发在内的电子电路的最佳运行。

具有多个反射面和障碍物的电磁恶劣环境会造成信号的散射和衰落,这为无线传感系统的设计增加了另一层复杂性。与有线传感相比,无线传感在恶劣环境中的优势已被很多应用证明。在恶劣的环境下有线网络运行或更换电池是非常困难的,甚至是不可能的。

无线传感消除了对布线的需要,如果设计适当,还可以减轻更换电池的需要。图4.1展示了一个油箱内部温度传感的例子,不可能有导线,近场无线磁耦合是一种可能的解决方案。

最通用并广泛使用的电子元件之一是各种类型的晶体管。InAlN/GaN晶体管在高温环境中工作[1](图4.2),在这种设计中,从室温一直到600℃,漏极电流、阈值电压和反导率等关键参数能保持不变。

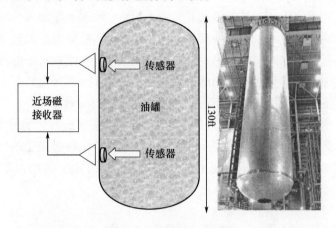

图4.1 航天发射系统油箱内部温度测量无线传感器(右侧图片由NASA提供)

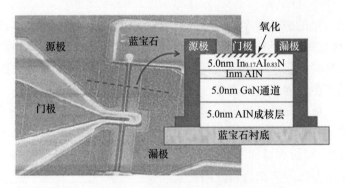

图4.2 文献[1]中搭建的高温晶体管原理图

设计高温、低温和介于高温、低温之间的电子元件和封装时,应考虑温度循环效应和元件的老化因素(图4.3)。如果部件材料不能承受频繁的温度高低变化,它们的膨胀和收缩可能会超出其结构强度,导致裂纹和工作失效。

在文献[2]中,封装材料已经测试了在196~245℃之间温度的高低变化。与铅基焊料相比,锗金焊料已被证明能够抵抗温度的波动。

采用基于ASTM标准的仪器,文献[3]对双马来酰亚胺树脂—氮化硼纳米颗粒(Boron Nitride Nanoparticle,BNNP)复合材料的热导率和介电击穿性能进行了优化。

以银为基体的键合方法已经被提出来代替以铅为基体的电子产品,但是由于其成本较高,可能需要其他的替代方法。锌具有良好的热电性能,是替代高成本银的良好选择。但使用锌的缺点是它430℃的高黏结温度。镀锡锌焊料可以将焊接温度降低到250~350℃[4]。高温、高压和振动环境以及化学和腐蚀材料要求制造新一代电子元件。在文献[5]中介绍了针对这些环境的可靠封装系统的设计和开发。陶瓷和聚合物材料已在文献[6]中进行了测试,以评估其封装性能并了解其局限性。在文献[7]中,使用碳化硅开发了适用于300℃及以上温度的CMOS技术,用于混合信号的应用。

高温电子系统中最薄弱的环节之一是焊点。铅基焊料可耐200℃以上高温;然而,由于铅是一种污染物,受到环境保护机构的管制,应该加以限制使用。文献[8]提出了一种用铋代替铅制备高温无铅钎料的新方法,并提出合金中含有铜和锑,以改善铋在-55~200℃温度范围内的不良热塑性。

综上所述,在开始设计之前就需要考虑具体的应用要求,包括温度波动范围和预期的运行时间。根据项目预算,可以使用锌等成本较低的选项来实现预期的性能,同时将项目成本控制在一定范围内。表4-1总结了各种焊料类型及其温度公差。

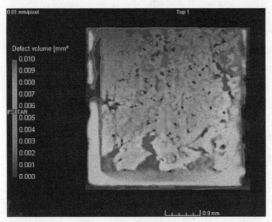

图4.3 温度循环对焊点老化的影响[2]

表4-1 各种焊料类型及其耐温性

焊料类型	锗金	镀锡-锌合金	在铋合金中加入铜和锑
耐热性/℃	196~245	250~350	-55~200

4.2 传感硬件面临的挑战

4.2.1 空间辐射

除了本章后面将讨论的物理和化学条件外,空间环境是处理电离辐射方面的另一个严重的挑战。根据各种粒子引起的辐射不同,辐射耐受可分为三种不同的类别:困在地球磁场中的粒子、在太阳耀斑期间射入太空的粒子和银河宇宙射线。

银河宇宙射线可能是最常见到的术语,是由来自太阳系外的高能质子和重离子引起的,它们可以产生电离辐射。低能辐射(也称为非电离辐射)可能没有足够的能量来除去电子材料表面的离子,如果没有适当地将电子元件辐射硬化,则电离辐射可能对电子元件造成严重的损害。需要注意的是,长时间的累积辐射可能会造成明显的损害,但短时间暴露在辐射下的应用中可能不会造成破坏。

使用不同的方法可以提高辐射硬度或温度公差。文献[9]提出在插值氧化后加入 N_2O 退火步骤已被证明可以增强闪存的鲁棒性。另一种方法是在文献[10]中描述的,其中碳纳米管用于 CMOS 技术的研发,用于提高辐射耐受性。

文献[11]中提出了一种三层结构,包括氧化物薄层、掺杂多晶硅和氧化物厚层,以增强 CMOS 应用的辐射耐受性。在文献[12]中通过设计浅沟槽隔离提高辐射硬化。研究表明,在最坏的情况下,隔离晶体管很难达到 500krd 以上。在这项工作中,芯片样品采用的是 $0.25\mu m$ CMOS 技术。

4.2.2 水下传感器

由于水的随机运动可能造成测量值的迅速变化,因此需要专门设计水下传感器来估计某个参数。此外,与发射盒的防水连接也增加了可用于水下应用设备类型的复杂性。

例如,2015年由美国国家科学基金会(National Science Foundation,NSF)资助,在缅因大学的 WiSe Net 实验室建立的无线水质传感器系统。该系统由4个水下传感器组成,分别用于测量 pH 值、温度、电导率和压力,如图4.4

所示。

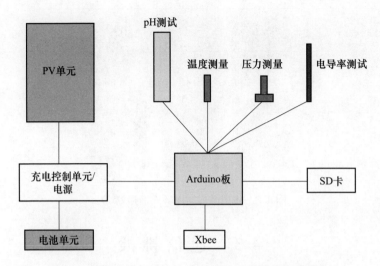

图 4.4 缅因大学 WiSe Net 实验室的无线水质传感器系统

收集的数据存储在板载 SD 卡上,并通过无线传输或者作为一个更大的网状网络的一部分中继传输到下一个节点。浸入水中的传感器是完全密封的,通过防水电缆和连接器连接到一个盒子上,盒子的高度高于水面,旁边是小股水流。

这个应用程序面临的设计挑战包括太阳能电池和天线的部署,而且需要在接收器之间保持视距可见以及能够对着天空充电。当发生水淹时,太靠近水体可能会损害电子电路,为了将电缆损耗降到更低,它提供了更有效的充电和传输。

离水太远虽然能够使系统更可靠,但同时由于无线电天线和太阳能电池阵列需要更长的电缆,也会带来损耗。如图 4.4 展示了常见的可靠性和效率之间的折中应用。降低效率有时并不一定能使系统可靠,反之亦然。

4.2.3 工业应用

在工业应用中,需要在存在高温或低温的化学物质、腐蚀性气体或液体的情况下使用无线传感器测量各种参数。选择材料使传感器对化学物质有耐腐性,或者通过封装减少接触,同时仍然保持与环境的感知,这是工业环境中常用的两种不同的方法。在文献[13]中,提出了一种基于介电陶瓷基体中两个闭环谐振器备用的方法实现在恶劣环境下的耐腐蚀传感。不同的环形结构如图 4.5 所示。

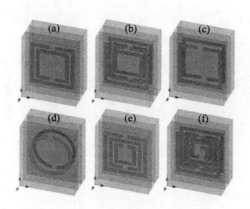

图 4.5　备用结构的闭环式谐振器[13]

4.3　通信挑战

4.3.1　空间

本节所讨论的两个主要问题是空间传感器的通信范围和空间飞行器上传感器的位置。典型的低功耗传感器节点，如基于 IEEE 802.15.4 的 ZigBee 无线收/发单元，可以使用电池长时间运行，同时提供几百英尺的可接受工作距离。虽然可以通过信号处理（数据压缩）、占空比（休眠/备用模式）和功率分配等方法延长节点的寿命，但在某些时候，电池仍然需要充电或更换。

无源或无电池传感器，如表面声波设备，只能提供相对更小的、几英尺的工作距离，它不需要更换电池。通过设计一个有源/无源混合网络，为更换电池提供可行范围和可达性，可以进一步探索工作范围和电池需求之间的平衡。这种混合网络的实例结构如图 4.6 所示。

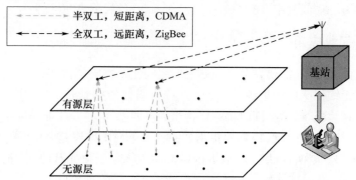

图 4.6　具有有源和无源传感器的混合无线传感器网络

另一个例子是使用能量收集技术从无线电波中收集足够的能量传输一个数据包,然后等待、存储,并在拥有更多能量时传输。如果传输调度设计方法能够在存储功率较低或数据通道信噪比较低的情况下限制传输,以避免能量的浪费,则可以进一步细化研究该方法。

4.3.2 水下

水下无线系统可以在射频、声波,甚至光波频段下工作。射频信号和光通信在水中的高衰减不允许远距离使用。另外,声波信号由于其损耗较小,已成为一种应用较为广泛的工作方式。

由于水的随机移动,定向天线对齐是这些通信模式的一个主要的应用挑战。此外,可在水下应用的防水发射机和接收机盒将该类型设备的复杂性提高到另一个不同的层次。

如图 4.7 所示,在不同频率下,无线电波在海水、淡水或冰水中的穿透深度存在显著差异。在无线传感器接近水面的低频段,射频可能仍然是一个不错的选择;然而,随着应用领域深入水下,声波变得更受欢迎。

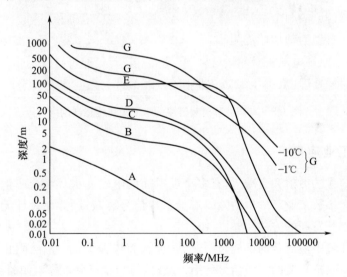

图 4.7 射频波穿透深度

A—海水;B—湿土;C—淡水;D—干土;E—非常干的土;G—冰(基于 ITU - R 的建议)。

例如,潜艇之间的无线电通信通常在 3～30kHz 波段进行,也称为甚低频(Very Low Fvequency, VLF)波段。这意味着天线必须非常大,因为这些频率的波长非常大。在设计这样的系统时面临的另一个挑战是来自水和空气对信号的显著衰减,在距离小于 20m 的情况下,信号的损失约为 100dB。

根据电磁边界条件,入射波和出射波的相移为90°。这意味着一个垂直极化的波在水下水平传播,在水面上进入空气时将变成水平极化。

考虑到所有这些挑战和衰减,水下发射机应该输出100kW或更多的功率,以获得至少20dB信噪比的小信号。这可能是潜艇可以接受的无线电通信,但是肯定不适用于电量有限的无线传感器网络。

如图4.8所示,声波在水下工作,射频波在水面上工作的声波和射频混合架构,可能是创建水下传感器网络的最有效方法。双模网关可以在声波和射频模式下通信,将连接这两个传感器网络。出于可靠性的要求,需要通过部署几个网关来创建网状网络。

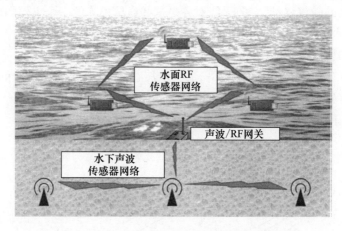

图4.8　有声波和射频链路的水下无线传感器网络

4.3.3　工业应用

由于信号的散射和衰减,具有多个反射面的电磁恶劣环境会产生大量的干扰信号。大多数工业环境中的障碍都会造成信号衰减,因此在设计无线传感器系统时需要开发新的方法。

工业环境中最显著的挑战包括遮蔽、金属腔体和干扰。遮蔽阻止了从发射机传输到接收机直接的视距信号传播,导致信号质量显著下降。如图4.9所示,解决这一挑战的简单方案是中继部署。增加一个新节点作为中继可能会增加成本(注意覆盖大型工厂所需节点的规模和数量);如果将现有的传感器节点用作中继,并且仍然执行其主要功能,则不会增加任何硬件成本,但要使用更复杂的软件来实现协同算法;如果中继节点在每个时隙可能面临的挑战为是否传输自己的数据包,即将TX包转发给RX,或者保持静默以节省能量,可以用博弈论的方法解决这个问题。

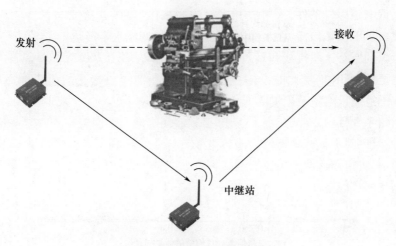

图 4.9 部署中继站解决遮蔽效应

在文献[14]中提出了两种马尔可夫固定博弈方法来模拟协同中继。在该模型中,提出了一个有限状态和有限动作的二人对策,研究了非合作博弈和合作博弈。在非合作博弈模型中,每个参与者都分别将自己的固定效用函数最大化,以达到最佳响应纳什均衡策略。而在合作博弈中,各参与者相互协同,共同实现博弈总效用的最大化。

不同的博弈方法可以考虑不同的中继决策方法。在第一种方法中,假设中继节点是可靠的,因为它在下一个时隙中从信源节点传输接收到的数据包,即使它在传输队列中有自己的数据包。该模型称为可靠继电保护方法,在通道使用方面更有效。在第二种方法中,如果数据包都在队列中,中继节点可以决定发送自己的包或来自源节点的接收包,该方法的优点是采用了一种更灵活的转发策略转发中继节点上的数据包。

如图 4.10 所示,可以得到最佳响应纳什均衡策略。由图可以看出,数据包从信源发送到目的地的概率随着信源和目的地之间能量消耗的增加而降低。观察到信源和中继之间通信的反向趋势。对于两个概率相等的公平解,可以使用交点能量成本作为基线。

其次,难以抵近的地区是工业环境中的另一个挑战。在某些情况下,通过布设天线和调整高度可以解决如图 4.11 所示的问题。

最后,最具挑战性的问题是来自同一频段设备的干扰。最常见的干扰源是用于加热食物的微波炉。这些大功率射频设备运行在 2.4GHz 的无授权频段,就像使用最广泛的无线标准,如 WiFi 和蓝牙。NIST 提出的解决这一挑战的建议如图 4.12 所示,即屏蔽放有微波炉的房间。

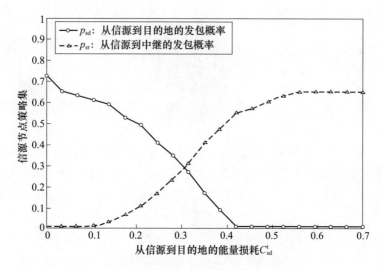

图 4.10 通过部署中继解决障碍造成的遮蔽

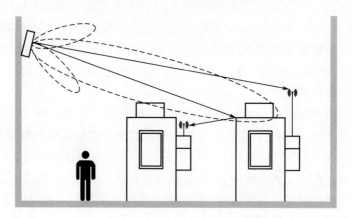

图 4.11 使用天线布置图对难以到达的区域进行寻址[15]

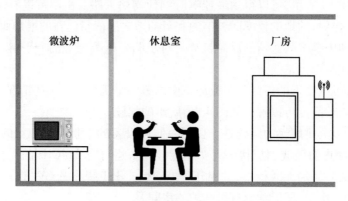

图 4.12 屏蔽放有微波炉的房间[15]

在某些情况下,干扰可能来自同一个区域的其他无线电设备。除了采用简单的时分或频分多址方案、适当的天线布设和极化改变等方法外,还需要采取更有效的措施来减少或消除干扰。

如果干扰很强,建议将其与感兴趣的实际信号一起解码。这可能会限制主信号的速率,而且可能比较复杂;然而,多用户检测的方法可以使它变得实用。在另一种非常弱干扰的极端情况下,可以把它当作噪声,利用众所周知的信息论方法来提取信号。在更常见的情况下,当干扰与主信号具有相似的功率水平时,可以使用正交化方法来处理干扰,如图 4.13 所示。在文献[16]中引入了一种有趣的方法,称为干扰对齐,它将每个接收器上的所有干扰限制在接收信号空间的约 1/2,而将另外 1/2 干扰留给所需要的信号。这个问题也可以通过考虑时域内每条路径上的传播延迟实现。

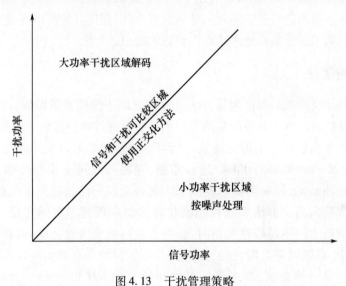

图 4.13 干扰管理策略

4.4 参数估计

4.4.1 直接法

在感兴趣的位置直接放置传感器是估计所需参数的一阶方法。在本场景中,假设被测参数为 X,估计误差为 ε,则

$$\hat{X} = X + \varepsilon \tag{4.1}$$

式中:$\hat{X}$ 为被测参数 X 的实测值。为了保证实测值尽可能接近真实值,可以采用

最小均方误差法。该方法可以使用多个测量值并将其与优化系数线性组合或使用非线性函数来实现。线性化方法如下

$$\min E[|\hat{X} - (aX + b)|^2] \quad (4.2)$$

式中：参数 a、b 可以通过设置 $E[\cdot]$ 的导数为零求得，a 的最优值为

$$a_{opt} = \frac{c_{\hat{x}x}}{\sigma_x^2} \quad (4.3)$$

式中：a 的最优值 a_{opt} 是通过 $\hat{x}$ 和 x 的相关系数除以 x 的方差得到的，参数 b 的最优值为

$$b_{opt} = \mu_{\hat{x}} - a\mu_x \quad (4.4)$$

该方法的误差与数据正交，误差最小。假设来自测量的数据和被估计参数之间的关系是线性定义的，可以应用于任何估计问题。

如果传感器不能放置在需要估计的位置，可以使用其他间接或接近的方法。这类场景的例子包括热点地区或难以到达的地点。

4.4.2 间接法

基于红外或激光的温度测量方法已被广泛用于间接测量温度，而无需将传感器置于极热的区域。其他间接测量的例子包括通过窗户玻璃上的振动调节激光信号来测量高层建筑上的地震波。所有这些例子都可以使用隐马尔可夫模型(Hidden Markov Model, HMM)进行建模，在隐马尔可夫模型中进行随机试验并报告观测结果，同时隐藏试验状态。某些文献中已经使用了几种方法，如期望传播或前向后向方法来寻找隐藏状态并提供所需参数的度量。当参数、状态和观测值之间不是线性关系时，这些方法可能会失效。此外，在大多数的解决方案中，高斯噪声是假设的，这可能并不能反映所有的实际应用情况。接下来将讨论另一种方法，即所谓的首席执行官(Chief Executive Officer, CEO)问题。

4.4.3 基于邻近的技术

CEO 问题的定义是基于多个不可靠的观察进行估计[17]。在无线传感器网络中，当节点接近所期望的位置时，所有传感器都提供了噪声或所期望的参数不可靠的观测值。由于所有节点都靠近感兴趣的位置，所以它们都具有相关的数据流，可以运行联合编码并有效地传输这些数据流，同时提供所需参数的最佳估计值。在文献[18]中提出并分析了一种基于邻近度的分布式编码模型(图4.14)。

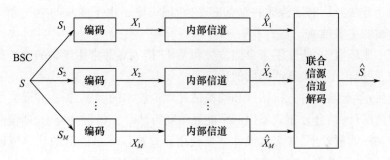

图 4.14 基于邻近传感的分布式编码[18]

在这项工作中,对传感器节点的功率分配进行了优化。结果表明,如果使用适当的功率比,可以使误码率最小化。图 4.15 显示了各种信噪比下的误码率与(内、外通道间的)功率比。每个图都有一个最小点,在这个点上误差最小。

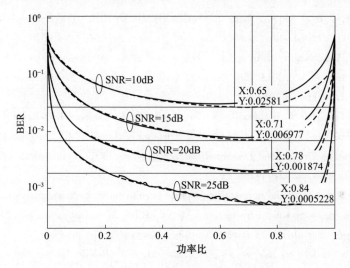

图 4.15 使用最优功率分配最小化误码率[18]

4.5 结 束 语

本章从电子学和硬件的角度研究了包括空间、水下和工业环境在内的极端环境中传感系统面临的问题。

首先,研究了各种耐高温、耐腐蚀的半导体技术。分析了电子硬件在太空、水下、工业设置包括辐射、极端温度以及腐蚀性气体环境中面临的挑战。

其次,讨论了这些环境中面临的通信挑战。提出了一种将无源和有源传感器相结合的空间混合组网方法。在水下应用中,考虑了声波和射频传感器相结合的混合方法。从电磁传播的观点出发,详细讨论了水下或水与空气之间的通信所面临的主要挑战。

在工业环境中,研究了来自微波炉和 WiFi 接入点等常用设备的遮蔽和干扰的影响,并提出了解决这些问题的建议。

最后,本章通过对直接估计和间接估计理论技术的回顾,提出并研究了一种基于距离估计,结合分布式编码的节能通信新方法。在极端环境中,通信的底线是需要关注能量效率,并努力设计一个利用新算法以尽可能低的功率传输数据的系统,这意味着更长的寿命、更大的工作范围和更高的可靠性。

参考文献

[1] Herfurth, P. , et al. Ultrathin Body InAlN/GaN HEMTs for High – Tempcrature (600℃) Electronics[J]. *IEEE Electron Device Letters*, Vol. 34, No. 4, pp. 496 – 498, 2013.

[2] Ibrahim, A. , Z. Khatir. Power cycling ageing tests at 200°C of SiC assemblies for high temperature electronics[C]. 2013 *15th European Conference on Power Electronics and Applications (EPE)*, Lille, France, 2013, pp. 1 – 10.

[3] Coker, Z. , H. Diaz, N. D'Souza, T – Y. Choi. Boron Nitride Nanoparticlcs – based thermal adhesives for thermal management of high – temperature electronics[C]. *Fourteenth Intersociety Coriference on Thermal and Thermomechanical Phenomena in Electronic Systems (ITherm)*, Orlando, FL, 2014, pp. 421 – 425.

[4] Park, S. W. , et al. Partial transient liquid phase bonding for high – temperature power electronics using Sn/Zn/Sn sandwich structure solder[C]. CIPS 2014; *8th International Conference on Integrated Power Electronics Systems*, Nuremberg, Germany, 2014, pp. 1 – 6.

[5] Riches, S. , C. Johnston. Electronics design, assembly and reliability for high temperature applications[C]. 2015 *IEEE International Symposium on Circuits and Systems (ISCAS)*, Lisbon, 2015, pp. 1158 – 1161.

[6] Shaddock, D. , L. Yin. High temperature electronics packaging: An overview of substrates for high temperature[C]. 2015 *IEEE International Symposium on Circuits and Systems (ISCAS)*, Lisbon, 2015, pp. 1166 – 1169.

[7] Rahman, A. , et al. A family of CMOS analog and mixed signal circuits in SiC for high temperature electronics[C]. 2015 *IEEE Aerospace Conference*, Big Sky, MT, 2015, pp. 1 – 10.

[8] Cho, J. , et al. Exploring Bismuth as a New Pb – Free Alternative for High Temperature Electronics[C]. 2016 *IEEE 66th Electronic Components and Technology Coherence (ECTC)*, Las Vegas, NV, 2016, pp. 432 – 438.

[9] Tiao – Yuan Huang et al. Improving radiation hardness of EEPROM/flash cell by N2O annea-

ling[J]. *IEEE Electron Device Letters*, Vol. 19, No. 7, pp. 256 – 258, 1998.

[10] Brock, D. K., et al. Carbon Nano tube Memories and Fabrics in a Radiation Hard Semiconductor Foundry[C]. 2005 *IEEE Aerospace Conference*, Big Sky, MT, 2005, pp. 1 – 9.

[11] Manchanda, L., et al. A high – performance directly insertable self – aligned ultra – rad – hard and enhanced isolation fl eld – oxide technology for gigahertz silicon NMOS/CMOS VLSI [J]. *IEEE Transactions on Electron Devices*, Vol. 36, No. 4, pp 651 – 658, 1989.

[12] Lacoe, R., et al. Application of hardness – by – design methodology to radiation – tolerant ASIC technologies[J]. *IEEE Transaclions on Nuclear Science*, Vol. 47, No. 6, pp. 2334 – 2341, 2000.

[13] Kairm, H., et al. Concept and Model of a Mctamatcrial – Based Passive Wireless Temperature Sensor for Harsh Environment Applications [J]. *IEEE Sensors Journal*, Vol. 15, No. 3, pp. 1445 – 1452, 2015.

[14] Afghah, F. Design and Analysis of Cooperative Communications Networks Using Game Theory [D]. PhD Dissertation, University of Maine, Orono, 2013.

[15] Candell, R., et al. Guide to Industrial Wireless Systems Deployments[J]. NIST Advanced Manufacturing Series, 300 – 304, 2018.

[16] Cadambe, V. r., S. A. Jafar. Interference Alignment and Degrees of Freedom of the K – User Interference Channel[J]. *IEEE Transactions on Information Theory*, Vol. 54, No. 8, pp. 3425 – 3441, 2008.

[17] Berger, T., Z. Zhang, H. Viswanathan. The CEO problem [multiterminal source coding][J]. *IEEE Trans. Inf. Theory*, Vol. 42, No. 3, 1996.

[18] Razi A., F. Afghah, A. Abedi. Power Optimized DSTBC Assisted DMF Relaying in Wireless Sensor Nets with Redundant Super Nodes[J]. *IEEE Trans, on Wireless Com*, Vol. 12, No. 2, pp. 636 – 645, 2013.

第5章
极端环境下的传感器设计：材料科学的视角

本章介绍材料科学的最新发展，使无线传感器在恶劣环境中的实现和使用成为可能。无源传感器之间的共同特性是电压或电流等电气特性随测量参数变化，只要知道变化的电流或电压与被测值之间的关系，就可以得到一个比较合理的估计值。带有收/发单元、微处理器和电池的有源传感器可能不容易布设在高温等恶劣环境中。无源传感器可以解决这个问题，因为它们不需要板载处理和电池。在这一章中，从材料科学和信号处理的角度来研究无源传感器的建模和设计。

5.1 引 言

无源传感器是不包括电池供电的电子元件的传感器。因此，它们是可以在极端恶劣环境下工作的刚性设备。例如，无源传感器可以在高达1000℃的温度下使用。此外，它们在寿命期间很少需要维护。基于这些事实，无源传感器是某些应用（如喷气发动机温度监测）的唯一解决方案，也是其他应用中最经济的解决方案。无论其技术如何变化，无源传感器的工作都基于从远程询问器接收询问信号并将其反射回询问器进行进一步处理。

响应信号可以包括可控制的变形和形态特征，这些变形和形态特征传递着关注的参数（如应力、压力、温度和化学粒子）信息。图5.1展示了两个无源传感器实例。缅因大学（2008）制造的103MHz调频波段的表面声波传感器（图5.1(a)）用于测量温度。在900MHz超高频波段使用基于RFID的Alien技术标签（图5.1(b)）和缅因大学的定位软件进行充气空间定居地的形状监测（2011）。

由于不希望的信号混合了其他信号出现在无线通信系统中，在使用无源传感器时出现的一个重要挑战是干扰。由于这些设备趋向于并行响应，因此使用传统的多路访问方法是具有挑战性的，干扰会严重地破坏接收到的信号质量并

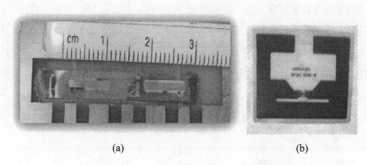

图 5.1　无源传感器的一些实例
（a）声表面波传感器；（b）基于 RFID 的传感器。

破坏有效载荷数据。干扰信号可能来自系统内其他用户或其他系统的用户,也可能是由于当电子元件产生的信号违反微妙的多路访问标准时发生故障。干扰是无线网络中一个被广泛研究的概念,关于干扰源和干扰管理技术的全面信息可以在通信系统书籍和相关论文中找到,包括文献［1,2,3,4］。本章研究一个由无源无线传感器组成的测量系统的设计,重点是通过询问系统的设计和干扰抵消技术提高测量保真度。感兴趣的读者可以参考文献［5-6］以获得进一步的详细信息。

5.2　传感器响应间隔

如果不能适当地对多个传感器的响应进行分离,这些响应就可能会相互干扰。本节将研究传感器响应在时域、频域和码域上的分离,并提供几个实例进一步说明。

5.2.1　时域

分离传感器响应的第一种方法是时域分离（图5.2）。在该方法中,每个传感器的设计方式是,即使所有传感器同时接收到询问信号,其响应也在询问器的非重叠时间被接收。这种方法的主要优点是它在传感器端和询问器端都很简单。为了理解这种方法的局限性,下面给出一个实例。

实例:考虑一个含有 50 个节点的传感器网络,第 j 个传感器对询问器的响应信号响应向后延迟 j ms,假设传感器和询问者之间的距离延迟与光速相比可以忽略不计(或射频波),采样频率的上限是多少?

解决方案:第一个询问信号发送后,第一个传感器响应延迟 1ms,第二个传感器响应延迟 2ms,以此类推,最后一个传感器将在 50ms 后响应。因此,每两个询问信号之间有 50ms 的延迟,这使得最大频率小于 20Hz。这个例子说明了使用这种方法设计的传感器的一个缺点,即响应是按时间间隔的。在估计温度等缓慢变化的参数时,采样率限制可能不那么重要,但在估计振动的结构模型等快速变化的参数时,采样率限制成为一个重要的限制因素,下一种分离方法将解决这个限制。

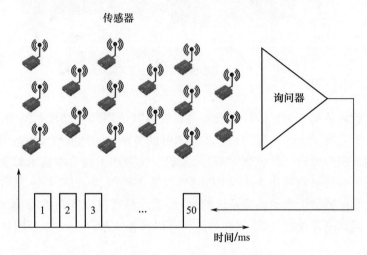

图 5.2 时分传感器响应

5.2.2 频域

除了在 5.2.1 小节中讨论的时域分离之外,传感器的响应还可以在频域内相互分离(图 5.3)。例如,将预定的带宽分配给几个子信道,可以使网络中的所有传感器同时响应。该方法在实际中可以尽可能快地对快速变化的参数进行采样。下面研究另一个例子来理解这种方法的局限性。

实例:一个拥有 100 个节点的传感器网络在 895 ~ 896MHz 的许可频带上运行。假设所有的传感器都有相同带宽的子信道分配给它们,那么当涉及采样时,这个传感器网络的主要限制因素是什么?

解决方案:1MHz 的总可用带宽被分配给 100 个传感器,每个传感器拥有 10kHz 带宽。该子信道允许以奈奎斯特速率采样 5kHz 带宽的通信信号。电话语音质量就是这种信号在分布式传感器网络中监测的一个例子。这个例子表明,主要的限制来自于原始总带宽分配。例如,如果一个视频网络每个传感器使用 6MHz 的通道,就需要 600MHz 的带宽。允许传感器在不同频段工作并在不同时间响应的混合解决方案可能允许使用更多的传感器,而不需要大量的带宽。第三个自由度将在 5.2.3 小节中讨论。

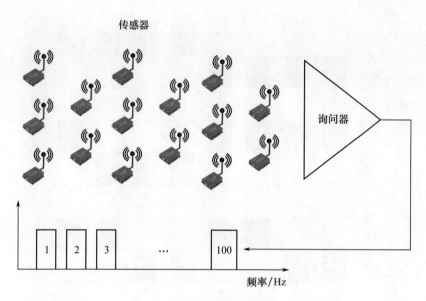

图 5.3 频分传感器响应

5.2.3 码域

码域分离可以单独使用,也可以与其他方法(如时域和频域分离)结合使用,为设计阶段增加另一个自由度。这种方法也称为码分多址(Code Division Multiple Access,CDMA),允许传感器在同一时间、同一频段上响应。传感器设计为每个响应正交于其他响应,允许在询问器上进行匹配滤波器检测。对于这种传感器的设计,有几种正交码。所有这些数字代码都将在传感器中以模拟响应的方式实现,从而使信号呈现准正交。

因此,在选择合适的编码时,信号相关系数的优化应该考虑传感器的响应。直接序列扩频(Direct Sequence Spread Spectrum,DSSS)系统的编码设计技术多种多样。这些编码的一个期望特性是较低的两两互相关,以最小化不期望的干扰影响[7]。这些代码的一个流行变体是黄金代码,它使用简单的组件,如移位寄存器和基本算术运算就很容易实现传统的收发器。文献[8]提出了一种利用声表面波(Surface Acoustic Wave,SAW)器件实现基于金码的差分反射延迟线(Differential Reflective Delay Line,DR-DL)传感器的方法。

实例:在 DSSS 系统中,使用以下长度为 8 的芯片代码提供多路访问。二进制相移键控(BPSK)用于调制。

$$c_1 = [00001111], c_2 = [11110001], c_3 = [00110011]$$

各自的信号如图 5.4 所示,哪一对代码提供了更好的分离性能?

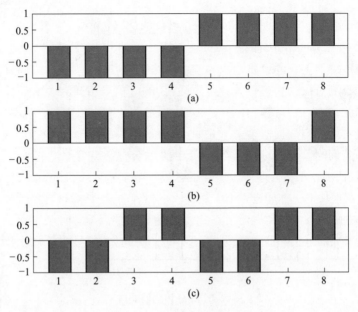

图 5.4 码分传感器响应

解：首先通过映射 $(0 \to -1, 1 \to +1)$ 得到 BPSK 调制信号。注意，这个映射是任意的，并且 $(0 \to +1, 1 \to -1)$ 也可以使用。得到的调制码为

$$B_1 = [-1\ -1\ -1\ -1\ +1\ +1\ +1\ +1]$$
$$B_2 = [+1\ +1\ +1\ +1\ -1\ -1\ -1\ +1]$$
$$B_3 = [-1\ -1\ +1\ +1\ -1\ -1\ +1\ +1]$$

代码之间的互相关

$$\text{Cross}(B_i, B_j) = \frac{1}{n} \left| \sum_{k=1}^{n} B_{ik} B_{jk} \right|$$

式中：B_{ik} 为代码 B_i 的第 k 个芯片；$n=8$ 为每个代码的长度。

因此，可以得到

$$\text{Cross}(B_1, B_2) = \frac{|-6|}{8} = \frac{3}{4}$$

$$\text{Cross}(B_1, B_3) = \frac{|0|}{8} = 0$$

$$\text{Cross}(B_2, B_3) = \frac{|2|}{8} = \frac{1}{4}$$

结果表明 (B_1, B_3) 是最佳选择。实际上，它们是完全正交码，是 CDMA 系统中广泛使用的沃尔什码的一部分。

5.3 无源传感器建模

无源传感器工作的本质是诱导响应信号的受控变化,而响应信号的受控变化取决于被测对象的物理参数。换句话说,响应信号传递有关所需物理参数的信息。因此,响应信号传递有关环境或物理参数的有用信息,这些信息可以通过先进的信号处理方法提取出来。无源无线传感器网络通常由多个无源传感器、一个或多个询问器、一个接收器和一个数据融合中心组成。

询问器、接收器和处理单元通常组合成一个基于计算机的系统,称为询问系统。询问器模块的工作原理类似于无线收发器,它将无线电波传播到周围的无源传感器。电磁波被无源传感器接收,经过一定的畸变后反射回来,畸变大小取决于被测物理参数的变化。询问器接收反射信号,根据接收信号的变化提取测量信息。

由不同类型的传感器来实现从物理参数(如温度、应力和光)到信号失真的映射。这里将重点介绍使用声表面波(Surface Acoustic Wave,SAW)技术构建的一类特定的无源传感器。这些设备中的大多数都是根据传感器的形状随被测参数的变化而变化这一事实来工作的。例如,温度的变化引起装置的收缩或膨胀。

为了将物理变化整合到响应信号中,SAW 传感器可以设计成不同的类型。基于谐振的传感器的思想是将被测信号映射到谐振频率。询问器通常发送一个宽带信号,反射信号包含一个共振频率的峰值,该峰值与被测量的一个特定参数有关[9]。例如,文献[10]提出了利用声表面波谐振器实现蒸汽传感器,其中谐振频率是温度和湿度的函数。

通过使用正交频率,佛罗里达大学已经开发了这些设备的一个更先进的版本,不同的反射器有不同的共振频率,这些反射器组合可以用于实现具有多个传感器系统的多重访问[11]。

这里将注意力转向一种新的 SAW 传感器,称为 DR - DL 设备(图 5.5)。这些设备的工作是基于从扩频系统借鉴的技术,使用一种称为反射器的特殊结构产生芯片序列。这些设备在缅因大学制造,其思想是使用正交二进制码实现多重访问系统,类似于无线网络中的 DSSS 系统。

每个传感器由一个天线、一个叉指换能器(Inter - Digital Transducer,IDT)和两个具有镜像图案的反射器组成,所有这些都印制在温度敏感的衬底上,如铌酸锂($YZ - LiNbO_3$)。电磁波被天线接收,通过 IDT 转换成声波。接收到的电磁波会在 IDT 的上下两根棒之间产生电压差,从而使基片上的自由电子获得晶体结构的能量。振动电荷产生的声波可以很容易地通过设备表面传播。这些声波击中了装置两侧的两组反射器,并反射回中间的 IDT。反射声波被转换成电磁信

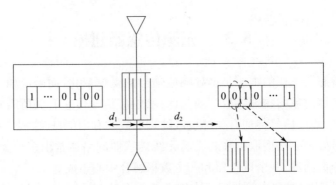

图 5.5 基于声表面波技术的差分反射延迟线框图

号,然后通过天线传播回来。由于装置两侧的两个反射指与 IDT 的距离不同,所以接收到的信号不重叠。

需要注意的是,表面声波的一个关键特性是其相对较低的传播速度,是电磁波速度的十万分之一。因此,相对较小的距离可以被转换成可测量的传播延迟。压电材料的另一个关键属性是在较宽的温度范围内它的长度变化与温度变化几乎保持线性。如果温度升高,反射器之间的相对距离就会增加,接收到信号的两个副本之间的到达时间差也会增加。因此,用一个简单的映射表就可以测出温度。这些设备是刚性的,工作范围很广,最高可以达到 1000℃。因此,在极端恶劣环境下,传统的电池驱动传感器将失效。

实例: 部署一个基于 SAW 的 DR – DL 型无源传感器来测量喷气发动机内部的温度。在测试阶段,询问器发送单个脉冲并检查反射信号。接收到的信号包括两个相对距离随温度变化的脉冲序列。表 5 – 1 为训练阶段的结果。

表 5 – 1 DR – DL 型无源传感器响应信号中温度与两个脉冲相对距离的关系

温度/℃	$T_1 = 100$	$T_2 = 200$	$T_3 = ?$
脉冲间隔/μs	$t_1 = 5$	$t_2 = 5.5$	$t_3 = 7.5$

找出第三次测量的温度 T_3。如果声波的速度是 3×10^3 m/s,求出设备膨胀系数随温度变化 1℃ 的变化。

解决方案: 用假设一个线性操作。$(t_2 - t_1)/(T_2 - T_1) = (5.5 \times 10^{-6} - 5 \times 10^{-6})/(200 - 100) = 5 \times 10^{-9}$ s/℃。可以很容易地发现 $T_3 = T_1 + (t_3 - t_1)/5 \times 10^{-9} = 100 + 2.5 \times 10^{-6}/5 \times 10^{-9} = 100 + 500 = 600$。注意,1℃ 的温度变化转化为 5×10^{-9} s,相当于一个物理扩张 $d = 5 \times 10^{-9} \times 3 \times 10^3 = 15$ μm。

在 DR – DL 传感器中,使用具有独特模式的反射器来启用多路访问。这些独特的模式也被认为是设备的 ID,可以用于识别目的。反射器有两种极化来表示数字 +1 和 -1,如图 5.5 所示。在 BPSK 调制中,数字 +1 和 -1 的信号只是同一个正弦波的翻转形式。

因此,可以用多个传感器并行工作,而干扰可以忽略不计。金码可以实现良好的分离性能。反射器具有镜像图案,因此反射信号包括两个具有不同延迟、相同位流的副本。图 5.6 展示了一个带有图案 11001 的 DR – DL 传感器的脉冲响应样本,其中每个反射器包括三个指型触点。

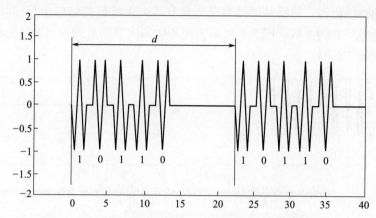

图 5.6 DR – DL 型声表面波无源传感器的采样脉冲响应

(脉冲响应包括具有不同延迟的模式 10110 的两个 BPSK 调制比特流。两个模式之间的距离与传感器的长度成正比,并传递有关当前温度、应力或压力的信息,因此可用于测量这些参数)

最后,可以注意到,SAW 设备的分析建模是基于考虑一阶项和使用简化的假设,如设备端点对泄漏信号的完全吸收。然而,这些假设在实践中并不成立。此外,制造工艺的变化会影响设备的运行,应该加以考虑。因此,寻找一个可靠的无源传感器解析模型是极具挑战性的。解决这个问题的一个捷径是使用基于计算机的软件解决方案[12,13]。

5.4　询问机设计

5.3 节介绍了 SAW 传感器的工作原理。在 DR – DL 设备中,与其他类型的声表面波设备类似,询问器发射电磁波。无源传感器的缺点之一是传输功率有限,反射信号明显低于询问信号,主要原因是,与有源传感器相比,无源传感器没有安装任何种类的放大模块,因此限制它们的工作距离低至几米。

为了增强这个特性,可以使用与目标设备反射器图案的时反相匹配的脉冲序列,而不是使用询问器的单一脉冲。付出的唯一代价是稍微长一点的询问时长,这在测量缓慢变化的系统中是可以接受的。在这种方法中,响应信号是输入信号和脉冲响应的卷积,其模式是相反的。因此,它包括两个大脉冲。但是,如果询问信号图案与干扰设备图案的时反不匹配,则响应信号更像是随机噪声。因此,该方法减少了在相同频率下工作的设备之间的干扰。

图 5.7 通过对比图案 01001010 的目标设备的响应信号和图案 11100111 的干扰设备的响应信号来说明这个概念。询问信号图案为 01010010,是目标传感器图案的时间翻转。目标传感器表现出具有两个大峰值的响应信号,其距离可用于测量感兴趣的参数。图 5.8 所示为使用缅因大学制造的声表面波传感器获得的实际响应信号[8]。

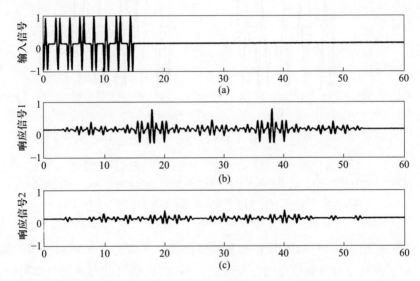

图 5.7 DR – DL 传感器操作的实例

(询问信号图案为 01010010。图案 01001010 是询问信号的时间反转的目标传感器（传感器 1）呈现具有两个强峰值的响应信号。峰值之间的距离与温度成正比,可用于读取温度。具有不同图案 11100111 的第二传感器显示类似噪声的响应信号,因此不显著干扰目标传感器)

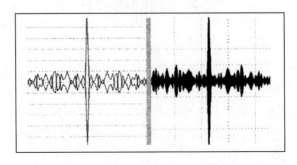

图 5.8 DR – DL 传感器的理论驱动响应信号与测量响应信号[8]

可以在各种平台上实现询问器的实际应用。由于其灵活性、鲁棒性、高性能信号处理和无线连接性,一种流行的选择是使用FPGA板[8,14]。然而,特定的无线电通信线路和天线应该设计得更好。

5.5 干扰抑制

为了获得准确的传感器测量,最好使用上述多种访问方法中的一种实现传感器与询问器之间的无干扰通信,但是完全消除干扰是不可能的。首先,干扰信号可能与设计的系统以外的系统有关,超出了控制范围;然后,上述传输系统依赖的理想假设在实践中往往不成立。例如,在时域多址方法中,需要将不同传感器的脉冲完全分离,如5.2.1小节所述。为了实现脉冲之间的完全分离,应该使用矩形时域脉冲。然而,矩形脉冲包含无限的频谱,因此是不实用的,通常使用带有干扰尾端的脉冲解决,这导致了码间干扰(Inter Symbol Interference,ISI)。此外,在实际系统中很难实现完全同步。其他的多址方法也容易受到干扰,这通常是因为电子元件和天线的不完善,工件的制造水平,传感器移动产生的多普勒效应,频率同步的损失以及在CDMA中非零的互相关代码等。因此,处理传感器网络中的干扰是不可避免的,两种主要的方法包括干扰抵消和干扰管理。

在发射机中使用的第一种技术方法是尽量减少干扰的能量水平。最新方法是通过在发射机中使用预编码将所有干扰信号对准一个方向,以便于接收机将干扰信号过滤掉[15]。但是,这些方法不能直接在无源传感器上实现,需要在询问器端进行更高级的信号处理,可以认为是未来潜在的研究方向。在第二种方法中,接收机采用先进的信号处理技术,消除干扰信号。先进方法包括并行干扰抵消(Parallel Interference Cancelation,PIC)、串行干扰抵消(Serial Interference Cancelation,SIC)、匹配滤波和信道均衡等,从干扰信号中分离出期望的信号[16]。这对于无源传感器而言非常重要,传感器端由于缺乏灵活性,利用干扰抑制技术极具挑战性。因此,干扰能量水平比平时高,这就需要一个更智能的读写器来处理接收到的信号。

在无源传感器网络中,利用定向天线和波束形成技术[17]来降低干扰能量水平是近年来提出的新思路。在这项工作中,文献[17]的作者提出使用一个有16个天线的环形阵列天线,其中每个时间点只有4个相邻的天线是有源的。有源天线的选择是通过控制馈电电流来实现的,它可以将传播方向转向目标传感器的位置。三阶切比雪夫多项式 $T(x) = 4x^3 - 3x$ 用于调整馈电电流振幅,使副瓣电平相对于给定的主瓣宽度最小。提出了一种两级干扰抑制算法,在探测阶段对现有传感器进行识别,在测量阶段对目标传感器进行相应的测量信号读取。这种灵活的方法使使用具有任意模式的任何一组传感器的通用询问系统成为可能。图 5.9 给出了该询问器的简图以及模拟的天线方向图。

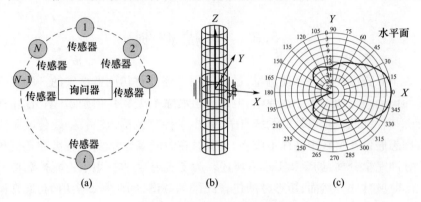

图 5.9　系统模型及天线方向图

(a) 带有一个询问模块和多个无源传感器的系统模型;
(b) 设计的圆形阵列天线,在 16 个天线中有 4 个有源天线;(c) 产生的传播方向图。
(用三阶比雪夫多项式求出输入电流,并用 4nec2 软件进行仿真。
3dB 主瓣宽度为 40°,主瓣旁瓣比为 15dB[17])

5.6　设 计 挑 战

在恶劣环境中使用无源传感器进行现场监测和数据融合仍处于起步阶段。学术界和工业界几个研究小组正在研究传感和通信算法以及传感器的制造,并进一步促进该技术在现实世界中应用,如太空探索[17]、遥感[18]、穿戴式生物传感器[19]、基于 RFID 导航[20]、水下应用[21]、结构健康监测[22]甚至无源 WiFi[23]。有几项挑战因素限制了这些设备的适用性,包括通信距离短(以 m 为单位)、干扰管理、更有效的收发器设计、设备的实际建模(包括非线性项)等;在制作成本方面,本节通过使用定向天线阵列和先进的信号处理方法,论述通信范围和干扰管理两个重要方面内容。有些文献还提出了各种模型,包括概念模型[24]、基于微分方程的模型[25]、基于模态耦合理论的模型[26]、数学模型[27]以及最近出现的基于仿真的模型[28]。然而,对于不同类型的无源传感器以及基于计算机的仿真环境(类似于天线模拟器)都需要一个统一的模型,这对于通过考虑使用的传感器更现实的模型来改进传感和询问器设计是至关重要的。为了降低开发成本,正在研究使用商用软件定义无线电和嵌入式系统[29]、低成本可打印传感器[30]和无源传感器的分层网络[31]的想法。

5.7 结 束 语

本章介绍了无源传感器设计的最新发展,重点介绍了声表面波器件。回顾了为无源传感器开发的多址(Multiple Access,MA)技术,以实现一个可扩展的无源无线传感器网络,其中多个无源传感器由一个集群中的单个询问器模块读取。这种方法使新一代的应用成为可能,并改善了当前单传感器系统的性能。介绍了一种新型的无源传感器,即基于声表面波技术的差动反射延迟线。在这些器件中,采用基于金码的高自相关到互相关值的芯片序列来消除干扰效应。然而,这项技术仍处于起步阶段,还有许多研究挑战有待解决。当前分析模型过于基础,通过考虑第二项效应和放宽线性操作和无损声波通过器件表面传播等简单假设,可以建立更精确的模型。此外,目前大多数询问系统使用的传输技术主要是为具有有源节点的无线网络设计的,更优越的询问信号设计方法可以进一步提高这些系统的性能。采用新的芯片设计、定向天线和波束形成的抗干扰技术是另一个潜在的研究方向。

参 考 文 献

[1] Rappaport,T. S. *Wireless Communications:Principles and Practice*[M]. New Jersey:Prentice Hall PTR,1996.

[2] Martin,H,R. K. Ganti. Interference in large wireless networks[J]. *Foundations and Trends in Networking*,Vol. 3,No. 2,pp. 127 – 248,2009.

[3] Su,I. F. ,W. ,Y. Sankarasubramaniam,Cayirci. Wireless sensor networks:a survey[J]. *Computer Networks*,Vol. 38,No. 4,pp. 393 – 422,2002.

[4] Farid,S. ,Y. Zia,A. Farhad,F. B. Hussain. Homogeneous interference mitigation techniques for wireless body area network under coexistence:A survey[C]. *IEEE Asia Pacific Conference on Wireless and Mobile (APWiMob)*,2016.

[5] Farah,C. ,F. Schwaner,A. Abedi,M. Worboys. Distributed homology algorithm to detect topological events via wireless sensor networks[J]. *IET Wireless Sensor Systems*,Vol. 1,No. 3,pp. 151 – 160,2011.

[6] Kompella,S. ,et al. Special issue on cognitive networking[J]. *Journal of Communications and Networks*,Vol. 16,No. 2,pp. 101 – 109,2014.

[7] Hara,S. ,R. Prasad. Overview of multicarrier CDMA[J]. *IEEE communications Magazine*,Vol. 35,No. 12,pp. 126 – 133,1997.

[8] Dudzik, E. , A. Abedi, D. Hummels, M. d. Cunha. Orthogonal code design for passive wireless sensors[J]. *Biennial Symposium on Communications*, 2008.

[9] Reindl, L. , et al. SAW devices as wireless passive sensors[J]. *In Ultrasonics Symposium*, 1996.

[10] Grate, J. W. , M. Klusty. Surface acoustic wave vapor sensors based on resonator devices[J]. *Analytical Chemistry*, Vol. 63, No. 17, pp. 1719 – 1727, 1991.

[11] Puccio, D. , et al. Orthogonal frequency coding for SAW tagging and sensors[J]. *IEEE transactions on Ultrasonics, Ferroelectrics, and Frequency Control*, Vol. 53, No. 2, pp. 377 – 384, 2006.

[12] Wilson, W. C. , G. M. Atkinson. Mixed modeling of a SAW delay line using VHDL[J]. *In Behavioral Modeling and Simulation Workshop*, 2006.

[13] Scheiblhofer, S. , S. Schuster, A. Stelzer. Modeling and performance analysis of SAW reader systems for delay – line sensors[J]. *IEEE Transactions on Ultrasonics, Ferroelectrics, and Frequency Control*, Vol. 56, No. 10, pp. 2292 – 2303, 2009.

[14] Xuan, W. , ct. al. A film bulk acoustic resonator oscillator based humidity sensor with graphene oxide as the sensitive layer[J]. *Journal of Micromechanics and Microengineering*, Vol. 27, No. 5, pp. 1 – 8, 2017.

[15] EI Ayach, O. , S. W. Peters, R. W. Heath. The practical challenges of interference alignment [J]. *IEEE Wireless Communications*, Vol. 20, No. 1, pp. 35 – 42, 2013.

[16] Stavroulakis, P. Interference suppression techniques: a twenty – year survey[J]. *International Journal of Satellite Communications and Networking*, Vol. 21, No. 1, pp, 1 – 12, 2003.

[17] Razi, A. , A. Abedi. Interference reduction in wireless passive sensor networks using directional antennas[J]. *4th Annual Caneus Fly by Wireless Workshop (FBW)*, Montreal, 2011.

[18] Jones, M. , A. Lucas, K. C. M. J. S. Kimball. Satellite passive microwave remote sensing for monitoring global land surface phenology[J]. *Remote Sensing of Environment*, Vol. 115, No. 4, pp. 1102 – 1114, 2011.

[19] Rocha – Gaso, M. , C. March – Iborra, A. Montoya – Baides, A. Arnau – Vives. Surface generated acoustic wave biosensors for the detection of pathogens: A review[J]. *Sensors*, Vol. 9, No. 7, pp. 5740 – 5769, 2009.

[20] Yang, L. , J. Cao, W. Zhu, S. Tang. Accurate and efficient object tracking based on passive RFID[J]. *IEEE Transactions on Mobile Computing*, Vol. 14, No. 11, pp. 2188 – 2200, 2015.

[21] Etter, P. *Underwater Acoustic Modeling and Simulation* [M]. CRC Press, Boca Raton, FL, 2018.

[22] Zhang, J, G. Tian, A. Marindra, A. Sunny, A. Zhao. A review of passive RJFID tag antenna – based sensors and systems for structural health monitoring applications[J]. *Sensors*, Vol. 17, No. 2, p. 265, 2017.

[23] Kellogg, B. , V. Talla, S. Gollakota, J. R. Smith. Passive Wi – Fi: Bringing Low Power to Wi – Fi Transmissions[J]. *NSDL* Vol. 16, 2016.

[24] Scheiblhofer, S. , S. Schuster, A. Stelzer. Modeling and performance analysis of SAW reader

systems for delay – line sensors[J]. *IEEE transactions on Ultrasonics*,*Ferroelectrics*,*and Frequency Control*,Vol. 56,No. 10,pp. 2292 – 2303,2009.

[25] Luo,W. ,Q. Fu,J. Wang,Y. Wang,D. Zhou. Theoretical analysis of wireless passive impedance – loaded SAW sensors[J]. *IEEE Sensors Journal*,Vol 9,No. 12,pp. 1778 – 1783,2009.

[26] Genji,T. ,J. Kondoh. Analysis of passive surface acoustic wave sensors using coupling of modes theory[J]. *Japanese Journal of Applied Physics*,VoL 53,No. 7,2014.

[27] Hashimoto,K. Y. Surface acoustic wave devices in telecommunications:modelling and simulation[J]. *Springer Science & Business Media*,2013.

[28] Borrero,G. ,et al. Design and fabrication of SAW pressure,temperature and impedance sensors using novel multiphysics simulation models[J]. *Elsevier Sensors and Actuators A：Physical*,Vol. 203,No. 1,pp. 204 – 214,2013.

[29] Humphries,I,D. Armstrong,A. Weeks,D. Malocha. Standalone SAW sensor interrogator using an embedded computer and software defined radio[C]. *IEEE International Conference on Wireless for Space and Extreme Environments (WiSEE)*,2015.

[30] Gao,C. ,Y. Li,X. Zhang. LiveTag：Sensing Human – Object Interaction through Passive Chipless WiFi Tags[C]. 15th {USENIX} Symposium on Networked Systems Design and Implementation (NSDI 18). *USENIX Symposium on Networked Systems Design and Implementation*,2018.

[31] Razi,A. ,F. Afghah,A. Abedi. Hierarchic al network development of wireless passive sensors [J]. *IEEE/Caneus Fly by Wireless Workshop (FBW)*,Orono,2010.

第6章
极端环境中无线波束形成

本章从广义的设计视角提出在无线传感器网络中采用波束形成(Beamforming,BF)的方法,包括8项与无线传感器相关的技术:①阵列天线的方向性;②传播效率;③分布式波束形成;④提高能量效率;⑤干扰控制;⑥有效的 Ad hoc 网络;⑦设备级有效的智能感知;⑧先进的集成化 MIMO – BF 配置。这些技术将有助于无线传感器网络设计在极端环境下的发展,实现直接和窄波束信号的传播。

6.1 引　言

尽管对无线电技术的发明存在一些争议,但人们普遍认为马可尼不仅发明了无线电,而且还在他的实验中通过使用多个天线接收微弱的低频无线电信号,实现了初步的波束形成[1,2]。

在讨论无线智能传感波束形成技术之前,需要了解,在普通的无线通信系统和分布式无线传感系统波束形成之间存在的显著差异。这对许多设计者来说可能并不重要,但这个由无线电学科的常见实践问题引起的微小误解正在阻碍无线传感器网络的发展。波束形成及其指向性能力弱影响了波束形成的发展。换句话说,当人们试图应用经典的蜂窝无线通信技术时,发射波束的方向性在传感过程的实践方面发挥着至关重要的作用。人们给无线传感器系统加载了太多不必要的信号开销和过多的过程,设计者应该避免。

此外,通过观察波束形成的实践方面来研究其重要性,可以使用这些技术来调整无线传播技术在无线传感器网络应用中的渐进发展能力。我们可以从效率、确定性和信任三个方面开展研究。

当使用不具备波束形成能力的无线技术时,就会出现效率问题。由于缺乏对传播路径的控制,只利用了传输信号中被接收器接收到的很小一部分。接收如此小比例信号能量的经济性在移动电话行业是非常重要的指标,因为移动行业主导着市场,在极低成本的大规模生产下,它们能够获得所需的生产力。然而,对于无线传感器来说,情况就大不相同了。从长远来看,对任何能量的浪费都会导致部署范例的出现,而且从运行的角度来看,节点应该管理它们自己的能量需求,确保大部分能源都能被有效使用。因此,通过无线通信,智能传感器遇到了严重的能量危机,可能会在运行过程中挂机。这种情况在共享环境中会变得更加关键,因为在共享环境中,太多的干扰信号通过增加传输功率进一步降低了通信效率。

确定性因素源于用户或节点预先设置在信号饱和区域内的可能性,在典型的无线通信环境中,覆盖范围支持自然随机移动性作为蜂窝用户访问服务优势特性。但是,对于无线传感器网络的节点来说,传感器已经定位在它们需要工作的位置上,它们所需要的只是找到一种方法将收集到的信息传输到最近的数据库或控制中心,而不会因为缺乏适当的连接或本地存储不足而导致信息延迟或丢失。在很多无线传感器网络的设计实例中,并非使用最浪费机会的经典系统去发现和寻找一个好的接收区域或接收方向,而是使用一种特别的 Ad hoc 中继连接,使得在接收过程中,少量的智能活力可以使一个节点保持连接在一些提前建立的直接链路上。

信任度降级是无线通信天然的副产品,虽然很多人没有注意到,但是无线通信很容易受到干扰信号的攻击,并危及用户的信任度。一般来说,由于可能丢失数据或未经授权操作敏感信息,会导致信任度受到损害。虽然所有的无线系统都继承了这种令人担忧的天然副作用,但在普通的蜂窝应用程序/系统中,通过在用户设备中采用/使用一些昂贵的嵌入式安全措施,可以显著降低其影响。

对于极端环境中的某些应用程序来说,上述因素很容易积累并发展为更大的缺陷。例如,由于远距离与低密度的使用,在外层空间,如果没有正确使用波束形成器,传统的传输技术可能难以发挥作用。在这种情况下,信号的消失可能是由于接收信号的能量下降或在发送信号之前没有足够的压缩。

例如,在远程监控、操纵和控制水下航行器方面,混合技术的使用一直很受欢迎。然而,这种解决方案在许多方面会变得非常复杂、缓慢和低效,同时还会受到无线信号恶化和自然中断的影响。人们期望超宽带无线传感器网络系统能够解决其中的许多问题,但只有在网络中的所有链路都正确连接的情况下,它们才能解决这些问题,理想的连接并非经常可能,从而阻碍了远距离水下环境低成本实际解决方案的发展。

例如,地下环境,或其他严酷和极端环境有其独特的情况。因此,实际的解决办法只能通过克服与前面提到的三个主要缺陷因素有关的大多数问题才可行。

本章的其余部分内容如下。6.2 节提供常规天线单元阵列波束形成的基本模型。6.3 节讨论指向性的重要性和能够控制波束的好处。6.4 节讨论波束形成技术在特定领域的发展,同时考察波束形成技术的现状和未来以及在极端环境下无线传感器网络的设计、开发和部署中应用的潜力。

6.2 天线阵列

在理想情况下,最佳指向性是导体和电缆的功能特性。利用无线指向性的一种方法是使用现有天线,它们以阵列的形式排列,通过相控操纵组合波束在一定的同一方向上产生聚合。也就是说,一些无方向性天线组成的相控阵,将每个单元天线在介质中传播的波(均匀的三维图形)组合在一起,实现只在预期方向上传递更强波束(理想情况下是所有单元的线性和)的目的。

图6.1所示为理想的定向波束波瓣。每个波瓣的指向精度由其波束宽度表征,波束宽度是在波束峰值以下3dB的波瓣上两点之间的角距离。波束越窄,阵列的波束形成性能越好。例如,对于78°的单偶极子,分别使用2、4和8级联阵列,半波长的功率波束宽度分别可以降低到32°、15°和7°。使用反射器对提高指向性非常有用,因为它可以在不增加阵列数量的情况下,在所需的方向上增加一倍的功率。图6.1所示的定向波束方向性图是一种理想的视图,因为它只能根据所使用的阵列元素的特性专门为传输媒介来提供设计。此外,由于天线的互反特性,天线的定向效率适用于接收信号的方式与它们发送信号的方式完全相同的情况。

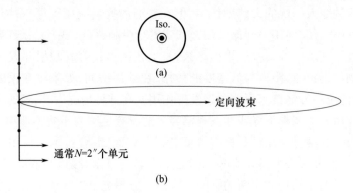

图6.1 二维图像比较两种三维波束方向性图
(a)理想无方向性天线的球面方向性图;
(b)由一个简单的传感器阵列生成理想的圆锥光束方向性图。

过去几十年的大部分努力都致力于蜂窝电话的应用,其中一些合作基站发射能量的传播针对其覆盖的主要目标。也就是说,尽管在极端环境中支持波束形成的无线传感器网络设计可以从使用现有的货架产品中获益,这也是当前能快速提供低成本组件的普遍做法,但是这可能会阻碍专业设计师和创新产业创造新的设计。

下面介绍阵列天线的建模。

基本阵列波束形成的历史比最近的研究成果显示的要长得多。这里的术语"阵列"不仅表明了通过建模探索新思想的数学运算能力,而且还指导了对科学研究的远见卓识。它可以指导工程师系统地、可靠地、按部就班地解决技术问题,如图 6.2 所示。

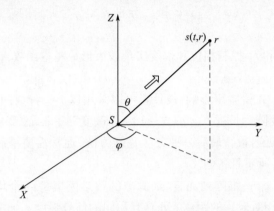

图 6.2　在距离无方向性信源 r 处的信号,无波束形成

与无方向性信源距离为 r 的无损信号 s 可表示为

$$s(t,r) = s_0 \cdot e^{j\Psi(t,r)} \tag{6.1}$$

式中:$\Psi(t,r) = \omega t - kr, k = 2\pi/\lambda$ 为波长为 λ 的波在一个波长上的方向角相变。

这意味着变量 Ψ 决定了传播的能量方向性图(例如,无方向性天线在所有方向上的能量方向性图为 1,意味着零波束形成)。

图 6.3 所示为与相邻天线单元在空间距离 a 处均匀分布的一维和二维阵列单元。

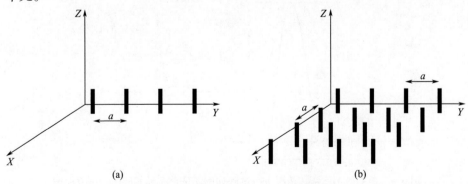

图 6.3　典型的一维和二维均匀分布天线阵列
(a)一维均匀阵列分布;(b)二维均匀阵列分布。

基于式 6.1,可以为任意一个阵列建立归一化分布信号估计。与信号源 Ψ_n 相对距离为 r 处的信号为

$$s(\varphi) = \frac{1}{N} \sum_{n=0}^{N-1} e^{j\Psi_n} \qquad (6.2)$$

式中:$\Psi_n = k \cdot na \cdot \cos(\varphi) - \xi_n$,$\varphi$ 和 ξ_n 分别表示与坐标轴的夹角以及单元反馈信号的相位。

通过调整 φ 和 ξ_n 控制相位和幅度实现波束形成基本函数,也可以称为波束形成规则。

参数 $k = 2\pi/\lambda$ 受频率影响,设计者可以采用以下一种或四种方法的组合:①改变 N;②改变阵列长度 $L = a(N-1)$;③改变频率;④改变输入单元天线元件的每个信号的延迟量。最后一种方法是新方法,通常需要精确的信号处理能力,这是许多设备所不具备的。

因此,对于一个一维阵列而言,最简单的数学模型是 N 个均匀分布的无方向性阵列单元在相对较远的距离 r 处具有相同的信号强度 s,此时 r 处的总相对能量增益为①

$$s(\varphi) = \frac{1}{N} \sum_{n=0}^{N-1} e^{jkna\cos(\varphi)} \qquad (6.3)$$

对于式(6.3)的能量分布,在 sinc 函数增益公式中只考虑实部的结果,可表示为

$$|G(\varphi)|^2 = \left| \frac{\sin(N \cdot ka/2)\cos\varphi}{N \cdot \sin(ka/2)\cos\varphi} \right|^2 \qquad (6.4)$$

图 6.4 显示了 $\lambda/4$ 波长和 $\lambda/2$ 单元间距下单个阵列的两种对称能量分布和相应的辐射方向图。

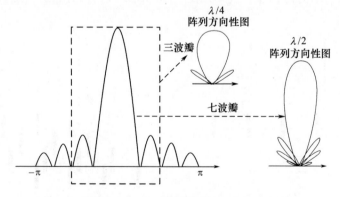

图 6.4 $\lambda/4$ 和 $\lambda/2$ 两种情况下一维阵列的能量分布和相应的二维方向图

---

① 当距离较大时,r 的微小变化可以忽略不计。

目前，随着应用软件数字信号处理设备能力的不断提高，将转向功能集成到天线阵列是可行的。因此，天线阵列可以采用静态和动态的电子转向和导航功能。这个最受欢迎的功能促使新设备优于传统的机械系统。主波束的60°偏转如图6.5所示。

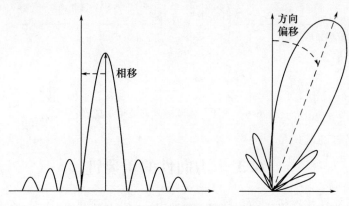

图6.5　阵列产生的电子转向波束

对于某些应用，可以将阵列天线的配置(图6.3)扩展到三维；但是由于其所需的额外复杂性和特定的增量增益，到目前为止还很少使用。然而，随着集成技术的不断发展，可能在几十年内成为一种常见的应用。

此外，收/发单元在一个或两个笛卡儿维数上一般等距分布下的情况，通常会遇到严重的设计问题，特别是对于低频阵列。值得庆幸的是由于波束形成过程的性质，大多数设计问题可以从硬件转移到软件，利用适当的、快速的和低成本的算法来解决。这源于这样一个事实：只要将正确的相位变化应用到阵列单元上以符合正确的结果，大多数常见的波束形成应用程序几乎可以在任何阵列单元分布下执行。典型的例子是使用圆形(2D)或球面(3D)数组。图6.6显示了一个等距二维圆形阵列。

一般来说，只要基本的规则(相位调整)适用于天线的所有组成部分，任何无线网络系统都可以产生波束形成。在这种情况下，不需要将天线设置为设备的一部分(物理的、物理固定的或连接的)来配合。波束形成将成为一个虚拟的过程，通过在协同传播的基础上建立一组相位正确的信号，保持了补偿差分路径的波束形成规则。然而，为了实现波束形成，在实践中应该包括两个互补的功能操作：①一个具有强大计算能力的集中式合作，用于组织整个过程；②所有单个智能传感器具有足够的计算能力来维持在所需时间内保持工作。

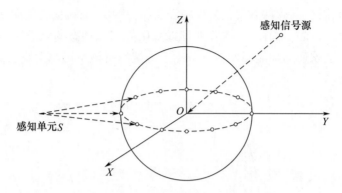

图 6.6 等距二维圆形阵列波束形成器

6.3 方向性的重要性

根据感知应用的本质,在大多数极端环境中使用无线传感器网络概念时,通常采用非结构化和动态自组织网络。与此同时,还需要一种最佳的网络设计方法,该网络利用了邻近节点、簇头和网络的数据站(接收器)之间的直接连接。

在回答波束指向性问题之前,先来解释一下近场信号和远场信号的区别。回顾在距离信号源估计式(6.3)很远的情况下所做的假设,阵列的近场效应(Near Field Effect,NFE)信号估计要求阵列具有详细的物理特性。从波束形成的设计环境考虑,这样的细节不能帮助远场效应(Far-Field Effect,FFE),还增加了不必要的复杂性。也就是说,近场信号从一点到另一点变化极大,这使得建模任务既复杂又不可靠。所以,不能依赖于 NFE 区域的任何设计过程。最好的实用建议是避免近场问题或自己选择方法①。

近场效应和远场效应之间的界限通常是模糊的,因此对于每一个设计,都将最小距离作为避免近场问题的措施。这个最小距离通常取决于阵列的结构、材料、元件的尺寸、间距和周围环境。通常根据实际评估来使用一些估计,这可以简化为经验公式 $d_{min} = 2L^2/\lambda$,其中 L 为阵列天线的最大尺寸。因此,应该将无线传感器网络协作波束形成的使用限制在以下考虑因素:①为了避免 NFE,最好不要在节点的子组(通常是多对一)之间使用协作波束形成,除非 d_{min} 限制不

---

① 这里的选择意味着在"经验法则"的猜测和最小化风险的系统方法之间进行选择。在实践中,建议采用系统方法。这里,可以使用案例研究来测试近场波束成形设计的性能,避免其可能的陷阱和限制,其中的选择是,①使用适当的计算机模拟和几个变量来覆盖所有可能的工作条件;②在实验室或代表案例的场中设置实验测量具体情况。

适用于大多数节点;②除非平均距离降到或超过 d_{min};③应该在无线传感器网络中的几乎所有长距离使用波束形成;④需要理解,无线传感器网络和非常远的物体(如卫星和 HAP)之间的直接合作通信可能不实用,因为它们的能源和资源不是为远距离通信而设计的。

方向性是实现无线传感器网络的一个重要但却被忽视的特性,当涉及极端环境应用时,此功能可能会变得更加有效。从性能的角度考虑:①对感兴趣的点,而不是对整个区域的覆盖(即除了特殊的多传感器采样情况外,大多数无线传感器网络应用中使用的传感器从选定的采样点收集数据,其中这个点的传播媒介与其周围区域一样好);②扩散信号的能量意味着削弱好的信号;③所有未使用的信号没有到达预期的接收天线是对有用能量的浪费,并且还经常干扰其他节点的通信;④极端环境中的预期通信路径遇到严重损失(例如由于空间、水下和地下的远距离传播问题,任何具有潜在带宽的传播射线都会受到严重损失);⑤在极端环境中,用于通信的非计划多径射线不如陆地上的有用,因为反射通常没有陆地上的那么多,也没有质量的要求。因此,它们通常需要更复杂的信号处理,这也可能会增加额外的内部散粒噪声,在使用这种间接信号时降低接收器工作效能。

在大多数实际的无线传感器网络应用中,使用动态波束形成可以满足理想的指向性解决方案。在这种情况下,指向性的共同特征是波束形成的准确性和目标接收机在相邻收发器之间的选择性。如图 6.7 所示,当一个无线传感器网络节点试图在一个已知的方向与一个较远的节点通信时,同时避开了 3 个周围的节点。

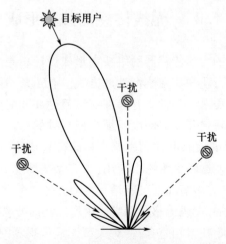

图 6.7 指向性用于在许多不希望的收发器之间与希望的节点通信

一般来说，在无线传感器网络中使用波束形成的3种常见情况是，①簇到簇的传输，其中簇头使用自己的天线阵列与其他节点通信；②当将整个传感器簇组织起来以产生有效的协作波束，以便在每个传感器上按照其自身的波束形成规则（作为阵列的有效工作单元）与基站进行直接无线通信时；③利用额外的信息，如基带或信道条件，以生成多波束传播方向图，以便与多个节点通信时。图6.8 显示了第三个案例实例，其中无线传感器网络使用一个复杂环境（如工业站点）利用基带信息，如波达方向（Direction of Arrival, DOA）为一个可用的通道建立连接。

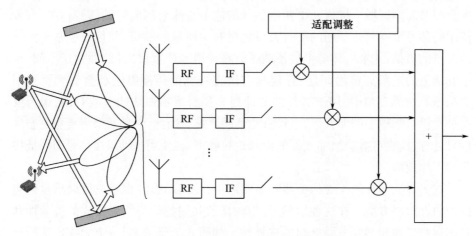

图6.8 多波束环境下的多波束传播情况

6.4 无线传感器波束形成

在研究各种可能的无线传感器网络波束形成设计思想之前，需要分析各种波束形成方法在不同行业中使用该特性的方式。有4条不同的发展路线，每一条都有其特定的行业需求。尽管所有人都应该遵循共同的设计规则，但当他们遵循自己解决方案的特定开发实例以匹配在该领域的特定部署时，规则就会变得不同。例如，由于早期无线传感器网络与移动行业发展具有很多相似之处，许多波束形成技术已经在这两个系统中使用，这在某些情况下可以帮助无线传感器网络解决方案，但在许多情况下可能是有害的。另一个例子是MIMO技术，由于通用无线技术的优势，无线传感器网络应用场景经常被忽略。因此，将波束形成技术与经典的MIMO技术相结合，将对大型无线传感器网络系统波束形成技术的设计与实现产生重要影响。

6.5　移动波束形成解决方案

　　无线传感器网络利用波束形成对能量和性能各个方面的潜力进行扩展;但由于其发展的时间相对较短,在许多行业的运营规模较低,其独立的世界市场发展还没有得到证实。因此,它们的具体设计理念还没有被整合到其他技术中,如手机和物联网。

　　作为无线行业背后的主力军,移动电话也在推动波束形成方面表现出了自己的方式。所有用于改进移动和通用无线技术的波束形成思想都可以与无线传感器网络共享,其中有些可以单独使用并用于无线传感器网络部署。在无线传播、建网、节能、波束管理和移动技术的独特基础设施及标准的制定方面都有许多这样的例子。下面介绍一个在现代 WiFi 标准中使用波束形成的常见案例。

　　在移动技术发展的过程中,可以看到大量关于智能天线设计的技术讨论。智能天线是一个通用的名称,已用于具有某种整体适应能力的移动天线,帮助设备相对于变化的传播媒介改变其配置。变化的媒介可以是服务的一部分,也可以是应用程序的整体属性。如果单个智能天线可以自动重构其信号参数,以适应该区域(例如,从一种标准媒介转换到另一种标准媒介的移动电话,主要用于识别接收信号,如调制系统、频率等)。"智能天线"一词也被应用于许多其他的无线系统,包括远程扫描仪、物体跟踪器和射电望远镜等。

　　然而,"智能"的头衔更常用于能够自动调整接收和/或发射方向图的阵列天线。当设计改变阵列天线主波瓣的方向时,为了获取某一能量场中的最大信号(通过改变其应用于阵列中单元的差分相位),阵列后的智能信号处理算法利用场的波达方向(通常称为信号空间特征)调整自身单元的内部差分相位,逐渐向其移动并捕获发射天线的方向图主瓣。

　　移动技术的另一个有趣的波束形成相关领域是基于早期它与 WLAN(也称为 WiFi)的集成。使用日益增长的 WLAN 和相关的 WiFi 在接入点共享频谱的功能,促进了 3G 和 4G 技术的发展。然而,由于这种共享服务的能力有限,人们不得不使用一种新的多通道 BF – MIMO,促使利用互反阵列天线进行更大范围的接入成为可能。同时值得一提的是,原则上 MIMO 技术还没有被设计用于波束形成以及共享多通道应用(例如,IEEE 802.1 标准)[3],因此,为了提高 WLAN 和 WiFi 的功能,运营商不得不利用天线阵列的两种累积增强:①在接入点增加功率自适应;②保持基本的指向性波束形成并到达期望的邻近接收器,同时对其他接收器保持透明。

　　在无线系统中,为了提高性能和工作距离,通常使用的一种技术叫做互补波束形成。目前，IEEE 802.11 无线局域网系统已经在无线通信和因特网接入领域广泛应用了几十年。然而，它们也有一些弱点，包括功率不足和接入距离有限，主要原因是它们使用的是传统天线。使用常规的功率波束形成器可以增加特定方向的发射功率，同时降低其他方向的发射功率。然而，这可能会导致该地区的其他一些用户体验到更低的信噪比。在早期阶段必须解决的另一个问题与原始的基本波束形成传播有关。当一个信道在另一个不同的方向上忙碌时，可能被认为是空闲的，错误地开始在有损失的情况下传输它们的数据包，造成不必要的回退和过多的干扰。这个问题通常被称为隐藏波束问题，对于使用热点来增加系统工作距离的高负载无线网络，这个问题会变得更加严重。另外，使用互补波束形成使一些控制机制能够对波束形成用户保持基本波束形成属性外，还可以监视网络中的其他用户（称为静默用户）[4]。

来自移动领域的另一项正在发展中的波束形成技术是阵列天线的自动重构，它更多涉及的是艺术和设计，而不是工程。下面来介绍一些在电子可调和转向天线有趣的工作。

第一个"实时可重构像素天线"声称优于经典的可重构天线，主要是由于：①其矩阵开关的灵活模块化风格，这使得它们成本低并适合全球市场（任何二维矩阵维度）；②它们的单片开关集成特性，由于基础设施技术的可用性，目前正在迅速生产；③它们的可寻址动态可重构性，这使人们为了使用能够克服许多可编程的设计问题。

可重构像素天线具有动态可重构特性，可广泛应用于雷达和探地雷达等领域。虽然这种天线的复杂性听起来很高，但在生产阶段，具体的设计可以将复杂性最小化，并生产低成本的产品[5]。

另一个更有趣的工作是可重构矩阵结构阵列天线设计，也可称为可重构孔径。作为一个多功能可编程、支持可切换的 MEMS 部署在许多基于天线的应用，包括功能波束形成、方向图合成、动态频谱共享、MIMO 通信以及物理层无线安全。这个概念能够为任何传播环境构建广泛的应用程序，并使用在复杂性可控的软件支持下的相当简单的硬件。图 6.9 显示了 9×9 矩阵天线可切换设置的典型实例[6]。

上面提到的技术属于通用移动和无线波束形成技术，主要是因为它们的设计是面向高使用统计性能的，而不是适合无线传感器网络的、特定的通用定向应用场景。它们主要是为地面无线应用程序而设计和演示的，这些应用程序源于接入的便利性，而不是特定的设备功能。因此，设想在这种工作媒介中操纵无线电波传播的辐射方向图将比在极端环境中容易得多，因为在极端环境中传播的有限选择使情况更加具有挑战性。

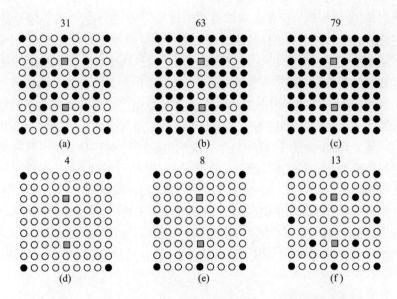

图 6.9　一个 9×9 矩阵天线的 6 种不同的可切换配置实例
（其中每个方向图顶部的数字表示使用的偶极子天线单元的数量
（圆点）与两个馈电点（正方形）[6]）

6.5.1　无线传感器网络波束形成的一般方案

在 6.3 节讨论过的方向性和本节前面部分关于无线传感器网络与移动系统的潜在差异体现在两个方面：①无线节点可以表现得像一个天线阵列单元；②通常传感器网络中的数据流是单向的。因此，如果能够利用这些特性传播能量，那么无线传感器网络将提供更好的性能。也就是说，波束形成在引导无线传感器网络发展过程中，实际上还具有没有被利用的潜力。6.4.2～6.4.4 小节展示了一些基于传感器的波束形成的成功案例。

为了生成一个波束形成函数，需要将无线传感器单元定位在一个特定的位置或设置在一个常规的物理阵列中（即任何系统的或随机分布的无线传感器网络节点集均可用于实现波束形成过程，并产生适合所需环境的理想波束方向图）。但是，由于相对位置对于精确估计差相的重要性，调节位置有助于解决计算的复杂性。这种纯粹随机分布的波束形成技术的特点不需要为有源传感器单元选择位置。然而，这种过于简化的分布需要来自合作单元非常复杂的协作过程，否则将出现不必要的旁瓣。它需要对潜在的节点（单元）进行同步，以生成正确形式的有效信号。强大的旁瓣通常会干扰相邻的节点，在这些节点中，抵消旁瓣干扰需要集成额外的信息，如信道状态信息（Channel State Information，CSI）[7]。

类似地,使用所谓的协作式调零波束形成器,目的是通过合并删除特定旁瓣的特定任务来提高网络的整体性能。这个简单的过程在实践中有所帮助,主要是因为有两个相互关联的事实:①利用节省旁瓣能量自然地改进了主瓣;②动态减少了所有其他接收站的旁瓣。在这种情况下,整体协作增益的提高与协作节点的数量成比例,结果比传统的协作波束形成提高了 6.6dB[8]。将无线传感器网络用于医疗目的是一种常见的做法,由于非手术治疗的非侵入性要求,身体可以被视为一个极端环境。大脑的断层扫描和消化系统的内窥镜检查是两个使用阵列天线式处理的有趣案例。携带检查传感器的无线内窥镜单元(胶囊)的运动应该与收集的信息一起被识别和分析。胶囊的三维定位、跟踪和移动控制是通过位于圆柱形单元上的无线传感器阵列来实现的,可以实现波束形成、信号处理和其他数据管理等任务[9]。图 6.10 显示了使用无线胶囊内窥镜(Wireless Capsule Endoscopy, WCE)定位消化路径的 16 个选定的无线传感器阵列的三种不同但互补的部署情况。

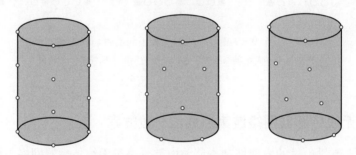

图 6.10 柱面上活动阵列单元的三种不同位置配置

6.5.2 低频波束形成方案

在第 9 章和第 10 章将介绍,由于在水下和地下传播环境中无法高质量使用无线电频率通信,限制了在这种恶劣和不适于人居环境下探索媒介带宽能力。然而,声音和微机械振动信号可以在水下传播,但会带来如带宽不足和明显的不便接入等不足和一定的限制。尽管存在这些困难,我们已经在开发一些实用的低频解决方案并取得了相当大的进展,这些方案可以使用智能传感器管理紧急任务和有限的探索。

当涉及使用智能传感的进展问题时,我们意识到,相对于这种极端环境,由低频信号为智能系统提供的能力既不令人兴奋,也不满足要求,因为有两个主要的问题阻碍进展:①地下应用的每米带宽成本和水下应用的每千米带宽成本过高,超过了信号低频有价值传输的意义;②在现有解决方案传输信号的传播浪费非常高,而且随着距离增加快速增长。

在尝试寻找替代或者更加可行的技术之前,可以进一步检查基于现有技术是否有任何遗漏的解决方案。然后可以看到,什么方案能拥有足够的信号和信息处理能力调用波束形成。也就是说,很容易看出波束形成可以帮助解决这两个部分的障碍,但是更好地利用无线传感器网络的指向性要求/特征和波束形成的结合可以帮助设计新的解决方案。因此,我们研究最近的任何创新思想用来解决这个问题,包括3个主要技术领域,即声学、地震和声波。

1. 声学

声纳的主动传播称为方向频率分析和记录(Directional Frequency Analysis and Recording,DIFAR),通常用于水听器。它是一个由3个声纳传感器组成的小阵列,用于测量传入的声学信号特性。其中一个被称为全向弯曲元件,位于水听器的底部,用来测量声波的压力振幅。剩下的两个传感器与4个陶瓷圆盘上的抖动器协作,测量信号的方向。通过水听器探测到的声压波,压力会转移到陶瓷圆盘上。将压电元件嵌入到圆盘中,将振动能量转换成电压信号。在正交几何排列下,产生2个正弦和1个余弦波瓣图,共同提供方向信息以及入射声波的功率谱密度[10]。

也就是说,这种定向设备使用了20多年之后,人们发现现在这种方法几乎没有什么用处,可以升级为我们采用的"波束形成—无线传感器网络"避免座头鲸和近海作业之间的干扰。西澳大利亚北部的海岸大陆架被称为西澳大利亚座头鲸种群的冬季空间栖息地,座头鲸通常在6月初到10月底之间繁殖。该地区可能会受到石油和天然气勘探海上作业的影响。因此,需要采取一些应急措施以防止对海洋环境的生理和行为影响以及发生与船只相撞的可能性和产生人为水下噪声的其他副作用。为了评估这种可能性并为这个特殊问题找到一个好的解决方案,需要对鲸鱼进行监视、探测和定位。因此,必须对作业地点、港口和船舶航路进行预警。在这一阶段,部署了一组稀疏的DIFAR传感器阵列。在实验中,在距离1km到15km的地方部署了一些带有3~6个漂流浮标的阵列。目前,从收集到的鲸鱼新型声音的结果证明阵列是有用的[11]。

另一个可以用于波束形成—无线传感器网络开发的想法与无人驾驶汽车(UAV)相关,即使用基于反向定向原则的天线,该天线可以将信号发送回发出信号的同一方向。这是基于输入信号的自相位共轭原理。指向性取决于从不同单元发出信号的相对相位。阵列天线由多个相同的辐射单元组成[12]。

1)麦克风阵列

为了开发用于声音系统的波束形成—无线传感器网络解决方案,可以直接研究信源单元阵列。这里研究建立这种阵列的波束形成的方法。阵列产生的组合声音为无线传感器网络在监视、音频/视频会议和跟踪目标方面的应用提供了预期的但非常有趣的特性，这可能会导致声纳系统设计的新趋势。

理想的，从坐标原点产生一个单一来源的信号波形基本样式，如图6.2所示，在媒介中传播的速度v与衰减信号的表达式通常使用信号传输的时间t以及从信源到麦克风的距离r表示：

$$\overline{V}^2 s(t,r) = v^{-2} \frac{\partial^2}{\partial t^2} s(t,r) \tag{6.5}$$

其中，对于波前平面，信号能量可以进一步简化为频率相关的无损耗①公式：

$$s(f,r) = s(f) e^{jkr} \tag{6.6}$$

式中：f为波的频率；$s(f)$为信号功率；k与6.2节定义的k相同。

式（6.6）可以改写为

$$s(f,r) = k = 2\pi f \cdot v^{-1} \tag{6.7}$$

然而，信号的接收取决于检测信号的方式。该过程的技术术语称为孔径，孔径对r点接收能量的频率依赖性影响可以用加权因子$w(f,r)$表示：

$$d(f,r) = s(f) \cdot w(f,r) \cdot e^{-jkr} \tag{6.8}$$

当对接收点处有效孔径的整个小面积(θ,φ)积分，与参考点的距离为r，将其归一化为$s(f)$，则

$$D(f) = \int_{\theta,\Phi}^{A} w(f,r) \cdot e^{-jkr} \tag{6.9}$$

图6.11显示了两组典型的实例方向图，分别使用了两种流行的波束形成技术，即延迟—求和波束形成技术与超指向性波束形成技术[11]。这些方法在无人机的DIFAR中得到使用[12]。

2) 声纳

声学领域的另一个发展领域是便携式声纳。随着使用量的增加，只要市场的两个主要组成部分和发展继续作出反应，高量产有助于技术的自然指数式增长。开发轻型、智能和便携式声纳设备的新趋势和技术是有希望的。波束成形技术现在拥有了更多的新功能，特别适用于使用新的更高频率进行精确识别和扩大工作范围②。

例如，最近的便携式声纳设计使用了一个由10个均匀分布单位组成的弧形扫描单元。它的接收水听器使用80个单元的阵列。本设计的二维波束宽度为水平45°，垂直15°。工作频率范围为550~600kHz，主功率为190dB，提供195dB的水声波束形成灵敏度。信号调理系统采用主放大器，如图6.12所示[13]。

---

① 这里为各向同源性。
② 超越了10kHz的传统音频范围。

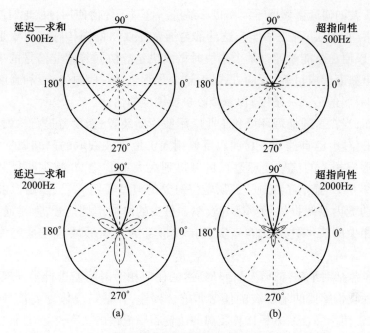

图 6.11 两种波束形成方法

(a)延迟—求和波束形成的典型方向图；(b)超指向性波束形成的典型方向图
（该天线由 8 个单元组成，均匀分布在直径 20cm 的圆形阵列上）

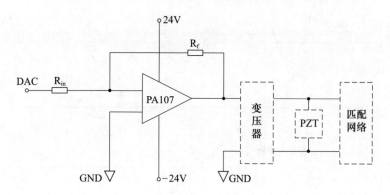

图 6.12 便携式声纳调理电路[13]

2. 地震

我们将在第 10 章中介绍的自然地震波及其特性已经在全球范围内超宽带无线传感器网络应用。另外，人们对使用 PZE 等技术设备产生的地震波也越来越感兴趣。

地震波的大多数应用都需要密集的信号处理。因此，将无线传感器网络应用于地震波的研究部署既不简单也不经济。这对于任何使用自然地震波来调查自然灾害(如地震)都是事实。这种部署通常需要从协同传感器收集足够的样本信号,以便在总能量超过某个阈值时做出决定。协同传感器信号的采集被认为是一个波束形成过程(反向方式)。这个过程包括对信源(位置和强度)、路径(距离和材料的传播灵敏度)以及接收机灵敏度的估计。

然而,当在普通地理环境和工业应用使用新装置、新设备进行探索时,得益于目标的位置、已有的调查材料以及使用人工地震波获取的已知属性等信息,与波束形成相关的信号处理过程可以得到大大地简化,并减少路径及其导电性能。图 6.13 显示了在地下三层定位对象的典型实例①。虽然信源波束的波束形成功能为系统提供了更高的效率和更少的可能干扰信号,但是通过平滑、滤波和相关的信号处理功能来实现接收信号的波束形成过程是定位的最终任务。

定位包括对地震阵列记录信号到达的任何相对时间差进行预处理,纠正来自不同地震传感器的地震波的任何非重合到达,并估计总体地震信号的能量。为此,通常使用弹性波方程计算震源的位置和峰值输出功率,在弹性波方程中可以分析模型参数并将其应用于地下地质以及地震传感器和震源。在本实验中,将波束形成函数应用于使用传统检波器的接收传感器,然后检波器仅通过地面振动就可以测量地震波的垂直分量[14]。

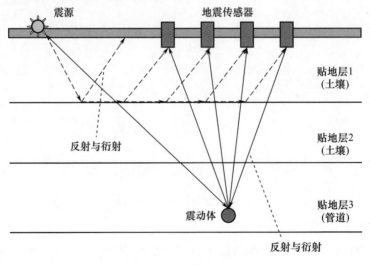

图 6.13 探测地下三层目标的典型局部化场景[14]

---

① 在这种地下条件,使用诸如探地雷达之类的常用设备几乎没有机会有效地工作。

6.5.3 MIMO 波束形成方案

多输入多输出(Multiple – Input – Multiple – Output,MIMO)技术是一种可以与波束形成集成的无线通信技术。由于其具有的多通道特性和结构相似性,波束形成和 MIMO 具有一些共同的结构特性,适合于一种新的优势设计。

MIMO 是一种通用的多路复用系统,可以通过无线链接来建模、使用和增强其性能。它可以很方便地在共享用户之间配置和共用一个高速信道,以提高功率和效率或在多径传播中使用多个天线来拓宽其链路带宽。波束形成函数在能量传播中发挥作用,用于处理和操纵可控多单元天线的传播方向图。

正如前面所提到的,最近的发展显示出将波束形成与 MIMO 相结合的更多前景。对于无线应用(如 UMTS)来说,这种发展可能看起来不那么重要,但是对于无线传感器网络,特别是那些在极端环境下使用的无线传感器网络而言,在这种环境下,能源是稀缺的,信号的传播面临着非常严重的损失,它可以被视为一个关键因素。例如,一些可重构的阵列天线可用于将 MIMO 函数与波束形成集成到无线传感器网络中[6]。

此外,数据容灾网络出现后,很明显,在无线传感器网络应用的 MIMO 风格的多路复用方面,有重要的未开发的灵活性特性来增强 MIMIO – BF 技术双方的系统性能。具有更高数据优先级或速度的 MIMO 侧传感器可以分配给更多的阵列元素。为了使讨论更清楚,用 m 表示用户的数量,用 n 表示数组中的数组元素的数量。显然,在正常情况下,$n \geq m$。

一般情况下,组合的 MIMO – BF 的一般配置如图 6.14 所示。在这种情况下,m 个用户使用了 n 个天线元件。图 6.14 中的功能模块分别如下:①多路复用器,用于将各个单元分配给用户通道,而在通常情况下,$n \geq m$ 是强有效的,可能会有一些单元空闲,因此一些用户可能有自己的多个阵列;②天线阵列控制单

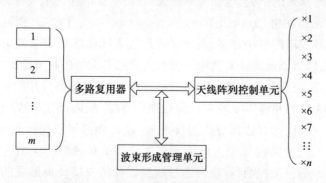

图 6.14 组合 MIMO – BF 的一般配置

元,传递正确的信号与正确的电平和相位;③波束形成管理单元,将 MIMO 和波束形成功能结合在一起,以实现整体的平滑和优化配置。

为了更好地理解这个系统,将复杂系统的 MIMO 和波束形成函数分为两个独立的部分。在一个集成设计中通常是重叠的:①将通用高速信道多路复用,让用户按每个用户的要求共享天线的一些单元,这代表了该过程的基本 MIMO 功能;②以计算指向性为 BF 因子的形式对阵列元素传播的透射光进行处理,使光束在介质中得到最佳利用。

首先,对这两个功能分别充分处理,MIMO 控制所需波束的多用户操作;然后系统的波束形成能力妥协。同样的方法也适用于只有一个用户的情况(没有 MIMO);由于波束形成具有方向性,并且避免了对附近收发机的干扰,因此可以很容易地进行波束形成的管理。例如,在 MIMO – BF 系统中使用 DOA 可以使主瓣以最大的波束功率定向到目标接收机,而波束方向图的一个零点定向到干扰发射机。类似的情况也适用于使用信道状态信息(Channel State Information, CSI)的 MIMO 进一步增强无线传感器网络的寿命,从而自动调整发射机功率或接收机功率。

由于 MIMO – BF 系统的各个部分都可以按照模块化规则进行设计,因此对该系统的扩展可以利用覆晶薄膜(Chip On Film,COF)模块,构建任何规模、任何能力的系统都是简单和经济的。因此,大规模 MIMO 产品的设计,在无线传感器网络解决方案中的未来应用[15]虽然复杂,但可以变得比 MIMO – BF 的设计形式更简单。

6.6 结 束 语

正如最初的目的,这一章给读者介绍了不同方面的设计。为了寻找在极端环境下工作的无线传感器网络所缺少的波束形成的技术潜力,需要对该技术的各个领域进行深入的研究,包括基本的天线阵列、指向性的重要性,并通过移动、信任无线传感器网络(Trusted Wireless Sensor Network,TWSN)和低频应用的各种技术领域寻找新的解决方案,引导读者发现无线传感器网络波束形成的独特的巨大潜力,以指导读者找到集中和分布式波束形成的各种节能解决方案。

在此过程中,遇到了许多基本的设计思想,通过计算和应用波束形成规则来控制波束的大小和角度以及波束方向性图的零值,从而产生所需的波束形成的核心过程。这种设计方法指导工程师配置、设计和部署任何所需的模式(静态的或动态的),代价是向每个工作单元提供阶段的精确值。应用这些技术以及对 MIMO 技术的复杂控制,有望通过适当设计的支持波束形成的网络促进大规模无线传感器网络范型提供一个新的平台。

 参 考 文 献

[1] http://www.antiquewireless.org/uploads/1/6/1/2/16129770/45 - did_marconi_receive_transatlantic_radio_signals_in_1901.pdf (10 Jan 2018).

[2] https://en.wikipedia.org/wiki/Guglielmo_Marconi.

[3] https://en.wikipedia.org/wiki/IEEE_802.11n-2009.

[4] Tarokh,V.,Y.-S. Choi,S. Alamouti. Complementary Beamforming[J]. *IEEE VTC2003* 78 3136-3140.

[5] Lopez,D. R. Real-time reconfigurable pixelled antennas[D]. Polytechnic University of Catalonia,2010.

[6] Mehmood,R. A Study of Reconfigurable Antennas as a Solution for Efficiency,Robustness,and Security of Wireless Systems[D]. PhD thesis,BYU 2015,https://schoiarsarchive.byu.edu.

[7] Berbakov,L.,Anton-Haro,C.,J. Matamoros,J. Distributed beamforming with sidelobe control using one bit of feedBack[C]. *IEEE 73rd Vehicular Technology Conference (VTC Spring 2011)*,2011,pp.1-5.

[8] Zarifi,K.,Affcs,S.,Ghrayeb,A. Collaborative Null-Steering Beamforming for Uniformly Distributed Wireless Sensor Networks[J]. *IEEE Transactions on Signal Processings* 58(3): 1889-1903,2010.

[9] Nafchi,A. R.,S. T. Goh,S. A. R. Zekavat. Circular Arrays and Inertial Measurement Unit for DOA/TOA/TOOA-Based Endoscopy Capsule Localization:Performance and Complexity Investigation[J]. *IEEE Sensors Journal*,Vol.14,No.11,pp.3791-3799,2014.

[10] Desrochers,D. High resolution Beamforming Techniques Applied to a DIFAR Sonobuoy[D]. Physics Department. Kingston:Royal Military College of Canada,1999.

[11] Gavrilov,A.,et al. Passive acoustic monitoring of humpback whales in Exmouth Gulf using a sparse array of DIFAR sensors[C]. UA2014-2nd International Conference and Exhibition on *Underwater Acoustics*.

[12] Sun,J. S.,D. S. Goshi,T. Itoh. A sparse conformal relrodirective array for UAV application[C]. 2008 *IEEE MTT-S International Microwave Symposium Digest*,Atlanta,GA,2008,pp.795-798.

[13] Li,Y. A design philosophy of portable,high-frequency image sonar system[C]. UA2014-2nd *International Conference and Exhibition on Underwater Acoustics*.

[14] Oh,G. L. Model Based Beamforming and Bayesian Inversion Signal Processing Methods for Seismic Localization of Underground Source[D]. PhD thesis,Technical University of Denmark,DTU Electrical Engineering,2014.

[15] Larsson,E. G.,et al. Massive MIMO for next generation wireless systems[J]. *IEEE Communications Magazine*,Vol.52,No.2,pp.186-195,2014.

第7章
覆盖技术在无线传感部署中的作用

水,到处都是水,却没有一滴可以喝。
——塞缪尔·泰勒·柯勒律治的《古码头的雾凇》

7.1 引言

本章讨论一种管理覆盖网络的新方法,以帮助在极端环境中促进开发新的无线传感器网络应用程序范例。作为一个概念,网络在向连接应用的用户提供服务方面有着悠久而丰富的历史,其发展历程经过机电、电子和计算机控制交换等不同阶段,为连接和共享公共资源提供信道。在电信业爆炸式发展的早期阶段,网络通过高度拥挤的系统提供复杂的服务,但这些系统使用的是当时质量非常差的信道(无线电、电线或光学频道),事实证明需要一种复杂的方式来控制网络和管理服务,以满足在竞争激烈的市场上用户对质量和速度不断增长的需求。

自20世纪下半叶以来,计算机和通信技术指数级发展,迫使运营商应对不断增长的服务质量和等级要求。在这种情况下,需要应用更好的控制服务,并辅以一些监督系统,为专家和专业设计人员创造新的机会,以保持对网络服务和相关管理方面的全面控制。

这些持续的努力使具有远见的专家和专业设计人员不断改善网络基础设施,以应付使用噪声信道和易发故障的设备、装备、系统、电缆和不稳定的无线电信道提供满意服务的巨大需求,从而开启了网络管理的新时代,网络管理作为服务基础设施的一个重要组成部分,成为人们无法忽视的重要内容。

随着数字通信时代的到来,首先出现了一种物理媒体的融合综合业务数字网(Integrated Service Digital Network,ISDN),然后是互联网,经历了大约30年的技术发展热潮,在许多新领域,如无线连接和智能设备等方面有了不同的扩展。随后,产业工作者、政策制定者和学术界高级学者三大主体之间出现混乱,削弱了这一进程。

在信息和通信技术领域,网络管理作为一种可行的技术几乎无法发挥有效的作用,原因如下:①由于其大量浪费的复杂性,电信标准无法支持任何新的高级应用,必须采用跨层技术来节省一些费用[1];②轻量级应用在互联网和私有网络中迅速发展,忽略了网络管理;③新的软件竞争者(高级、中间件和网络编程)和硬件(可编程设备、微机电系统和纳米技术)之间形成一个扩大的战场,使业务变得表面化,而且常常不恰当;④蓬勃发展的新创意出现,但对不断增长的全球市场却毫无用处。

网络管理领域由于一系列混乱的行业管理不善导致没有受到重视,这些结果是由临时性和非结构化网络等新思想产生的随机性临时决策造成的,妨碍了对持续存在的不安全、缺乏信任和可持续性差等问题的妥善解决。结果虽然产生了很多闪耀着光芒的新想法,但是展示的却太少。许多零星的、研究不充分的应用程序的出现,削弱了新兴技术(如无线传感器网络)的发展市场,并为所有新的技术范式制造了一个令人望而生畏的未来。

目前,为了推广新的无线传感器应用模式,即将开发新的应用,以便在极端环境中部署无线传感器。为了生成这样的应用程序,设计人员应该在应用规划、分析(轻量级模拟)、部署(试验和试点)和控制监控(轻量级监控)的每个开发阶段使用任何可行的覆盖。许多在不久将来可用的应用,如预警系统、灾害预测、有效监测、普遍监测以及通过更好地使用智能技术和智能设备来控制不可预测的事件,都将大大受益于这种覆盖。

本章的其余部分结构如下。7.2 节将覆盖技术分为五个可行的组来描述覆盖技术的关键环节和最新发展。7.3 节简要介绍用于 IP 服务的 P2P 技术及其"覆盖"要求。7.4 节讨论传统的网络管理系统,并分析它们在使用 5W1H (What,Who,Where,When,Why,How)方法处理新业务方面的局限性。7.5 节介绍高级网络管理作为处理即将到来的应用方法的关键问题。在动态设计标杆——动态网络管理的基础上,提出了一种新的网络管理覆盖系统,用于开发网络控制过程。最后,在 7.6 节中,讨论极端环境作为易受灾害影响的工作媒介,明确使用动态网络管理覆盖解决方案实施动态预警系统的迫切需要。

7.2 覆盖管理

"覆盖"表示在一个活动领域或网络资源上提供一种特定形式的应用监督或管理机制,使运营商能够提供一套具有满足需要的信任度、可靠性和服务质量,明确的专门管理职能。在浏览文献以获得关于产品的新想法和信息时,很难确定覆盖技术的正确使用,例子如下。

传统的监控与数据采集(Supervisory Control and Data Acquisition,SCADA)系

统作为无线传感器网络的有线版本始祖,利用主终端单元(Master Terminal Unit,MTU)控制一些远程终端单元(Remote Terminal Unit,RTU),作为一项成熟的技术,它的使用可以节省大量的资金。但是如果不采用新技术对其进行升级,使之能够正常地相互工作,则会导致无线传感器网络的性能下降,可能还会面临下列一些严重的问题:①缺乏兼容性,导致系统运行缓慢,在某些情况下会危及系统互通的稳定性;②SCADA 能够告警安全问题。在传统电网中,系统通常被分成两个不同的发电子系统和远距离传输子系统,然后分配给最终用户。远程终端单元只需测量功率和电压,就可以向智能控制电子设备发出命令,通过互联网向特定断路器和发电机远距离发送适当的信号。在实际应用中,现代分布式 SCADA 系统需要不断地调整,才能阻止来自外部或内部的任何攻击,导致危及远程变电站的安全,严重削弱了系统的性能[2~5]。

值得强调的是,鉴于安全的重要性,新标准正在对一些保护措施进行整合。例如,在安全模式(IPsec)下的低速无线个域网(Low Rate Wireless Personal Area Network,LR – WPAN)的信标启用模式下使用 IEEE 802.15.4 MAC 协议。然而,对于近距高速应用,如无线体域网(Wireless Body Area Network,WBAN),可以在非信标模式下使用该协议来享受新 5G 提供的安全性。也就是说,如果 SCADA 使用无线等新技术进行升级,并且通过因特网上的远程平台,可以通过覆盖来进一步增强分类为基本监督覆盖监控(Supervisory Overlay Monitoring,SOM)的系统。

由于环境问题和能源需求,在极端环境下工作的无线传感器网络节点经常发生故障。这一常见问题可能成为制约顺利提供服务的瓶颈。查找故障节点是非常关键的,因为故障很容易升级到无法控制的程度(归类为 SOM)。检测故障节点的基本方法有三种:①使用心跳技术,其中节点之间可以系统地相互检查;②使用结构化 ping 消息并等待响应;③采取 Grossiping 程序。对于第一种方法,每个节点生成一个三列的条目表,其中包含随机选择节点的地址、心跳计数以及最后一次接收到心跳的时间。

将在 7.3 节中看到,通过在传统的 OSI 标准中使用因特网协议层来提供因特网服务,已经超越了传统的电信系统。为了提供这样的网络服务,必须为两个主要服务开发一个"服务覆盖"技术,这两个主要服务与两个不同的网络协议(TCP 和 UDP)相关联,称为服务覆盖网络(Service Overlay Network,SON)[6]。

最初的网络服务简单明了,因此不需要管理。然而,随着它们迅速扩展到互联网的规模和数量,便需要轻量级的服务管理。为了改进 IP 服务,这个监控功能需要发展成一个服务管理层,从而成为另一个覆盖层。因此,将此管理分类为服务网络覆盖(Service Network Overlay,SNO)。

在复杂的计算机系统设计中,也一直在使用"覆盖"技术,软件可以帮助它们自然生长。这里使用的覆盖主要是部署分布式存储管理（Distributed Memory Management，DMM）框架和共享缓存。也就是说，当启用该选项时，处理器会利用其他处理器，通过扩展直接和间接寻址方法来扩展内存空间，从而启用更复杂的虚拟寻址域。通过采用动态查表（Look-Up Table，LUT）来借用和释放所需的内存，可以进一步简化这种复杂的内存共享。

我们还提供了一些其他的覆盖技术，这些技术对于极端环境应用程序特别有用，在提高系统的总体性能方面发挥重要作用。有一个预先确定的目标作为服务目标或服务任务，可以管理这个过程，并密切注视其朝着业务目标的某些可实现点发展。然后，任务的目标可以很容易地转换成一些操作例程，并使用专门设计的覆盖算法进行管理。这些覆盖机制称为任务覆盖管理（Mission Overlay Management，MOM）。实际上，这意味着使用一种灵活的结构，可以在不显著改变行动和资源需求的情况下从一个任务调整到下一个任务。

由于其固有的性质，大多数传感器的网络应用都会受到故障、错误和差错行为的影响。与传统环境相比，在极端环境中，这些故障行为预计会发生得更为频繁。因此，对动态功能交替机制的要求变得至关重要，在强大覆盖层的控制下，应该能够允许它们重新配置自己，以应对这种变化的条件。这种覆盖技术通常属于MOM类别，将在7.5节中看到，这种功能也可以与其他覆盖功能合并，并在网络管理覆盖（Network Management Overlay，NMO）[7]的一个通用类别下设计。

一些大规模的覆盖可以被设计成一个公共平台。有些可以配置为监视目标的性质、可用特性和可变行为。例如，可以通过对相关节点的动态缩放来构建覆盖，以匹配应用程序网络的特征需求。也就是说，根据网络管理的规模和复杂性，可以为DMM、SOM、MOM、SNO和NMO这五个类别中的每一个单独设计一些最佳的覆盖机制。图7.1显示了覆盖管理系统的五个成员。它们的复杂性预计将从左到右逐渐增加。

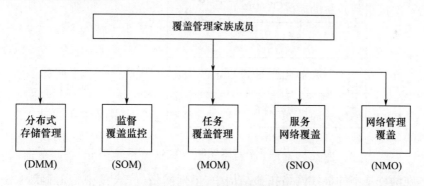

图7.1　五种功能覆盖类别

这里简要介绍图7.1中的5种功能覆盖管理类别：①DMM，一种轻量级宽带覆盖控制器机制，用于管理非常低复杂性结构的多处理操作；②SOM，替代传统的SCADA系统，适用于无线传感器网络监控应用的轻量级管理；③MOM，用于管理一组有选择的管理操作中的一个。它可以设计为一个专门的任务，也可以配置为根据命令或通过改变环境来改变任务；④SNO，一种专门的覆盖服务管理，如因特网，P2P服务通过SON之上的一层来管理；⑤NMO，新的通用网络管理覆盖系统实现了先进的网络管理，动态网络管理，这是灵活的、管理范围广泛的应用，如WSN、物联网和即将推出的5G服务（见7.5节）。

7.3 点对点网络

互联网作为一种可联网的服务应保持为非结构化网络。把它作为20世纪70年代电信业的一部分的最初想法始于1974年引入互联网协议（IP），作为传统分组交换技术（ITU X25）的低成本替代品。它使用补充协议在OSI的网络层提供两种网络服务：①TCP用于完全结构化的连接；②UDP用于半结构化或完全非结构化的连接服务。图7.2显示了用于典型结构化服务的IP堆栈。在早期，这种完整的结构被认为对低速互联网服务是可行的，但现在它的使用范围仅限于连接传统设备[8]。

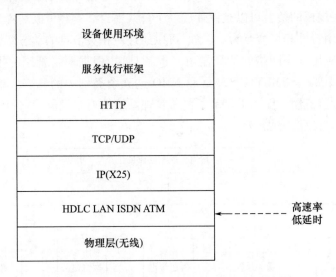

图7.2 用于集成传统设备和网关的全覆盖堆栈

在两种基本的极端网络拓扑结构中，星型网络（完全集中）和网状网络（均匀分布）最实用的互联网服务将应用程序构建得更接近前者，原因有两个：用户数量不受限制和网络复杂性最低,因此称为 P2P 网络。随着数字化革命的到来,通信技术又向前发展了一步。通过降低成本、降低复杂性和改进维护以实现更平稳的运行,进一步实现预期效益。在这种情况下,对使用新的强大设备将服务的网络复杂性扩展到用户域的新趋势将有所帮助。因此,现在可以使用 UDP 技术进一步向统一的非结构化网络应用迈进,UDP 技术比 TCP 更为轻量化,也简单得多。

由于互联网无条件的非结构化连接所带来的上述优势,在低成本互联网宽带接入的优势下,需求的突然增长促使出现了许多新的 P2P 窄带和宽带应用,使服务提供商(ISP)能够保持极具竞争力的传输速率,并让许多 P2P 网络提供商提供更安全、更可靠的服务。

P2P 公司必须重新审视他们需要一些专用的覆盖技术来控制和管理他们自己的服务,而且必须从头开始设计。这种要求对于维持他们的成功至关重要,因为与网络安全和信任等相关的许多功能都不容忽视。将在 7.5 节讨论细节,下面介绍一些实例。

在新千年之交,通过结构化网络(TCP 开始)提供互联网服务的一个成功案例发生了。1991 年,NTT 提出了将互联网技术集成到移动电话中的创新理念 i-mode(通过手机连接移动互联网)。这些移动电话被认为是在电信业使用互联网服务的第一步。这项技术于 1999 年引入日本,在两年内发展成为一个超过 1000 万用户的服务网络。事实上,这一成功推动了移动技术的重大变革,并引发了向 3G 发展的趋势,看到许多创新技术用于广泛的新服务、不断变化的人口统计数据和寻求需求也就不足为奇了。受到世界媒体和行业分析师的赞扬,NTT 在日本的市值排名第一,在电信业务领域排名第二。到 2008 年,电信公司已经超过 5000 万家[9]。

然而,为了创建提供互联网服务的可行业务,这些公司遇到许多具有挑战性的问题。对于非结构化网络的用户来说,以极具竞争力的成本在可用带宽上构建新型服务不仅是一个自然的挑战。为了解决在有限带宽的压力下提供新兴的 QoS 敏感服务的问题,出现了许多想法。挑战包括分离当前的互联网服务,提供监控功能,增强点对点连接,并设计新的必需增值型互联网服务。高质量的服务,如高质量的基于 IP 的语音传输(Voice over Internet Protocol,VoIP)和高质量的视频点播服务,其特点是对带宽的需求和严格的管理。也就是说,集成商根据服务级别协议从各个网络域提供商接收带宽,在现有数据传输网络的基础上构建逻辑点对点的服务交付基础设施。然后,覆盖服务需要为管理各种流量需求分布的使用做一些认真的动态带宽供应公式。图 7.3 显示了 SNO 节点控制复杂异构供应网络(SOM)网关的方法[10]。

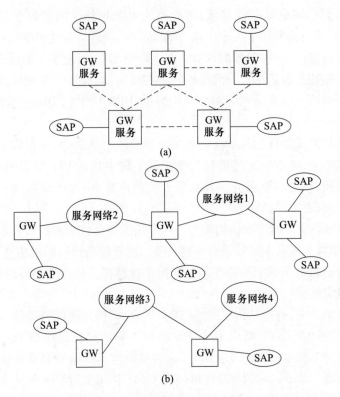

图 7.3 （超级）覆盖网络控制异构资源的需求
（a）SNO；（b）SOM。
（GW = 网关；SAP = 服务接入点）

克服异构 P2P 服务网络（如与传统标准设备保持互通）市场竞争力问题的一种方法是通过设计专门的覆盖层来消除服务的刚性互连，可以将营销服务智能因素引入覆盖管理以优化自主服务实现。该功能将有助于整个 P2P 系统两个有益参数的改进：①服务提供商由于采用了自配置功能（自适应）而最优化利用资源；②对用户实施分级收费，普通用户、重要用户以及临时用户之间的区别在于，他们的低等级访问所需支付的费用更低。解决了通过因特网提供成功的非结构化因特网服务（Web、数据）的问题后，为个人用户提供 P2P 服务是简单而容易的，特别是当最终用户彼此信任时（如在私有网络中），然而，对于企业来说，这种情况并不常见[11,12]。

SON 早期的服务分为两类：①结构化的服务，如 Chord、CAN、Tapestry、Pastry、Viceroy 和 Kademlia，由于缺乏适当的网络管理覆盖，它们实际上都面临安全问题，包括中间人攻击和特洛伊木马攻击；②非结构化的服务，如 Gnutella、BitTorrent 以及 Freenet，因为其安全措施使它们更受欢迎[13,14]。

每天，与世界各地的不同用户群体一起使用在线虚拟活动（如设计、开发、培训、游戏和购物）的趋势都在增加。这些应用程序的用户需要相互交互，并在一些共享的虚拟环境中进行协作。此外，此类应用程序需要使用一些分布式进程（称为协作虚拟环境的三维图形表示）来增强其服务[15]。由于 IP 服务承诺使用低成本的互联网资源尽最大努力提供点对点服务，同时保证 QoS，我们设想提供一个 SNO 覆盖，可以在不需要底层网络资源支持的情况下启用此类服务[16]。

7.4 网络管理

传统上，电信业务是通过业务监控功能来控制的。网络管理的概念始于对电子交换中信令系统的控制，由于包括降低复杂性、支持异构功能、降低成本和管理不断增长的流量等监控服务的控制器。控制器功能包括基本设备维护、常规服务信令、监视、维护、故障恢复管理、用户位置识别、资费管理、流量控制和维护服务质量。

随着主控制器和工作站的计算能力在速度、内存和智能等各个方面以及网络组件方面获得更高的能力，这些组件变得更可靠、更具弹性和更少出错，网络管理角色变得更简单。更古老、更原始的功能被更复杂的功能所取代，如位置识别和移动性等。然后，随着互联网和高速互联网的发展，在 LTE 和 NGN 的引领下，许多新的业务支持能力要求更好地利用新的计算机功能来满足新用户的需求。例如，网络管理位置识别（Network Managed Location Identification, NMLI）是 WiMAX（IEEE 802.16）支持 3G 的一项基本业务，它支持多种控制和监控业务，包括 WiMAX 支持业务的资费流量和移动性参数。位置测量需要对各种传播差异（如多径、衰落和不可见光）而产生的各种信号衰减和失真误差进行大量计算。这些测量的主要组成部分是到达时间（Time of Arrival, TOA）、到达时差（Time Difference of Arrival, TDOA）和到达角（Angle of Arrival, AOA）[17,18]。

管理网络、服务或应用程序场景需要根据事实、数字和可靠的预测做出许多业务决策。在管理层会议室发展起来的一种传统方法是，通过质疑调查过程中所有可能有效和关键的方面，找出细节并形成解决方案。5W1H 是最流行的模型，包括位置（何处，Where）、时间（何时，When）、人员/用户/客户（谁，Who）、过程/产品/服务/网络（什么，What）、"W" 的 5 个维度的主要目标（为什么，Why）以及用于设计和行动计划部署分析过程的一个 "H"（怎么办，How）。

对某些人来说，这听起来有些复杂和原始，但参与战略决策的专业人士很欣赏这种方法，因为他们可以轻松地对其进行裁剪，并将决策过程精简为流程最佳、实际部署最灵活。与所有经典的管理方法相似，5W1H 通常是建立在实践和经验的基础上。尽管 5W1H 经常受到批评,但也被证明适用于许多管理案例。主导技术和主要需求不断发展,当面对一个复杂的案例(例如,许多不相关领域的整合,没有明显关联)时,"战略业务设计师"将不知道从哪里开始,在快速发展的电信行业中,系统化设计的网络管理是一个关键的成功因素。查询的顺序通常以"W"开头,然后以"How"结束。为了节省时间,提高会议的效率,可以在讨论会之前决定会议的顺序。不要忘记,这个顺序可以进行调整以适应任何特定的要求。为了使过程客观性可视化,图 7.4 显示了一个典型的序列,它是一个功能层堆栈,以及这六层用于故障恢复的方法[19]。

在某些情况下,当使用 5W1H 管理工具时可以省略一些部分。应特别注意避免遗漏任何对结果至关重要的过程。通常不应省略"Why"。"Why"通常代表程序的主要客观性;即使它是显而易见的或众所周知的,也应列入清单。作为一个关键的组成部分,它需要一个适当的定义,并且在整个会议中经常会进行一些改进。错过"Why"可能会导致错过目标,无法实现目标。

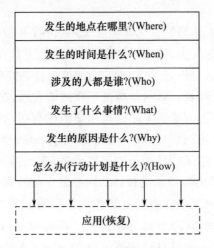

图 7.4　5W1H 自上而下管理查询结果恢复过程的简化示例

例如,使用 4W1H 设计一些不涉及人类功能的机器人系统特征的项目可能会错过中间的 W(谁,who),但是来自同一个研究团队的类似项目涉及人类功能(交互设计传感器簇和自组织地图)[20,21]使用 5W1H。

5W1H 的另一个用途是预测故障。这远远优于经典的设计方法,在这种方法中,软件可以利用统计规则来学习故障源及其处理机制。使用 5W1H 上下文设计器生成一些故障诊断规则来预测特定的故障模式,这些规则可用于生成警告信号[22]。

类似地,5W1H 方法可以应用到客户端的可用性分析过程中,从而产生交互式设计过程并生成一些用户组别。通常,"Why"与目标的主要因素相关,有时在过程中被标准化为成本因素,而集合的其他因素与实际系统参数密切相关[23]。

尽管为了改进传统的网络管理以使其适合新的服务而进行了各种尝试和解决方案,但仍有太多未解决的问题和实际问题有待证实我们的说法,即传统的网络管理系统过于僵化,无法在目前采取实质性的变革作为可行的解决办法。文献[24]的第 9 章是分析本案例的参考信息源。

7.5 高级网络管理

随着互联网和移动技术在其连接链路方面的重大技术改进,受错误率和可靠性方面的影响,传统的网络管理思想渐渐过时,并逐渐消失。但这种观念的根本改变在实践中是不合理的,因为所有的网络,无论是结构化的、临时的还是非结构化的,都需要处理对服务的监督问题[25]。如果没有一个合适的集中控制层,IP(P2P)服务就无法进行。服务提供商正将此作为市场繁荣背后真正的受欢迎因素进行营销。现在,随着 5G[①] 技术的引入,无线传感器网络与不断发展的电信业相结合,人们正在物联网下整合互联网服务。随着不安全和不信任(互联网服务固有的)的增加,看到了一条回归传统网络管理的清晰道路,正朝着更主动的系统架构发展。因此,称为动态网络管理(Dynamic Network Management,DNM)。

几十年来,以统一格式推进网络管理的趋势一直存在,这有助于更好地将互联网服务与 5G 及其前几代融合。大部分工作都是为了推广新的 IP 网络,使其更容易得到 5G 标准的支持。由于其独立性,面对 5G 的发展,管理互联网面临着许多限制和挑战性的问题。管理复杂的网络可以使用以下思想帮助采用轻量级覆盖:①扩展新兴的服务覆盖到网络的关键敏感区域;②利用网关和其他接口设备的兼容性;③采用基本分组交换进行虚拟连接;④采用导致延迟容忍网络(Delay Tolerant Network,DTN)的聚合网络架构[26~28]。

7.5.1 5G 计划

由于 P2P 的快速发展和无线传感器网络、物联网等扩展互联网服务的出现以及下一代网络(Next Generation Network,NGN)智能手机的出现,第 5 代移动通信技术再次挑战传统的层级结构。如图 7.5 所示,电信运营商相互矛盾的观点对接受互联网作为新的 IEEE 倡议解决标准的一部分产生了争议,使 5G 协议能

---

① 在互联网和 5G 融合的过渡时期,网络管理方面的内容超出本书的研究范围。

够在物理和应用平台级别相互支持和合并。需要重新定义堆栈中的4个主要服务层,即5G版本的NGN,以便能够支持无线技术、互联网和移动通信这3种不断发展的技术。结合网络协议和应用的一些功能,使"应用平台"能够在Web 5G下执行主流的互联网服务,包括传统的互联网服务、P2P和其他Web应用。由于这些应用程序大多设计为独立于运营商基础设施,因此不需要进一步的网络管理服务,Web 5G项目能够从大量投资的基础设施中获得一些回报[29]。

新标准应适应5种新的服务能力:①具有更高带宽(5G)和非常低延迟的新应用;②应用网络和服务场景之间的进一步集成和更高程度的互连;③网络层支持Web应用的更大控制功能;④提供新的能力以支持未来的服务以应对进一步的影响;⑤提供附加到控制平面的增强控制机制能力网络管理。

支持图7.5中5G新功能的3个主要增强组件是Web 5G、控制卷上支持动态网络管理控制和部署的高级计算功能的新层、物理连接的"5G和低功耗广域网(Low Power Wide Area Networking,LPWAN)"组。

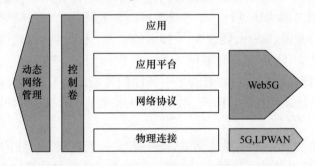

图7.5 将动态网络管理集成到支持互联网的5G标准中的分层结构新模型

前面介绍的功能组①Web 5G用于实现①、②和③服务能力。功能组②是一个新的控制和监控层,能够更好地使用先进的计算和网络(例如,发现、恢复、安全、增强现实(Augmented Reality,AR)、云计算、增强的虚拟专用网(Virtual Private Network,VPN)服务和窄带物联网(Narrow Band IoT,NB IoT)等)。预计功能组③将为物联网和智能设备应用提供新的物理层支持。预计它将主要提供扩展能力和远距离工作能力(如,遥感、全球定位和目标识别)。

图7.6显示了5G低功耗广域网和相关应用的技术领域与通信距离的关系。该领域的三大主要活动是:①采用IEEE 802.11ah WiFi无线短距离连接的高数据率远程业务,采用P2P方式的互联网低成本和远程业务,这些服务预计将在极端环境中大量应用以及用于远程维护和监视等经典应用;②支持长期演进(Long Term Evolution,LTE)过程,以实现移动中的服务,用于智能交通应用的机器到机器(Machine-to-Machine,M2M)项目,包括中等数据速率和中等距离

的机器人和其他无人机(见第12章);③支持物联网类型应用的新型低功耗长距离产品(低功耗广域网、窄带物联网)。

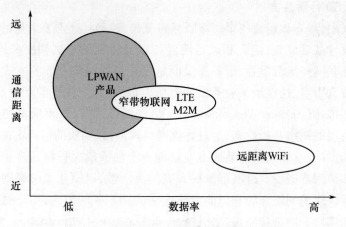

图7.6 开发支持下一代网络的新产品分布

7.5.2 移动边缘计算

5G技术新的核心控制功能之一(图7.5)是移动边缘计算(Mobile Edge Computing,MEC),它被纳入新的设计中,以便更好地利用云计算提供新的服务,并使智能手机等移动设备更好地使用开放标准和应用程序接口(Application Programming Interface,API)。欧洲电信标准协会(European Telecommunications Standards Institute,ETSI)制定的新标准有望创造一种新的产业范式。支持虚拟设备应用作为一种新的操作系统和虚拟机平台,意味着它可以提供任何中间件应用和动态网络管理服务。

结合动态网络管理(SDN和NFV)的其他功能,通过创建多云应用交付(Multicloud Application Delivery,MCAD)平台和有效整合资源,移动边缘计算有望在管理(万亿)设备和智能手机的关键部分提供帮助。这些变化将通过更好的管理来实现,所谓的笨管无线接入网络(Radio Access Network,RAN),通过将分布式边缘云计算叠加到RAN上,将其转换为"智能"管道,在RAN的边缘实现虚拟化,移动网络运营商可以在基站允许多个第三方租户使用。例如,对延迟或能量敏感的应用程序(AR和图像处理等)密集型计算过程可以托管在网络的边缘,通常在基站,并且网络数据可以传送到用户设备[30]。

7.5.3 软件定义的网络、网络功能虚拟化以及增强现实

传统上,网络设备包含每个设备配置的控制和转发功能,从而产生智能有

限、过于复杂和设备管理繁琐的问题。如果网络由中央软件管理平台控制,并且与流量转发硬件保持分离,便产生了一个软件定义的网络(Software - Defined Networking,SDN)解决方案[31]。

在实践中,建立和运营一个网络既耗时又昂贵,而且还需要大量的设备和专业知识来设计基础设施,建立和运行该设备以及将新的想法和服务推向市场。对于当今互联网连接的世界,服务提供商总是在寻找经济有效的方式来满足日益增长的带宽需求,这推动了业务发展但压力很大,加上先进的计算世界,鼓励使用网络虚拟化(Network Virtualization,NV)和增强现实,需要通过使用网络控制层和应用层的网络基础设施,通过虚拟网络模型,以抽象的形式实现网络资源的集中自动供应,从而大大降低成本。这样一个抽象的过程将允许服务提供商扩展容量和访问范围以及跨网络解决方案的灵活性,以便从集中管理中心选择设备。由于快速的网络适应和以前无法提供的新服务的引入,用户也将受益于获得更好的体验。网络功能虚拟化(Network Function - Virtualization,NFV)可以看作是一种新的工具,更好地利用增强的灵活性来设计网络应用程序,被认为是为数不多的关键互补计算技术之一,实现了控制和网络功能的可编程性,以便最终将网络的关键组成部分迁移到云端。

AR是一种物理或现实世界的物体或环境视图,其中一些物体通过计算机生成的传感数据(如图像、声音、视频、图形和GPS数据)进行增强。它与计算机模拟真实世界的虚拟现实(Virtual Reality,VR)形成了鲜明对比。AR被定义为一种结合真实和虚拟对象以提供它们之间同时交互的技术。虚拟世界和真实世界之间的额外现实感是通过操纵整体感知而产生的。AR中的有效幻觉内容,通过注入最初来自其他物理环境的附加对象(声音、图像和视频)而创建。从而引出了AR的另一个定义:"在三维环境中,结合各种真实和虚拟对象的实时交互系统。"

一个简单的例子是足球比赛转播中在电视屏幕上插入分数。但由于过度使用虚拟现实对象,这项基本技术已经被淡化了。动态网络管理具有有效利用AR来提高其工具和算法的可用性的潜力。AR作为一种服务还可用于需要准确数据的短途旅行或观光应用。从设备中导出分析的净数据,例如,来自照相机的图像、精确位置和用户位置,意味着在分析信息之后,应用程序能够实时地提供更多附加信息[32]。

为了进一步分清VR和AR的关系,考虑到利用图7.7所示的真实和虚拟两个极端,对他们进行类比。在混合(混合现实)的过程中还有另一个互补的变体,叫做增强虚拟(Augmented Virtuality,AV)。

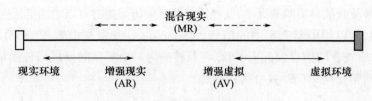

图 7.7　混合现实的四种不同状态[35]

AR 可以成为创新设计的一个重要特征,实现一种传统的称为可测试性的方法(如在产品展示中心)。在销售创新产品的这一阶段,用户尝试一种新的设计,以便通过使用它获得适当的感觉而做出决定。为大型机械,如机车或复杂软件(如可行)建立演示阶段需要昂贵的样品和准备工作,几乎不可能进行公平的谈判。如果用户(或公司代表)能够在虚拟产品中尝试并亲眼看到将各种可用部件和系统组合在一起的结果,AR 可以使任务变得更加容易,在虚拟产品中,AR 可以使用户生成真实的组合图像[33]。

7.5.4　动态网络管理的基本因素

为了顺利部署一个可持续和可靠的动态网络管理,需要考虑一些正交稳定因素,以帮助研发人员在整个漫长曲折的道路上前进。至少 4 个基本因素(如传统建筑的 4 个基础柱)与覆盖过程最相关,即信任、客观性、安全性和稳定性。

从测量的角度来看,信任是一个主观因素,或者说是一个不可测量的因素,信任可以改变人们的心理状态和对周围环境的影响。在不值得信任的事件中,这种管理因素值得注意。类似的管理组成部分有许多工具来衡量信任的某些方面,但是如果没有对可能的结果进行新的开放式审查,就不应该对是否信任作出决定。

在介绍新的简单模型之前,首先介绍信任的几个方面:①信任是一种复杂的人类感知或感觉;②它产生于一种二维的主观感知,即事实信任和虚拟信任,这两个组成部分预计是正交的(即独立于影响评估的所有方面);③信任的事实部分是对受信人专业的逻辑评估或看法;④虚拟部分是受信者的常见感知信任值,因此可以建立展示内容的可见性和质量;⑤涉及正在使用的系统,需要将定义扩展到系统对信任的影响,这方面的分析应该很少带有人的感觉,因此信任用户的结果仅限于信任的系统部分,如果需要,应该在稍后阶段包括内容信任(信任用户从受信任用户接收的信息);⑥对于系统级评估,系统从受信人那里接收两个部分,即"系统可用的事实特征"和"系统可用的虚拟特征"。其中这两个部分由媒体接收,如果可靠性和安全性等特征会影响系统级评估,它可以在传递给信任的用户之前增强系统。智能系统也许能够增强事实部分(基本上预计会增强虚拟组件)。在涉及极端环境的情况下,其他用户的有限访问能力可以增加信任度。

现在,可以使用图 7.8 中的信任因子(α_f, a_v)变量来设置模型,对于系统(γ_f, γ_v)所查看的信息发起人,可以将其转换为一个复杂的信息信任向量,对于信任用户,信任向量($\boldsymbol{\beta}_f, \boldsymbol{\beta}_v$)为:

$$\begin{cases} \boldsymbol{\beta}_f = \alpha_f + \gamma_f \\ \boldsymbol{\beta}_v = a_v + \gamma_v \end{cases}$$

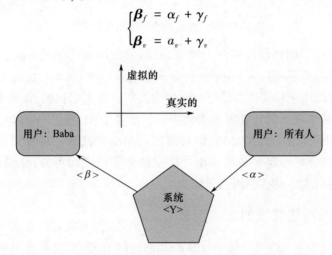

图 7.8 信任因子的二维感知成分及其通过系统的操纵

客观性作为一个主要因素,意味着一个决定性的计划,以实现一套可管理的、精确定义的目标。由于具有长期的管理经验,再加上大量可用的管理工具,动态计划的产生将使设计师能够在最短的时间内实现他们复杂的目标。对其他团队的合作持开放态度将有助于提前看到结果,尽量减少管理费用和浪费。将在7.6节的预警系统案例中使用这一要素。

安全[①]是维持任何有意义操作的主要因素,应包括在动态网络管理的覆盖过程中。对于动态网络管理物理层和系统层中可测量的事实组件,系统对不安全威胁(如信任)的恢复力可以用二维格式建模,其中一些表示风险概率的数字应根据不安全程度进行评估。由于柔性对设计和控制过程有很强的依赖性,不安全性测量应集成到动态网络管理过程中。

值得注意的是,由于"安全"的特殊情况,有可能使用一些设计薄弱的运营商对服务覆盖网络或通过服务覆盖网络进行系统的、计算良好的安全攻击。例如,干扰传输、切断线路、分布式拒止服务(Distributed Denial of Service,DDoS)攻击和客观窃听。尽管有些用户可以通过应用加密技术来防止监视和窃听,或者在受到攻击时设计自己的预防措施来保护自己,但对于许多人来说,这已经太晚

---

① 没有安全措施,有可能测量安全风险(或系统),细节超出了本书的范围。

了。然而,每天都有更复杂的情况被分布攻击者开发,任何设计薄弱的覆盖层都可能向易受攻击的用户扩展[34]。

尽管人们普遍认为在极端环境中拥有更高的安全性,但由于预计在这种环境中占主导地位的自然条件不断变化,许多易受影响地区的不安全程度可能很容易上升,使无线传感器网络系统和相关组件容易受到系统性攻击,而且网络对系统性攻击的抗击力很弱。

动态网络管理的最后一个基本要素是服务的"稳定性",它预计将全面涵盖可靠性和可持续性,或将这些术语与一些服务和环境变量(如连续性、可用性)相结合并消除任何可能的不可预知事件。因此,在不同的情况下,基本稳定条件可以简化为这些条件中的一个或两个。

由于系统的可持续性很难度量,这里采用系统可靠性的可度量特征及其相关特征恢复因子来表征。由于人类(用户、专家和管理者)和系统(设备、硬件和软件/中间件)都参与到可靠性的度量中,因此应该以机器的客观性和人类主观性的二维格式表示。系统可靠性通常被称为系统对设计问题,如故障、操作不当行为和异常(这种情况在极端环境中更经常发生)以及相关人为差错的应变能力。如果网络对第二维的弱点(人为差错)可以转化为系统脆弱点的故障和错误,那么这种二维可靠性可以简化为系统可靠性。尽管可以设计出具有更高准确度和精度的设备,但在极端环境条件下,动态网络管理的可靠性很容易受到影响,系统可靠性的质量评估也称为恢复质量(Quality of Recovery,QoR)。系统质量使运营商能够根据顾客对服务的期望,建立一个顾客满意的恢复工作的关联度度量。因此,使用经典的可靠性指数定义 R_u 来测量该值,R_u 作为系统非中断服务周期 u 的函数 $R_u = e^{-u^{-1}}$ [35]。

7.5.5 核心覆盖处理器

由于长期全球市场生存能力对动态网络管理市场化的重要性,"设计信任"因素发挥着至关重要的作用。信任一个设计在很大程度上取决于它"无须修改的工作寿命"。这个因素决定了对作为主要需求设计过程的具体关注。进一步深入到设计需求中,每个应用场景都应该处理细节。尽管用于处理动态网络管理的总带宽相当低,但无论覆盖是什么,都需要以不同的响应速度和可靠性管理各种各样的活动。通过可编程嵌入式自配置,可以通过核心的一些灵活性来解决对能源与性能因素的敏感度问题。

核心处理器管理中动态网络管理高度关键过程的设计可以同时集成一个异构网络,这可能会出现以下问题:①给网关和节点处理器带来的额外负担;②由于高速和昂贵的服务资源而造成的特殊成本壁垒;③网络显著的额外复杂性;

④严重的性能和质量风险，如果服务网络快速增长超出其实际限制，则可能危及整个过程。尽管小型和固定的 WSS 和 WSN 应用程序可以承受任何此类复杂性及其额外的开销，但任何大型和不断发展的网络，如全球地震网络、集成气候监测网络、大型无线传感器网络、未来的 P2P 服务和即将推出的物联网服务，将无法处理这种资源浪费的负担。因此，我们建议，由于当前动态网络管理的核心过程是以软件的形式来设计一组专门的处理功能，那么剩下的就是构建一组模块化、轻量级的专用处理功能，由核心处理器作为核心覆盖处理器（Core Overlay Processor，COP）来处理。下面的介绍可能会对设计过程有所启发。

覆盖过程的性质决定了在任何时刻都要准备好处理大量独立的、数量有限的小型可选过程中的一个或两个。因此，需要找到一种实用的方法来合并所有这些功能，包括发现一个新事件、激活重新配置工具、改进服务调整旋钮，并通过将它们转换为一个随时可用的操作子程序包（如潘多拉盒子）来监督监控过程。这个盒子可以包含各种各样的函数，这些函数的性质和需求各不相同，但是它们都需要共享一个共同的特性，即非常低的带宽使用率。也就是说，尽管可能有数十个函数等待处理，但队列顶部只有几个紧急函数和一个非常紧急的任务需要立即处理。因此，通过覆盖，每个功能不需要占用任何明显的带宽。

在一个操作平台下引入并集成所有小型但极其重要的网络管理元素的过程中，需要引入两个新的优先级划分子流程，并在进入时进行标记。因此，使用流程图来可视化动态网络管理算法，称为敛散泛在接入算法（Convergence Divergence Ubiquitous – Access Algorithm，CDUA）[36,37]。

对于使用 CDUA，生成一个与要检查和用于决策的所有输入函数相关联任务的长列表，并根据管理网络的紧急程度按优先级进行处理。为了做到这一点，首先将所有的动态网络管理目标放在一个长远目标列表（Long – Objective – List，LOL）管理中，如图 7.9 所示。LOL 可以在部署的早期阶段生成，并根据需要进行更新。在无线传感器网络操作发生重大变化的情况下，需要进行全面升级，其中需要堆积一组新的目标以适应变化，特别是如果大多数重大变化都在目标无线传感器网络中。应用场景中的服务需求可以在动态网络管理系统的改进下逐步实现，也可以在推荐的年度更新期间实现，就像在普通的渐进式 WSN 技术中一样。

在 CDUA 中，任务是处理器可用的动态网络管理操作单元。它们不同于计划人员和维护工程师用来实现其需求的目标。然后，另一个动态网络管理操作是目标到任务转换（OTC），显示为"LOL 到 LOT"，它生成一组任务，每个任务都具有自己的优先级类。例如，对于许多 NMO 应用程序，拥有 3 个类就足够了。"1 类"任务可以表示定期检查、维护和基本任务。如果"3 类"是为特殊和关键

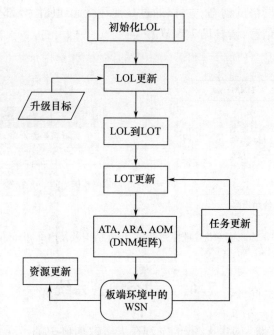

图 7.9 实现动态网络管理算法(COP)的典型 CDUA 流程图

任务保留的,将保留"2 类"用于重要任务,这可能需要常规但不是关键的极端环境特定任务。LOT 表在动态网络管理过程中发挥着同样重要的作用。

动态网络管理过程的核心是控制器和任务分配矩阵,其中包含一些动态网络管理智能体,用于在表中控制任务单元,并通过完成报告来管理其操作,如图 7.10 所示。在矩阵中,使用三个主要的操作代理:代理任务分配(Agent Task Allocation,ATA)、代理资源分配(Agent Resource Allocation,ARA)和代理操作管理(Agent Operational Management,AOM)。动态网络管理资源是 WSN 和环境代理。

网络资源有两种,分别是内部的和外部的。内部资源是指位于无线传感器网络内部的资源,外部资源则位于无线传感器网络外部,或者位于周围的极端环境中,或者位于附近的其他环境中。

动态网络管理操作直接涉及两种类型的代理,分别是用于启动和监视任务执行的主代理(Master Agent,MA)和用于执行任务的环境代理(Environment Agent,EA)。MA 位于控制 EA 的矩阵内(如嵌入或以中间件的形式)。然后将 EA 分散在物理监测区域内,使所需的资源得以利用,分布在控制关键资源的敏感和战略位置。

在正常使用情况下,由内部代理控制的内部资源(在无线传感器网络内)可用于监视和维护网络的动态。可以通过其他环境代理使用外部资源。有关动态网络管理的更多信息，请参见7.6节。

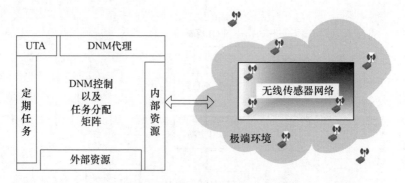

图7.10 动态网络管理体系结构、矩阵结构及其内部和外部组件

7.6 动态预警系统

为了寻找"灾难"的含义，我们发现在大多数词典中都出现了一些模糊和混乱的定义，包括"悲剧"和"失败"两类。悲剧或灾难在主观上被人认为是一种不幸，而失败听起来更有逻辑性和前瞻性，这导致我们将灾难定义为"意外和不可预测事件造成的巨大损失"。作为人造的或人为差错的结果，包括糟糕的设计、不可避免的高风险操作和粗心大意，我们都有共同的伤疤和痛苦的记忆。因此，应该尽最大努力减少这种可能性，在拯救货物和其他身外之物之前首先拯救生命。因此，对灾难的主要反应仍然是拯救生命，特别是在面对极端环境中，控制、访问和能力要少得多。

我们需要行业寻求救生系统。为了制定有意义的解决方案，帮助应对灾害和紧急事件，需要使用可靠的基本数据（如特定灾害的记录事实和数字）分析个别案例。但大多数陈旧的数字更多的是猜测，而不是对相关特征的真实测量。有时，可能需要依赖那些直接或间接涉及的人的言论和主张。还有一个引人注目的因素是，对于大范围事件来说，高量级的数字往往更为准确。在小规模、半自然灾害中，如老矿山、桥梁垮塌等零星、局部、主观的灾害，总体数字往往不准确，而且难以追踪。

设计信息，也称为数据，是开发过程所必需的。这是由于两个方面的可行性（市场：大规模应用和全球使用）和可用性（产品：成熟所需的设计技术，以提供适当和长期的解决方案）。这两个方面可以共享一些数据，但用于产品的数据要比用于市场营销的数据准确。

设计必须是客观的,应该准确地决定如何利用无线传感器网络技术形成更好的预警系统和专业的救援管理,挽救自然灾害和人为灾害中的生命。拯救生命需要可靠的数据源,包括事件历史、明确的设计目标和资源,以便能够及时部署。对于统计数据,可以使用 Rose 等的最新数据[38]。他们将自然灾害造成的绝对年死亡数分为 9 类:野火、火山活动、风暴、滑坡、撞击、洪水、极端温度、地震和干旱。他们在 1900—2015 年的 12 列中的数字显示了不同的 10 年之间的巨大变化,这使我们相信,由于缺乏适当的报告制度以及在整个世纪中世界大战引起的剧变,前 50 年的数字可能没有任何重要的分量。因此,为了更准确地分析,请看 1950 年之后的最后 7 列,如图 7.11 所示。

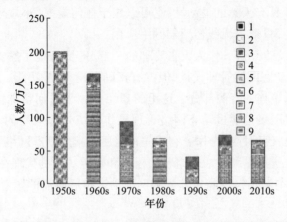

图 7.11 按 9 个类别划分的自然灾害造成的绝对年死亡人数[38]

如图 7.11 所示,两次历史性自然灾害造成重大人员伤亡,分别是旱灾和水灾。近几十年的格局与前几十年大不相同。例如,在过去几十年里,干旱没有像以前那样卷土重来,全球范围的洪水也大大减少。干旱的减少是由于农业、牧业和交通运输技术的更好发展。洪水的减少来自于更好的居住条件、生活方式和通信。虽然灾难性事件还在发生,人们无法控制,但因此而失去的生命却大大减少了。然而,财产、货物和财物的损失(图 7.11 中未显示)仍然持续存在。也就是说,在洪水泛滥的情况下,事件的发生与以前基本相同,但更好的综合管理和电信以及互联网所带来的公众意识是有效的贡献者。人类在洪水中的安全状况见 9.2 节。

过去 50 年,人们在拯救生命方面取得的进步表明,尽管已经通过更好的居住条件和交通运输技术朝着拯救生命的方向迈进,但从智能传感器和互联网方面取得的明显进展不如预期的多。

地震作为一种自然灾害,一直是人类最大的敌人之一。在第 10 章中,将研究地震波和新的预测方法,包括建议建立一个 GSTN,它一直在新的数据库中收集有关地球板块及其运动的信息。可悲的是,它们很少被用来拯救生命。

虽然全球变暖对地球板块的影响是未知的,但现在已经知道它们的运动是地震的来源。因此,在动态网络管理的一个重要应用——动态预警系统更实际的发展方向,准备一个更好的预测系统并推进智能早期预警系统设计将是明智的。动态网络管理技术可以利用 5G 和互联网技术来实现两个主要目标:①通过进一步推进 GSTN 思想,更好地预测即将发生的地震,利用大数据的最新发展,更精确地了解地球板块运动以及碰撞的主要原因;②通过在地球上所有敏感地区、战略区域和地震多发地使用设计得更好的动态预警系统增强 GSTN 的目标。由于 DEWS 具有天然的灵活性,它可以用于任何规模(小规模或大规模)和任何环境的先进 5G 兼容无线传感器网络应用。

现在,为了设计 DEWS 作为灾害管理的一部分,更好地了解灾害的来源,在 7.5 节中采用了动态网络管理设计,但没有正确讨论 UTA 功能。UTA 是为紧急操作保留的控制矩阵的有源部分。这里的紧急是用于任何特殊情况下的环境,其中无线传感器网络是通过动态网络管理操作系统外部触发的。激活时,UTA 具有最高优先级,代理控制操作。它首先覆盖所有常规动态网络管理函数,然后通过代理的相关子集重新激活一组新的任务和资源。新的代理在控制一个新的 CDUA 进程时,保持了控制、特定监视和网络动态扩展所需的紧急状态功能的优先序列。

7.5 节描述了正常运行条件下的动态网络管理结构,其中动态网络管理使用内部资源和内部代理。通过外部代理使用外部资源是可能的,但不是必需的。在收到紧急和意外灾难警报信息的情况下,UTA 控制器将承担管理分配给特殊紧急行动的所有内部和外部代理的职责。这种紧急"事件"警报信息通常直接(通过新闻和传统信息来源)接收,或通过三种可能的 DEWS 路径的组合检测到:①内部代理;②外部代理;③通过与 5G、互联网等安全连接的网关通过公共渠道发送的紧急消息。

如图 7.12 所示,事件或公共紧急警告下的任何意外事件都可能触发 UTA 的警报,使其唤醒,以便监督程序对事件进行例行分析,将其分类为错误、可能和紧急。这一可能的案件将导致动态网络管理进行进一步调查,并为获得更好和更可靠的信息准备一些资源,而紧急案件将使动态网络管理系统的几乎整个系统在可能发生灾难的情况下转变为随时待命状态。

可能的灾难案例随后启动 3 个特殊过程:①增强过程以增加灾害(如地震)的确定性;②灾害类型(如地震强度);③灾害识别(如位置)。在可能的灾难情况下,UTA 通过提供新的资源和为事件识别分配更高的计算能力来激活代理以扩展感知能力。此外,在可能发生的灾害和真实的灾害条件下,动态网络管理会生成一些预警信息和警报,这些信息和警报先前由地方政府权威部门商定,用于预先列出灾害预警责任机构,以级联和存储数据。

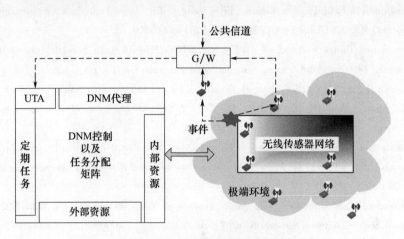

图 7.12　动态网络管理核心结构
(显示了对紧急事件做出反应的基本连接,激活了动态预警系统的适当路径)

7.7　结　束　语

通过使用最新技术将一种新的先进动态网络管理的发展可视化,这一激动人心的现象再次使人们看到了结束过去 40 年技术差距和混乱的希望。我们正朝着一套新的范式前进,使困在混乱中的敬业专家付出的广泛努力有所收获。利用覆盖的概念来管理无线传感器网络和为极端环境设计合适的应用程序,鼓励我们设计一套新的实用解决方案,从而引导我们走向缺失的范式。

覆盖作为一个概念及其五个已确定的类别已经过分析、挑战和配置,以将多个变体合并为一个动态格式,作为所有即将推出服务的解决方案。通过以交互代理的形式使用敏捷的分布式智能以及在服务网络承载负载的基础上,优化利用有价值的资源,实现对服务几乎全自动化的监控,涵盖了本章的主要目标。为了分析这些目标,本章研究了开发 NMO 引领方法及其次优覆盖解决方案的一组选择性技术:SOM、MOM 和 SNO。

本章讨论的主要问题是传统网络管理和 P2P 服务覆盖网络在 WSN 应用中的局限性,而 ANM 及其相关的 NMO 提供的动态覆盖功能可以适当地支持所有传感器丰富的极端环境应用,如 DEWS。

参考文献

[1] Rashvand, H. F. (Ed), Y. S. Kavian (Ed). *Using Cross – Layer Techniques for Communication Systems*[M]. IGI Global Press, 2012, ISBN:9781466609600.

[2] Internet of Things Architecture (IoT – A), WP3 – Protocol Suite, Seventh Framework Programme[EB/OL]. http://www.mee – iot.eu/delivcrables – IOTA/D3_l.pdf.

[3] Formby, D., S. S. Jung, S. Walters, R. Beyah. A Physical Overlay Framework for Insider Threat Mitigation of Power System Devices[C]. 2014 *IEEE International Conference on Smart Grid Communications (SmartGridComni)*, 2014, Italy.

[4] Babita, S, L. Survey on Performance of IEEE 802.15.4 Low Rate – Wireless Personal Area Networks (LR – WPAN)[J]. *International Journal of Advanced Research in Computer Engineering & Technology*, Vol.3, Is.4, 2014.

[5] Surender, R., S. Srinivasan. Performance Analysis of Non – Beacon Enabled IEEE 802.15.4 based Secured Wireless SensorNetwork[J]. *International Journal of Advanced Research in Computer and Corvimunication Engineering*, Vol.3, Is.3, 2014.

[6] Capone, A., J. Elias, F. Martignon. Optimal design of service overlay networks[C]. 2008 *4th International Telecommunicalion Networking Workshop on QoS in Multiservice IP Networks*, Venice, 2008, pp.46 – 52.

[7] Miyazaki, T., et al. Robust Wireless Sensor Network Featuring Automatic Function Alternation [C]. 2011 *Proceedings of 20th International Conference on Computer Communications and Networks (ICCCN)*, Maui, HI, 2011, pp.1 – 6.

[8] Rashvand, H., F. Wireless Communications II[M]. MSc Lecture Notes, ES433 and ES9R8, School of Engineering, University of Warwick.

[9] Copere, L. i – mode: wireless service a la Japanese[EB/OL]. 3rd June 2004, http://www.88pdf.com/search.php?req = i – mode% 20 – % 20KTH.

[10] Duan, Z., Z – L. Zhang, Y, T. Hou. Service overlay networks:SLAs, QoS, and bandwidth provisioning[J]. *IEEE/ACM Transactions on Networking*, Vol.11, No.6, pp.870 – 883, 2003.

[11] Wang, W., B. Li. Market – based self – optimization for autonomic service overlay networks [J]. *IEEE Journal on Selected Areas in Comm unications*, Vol.23, No.12, pp.2320 – 2332, 2005.

[12] Annexstein, F. S., K. A. Berman, M. A. Jovanovic. Broadcasting in unstructured peer – to – peer overlay networks[J]. *Theoretical Computer Science* 355 (1), 25 – 36, 2006. https://doi.org/10J 016/j.tcs.2005.12.013.

[13] Lua, K., et al. A survey and comparison of peer – to – peer overlay network schemes[J]. *IEEE Communications Surveys & Tutorials*. Vol.7, No.2, pp.72 – 93, 2005.

[14] Chopra, D., H. Schulzrinne, E. Marocco, E. Ivov. Peer – to – peer overlays for realtime commu-

nication: security issues and solutions[J]. *IEEE Communications Surveys & Tutorials*, Vol 11, No. 1, pp. 4 – 12, 2009.

[15] Boukcrche, A. , A. Zarrad, R. Araujo. A Smart Gnutella Overlay Formation for Collaborative Virtual Environments over Mobile Ad – Hoc Networks[C]. 2006 *Tenth IEEE International Symposium on Distributed Simulation and Real – Time Applications*, Terremolinos, 2006, pp. 143 – 156.

[16] Galan – Jimenez, J. , A. Gazo – Cervero. Overview and challenges of overlay networks: A survey [J]. *Int J Comput Sci Eng Surv* (IJCSES) 2, 19 – 37: 2011.

[17] Rashvand, H. F. WiMAX Cybercity & NGN[C]. 5th *International Conference on Mobile Technology, Applications and Systems* 2008 (Mobility 08), Ilan, Taiwan, 2008.

[18] Chan Y. , S. Hsu. A Network Managed Location Identification Scheme for IEEE 802, 16m Networks[J]. IET, WSN 2010.

[19] Yang, L. , Z. Hu, J. Long, T. Guo. 5W1H – based Conceptual Modeling Framework for Domain Ontology and Its Application on STOP[C]. 2011 *Seventh International Conference on Semantics, Knowledge and Grids*, Beijing, 2011, pp. 203 – 206.

[20] Palafox, L. , L. A. Jeni, H. Hashimoto. Using conditional random fields to validate observations in a 4W1H paradigm[C]. 2011 *4th International Conference on Human System Interactions*, HSI 2011, Yokohama, 2011, pp. 80 – 84.

[21] Palafox, L. F. , L. A. Jeni, H. Hashimoto, B. H. Lee. 5W1H as a human activity recognition paradigm in the iSpace[C]. 2011 *8th Asian Control Conference (ASCC)*, Kaohsiung, 2011, pp. 712 – 718.

[22] Lee, C – E. , K – D. Moon. Design of the Autonomous Fault Manager for learning and estimating home network faults[C]. 2009 *Digest of Technical Papers International Conference on Consumer Electronics*, Las Vegas, NV, 2009, pp. 1 – 2.

[23] Yu Y. , Yun Bi. A study on "5W1H" user analysis on interaction design of interface [C]. 2010 *IEEE 11th International Conference on Computer – Aided Industrial Design & Conceptual Design* 1, Yiwu, 2010, pp. 329 – 332.

[24] Wireless Sensor Networks: Technology, Protocols, and Applications[EB/OL]. Wiley Online Library, 2007, http://onlinelibrary. wiley. com/book/10. 1002/047011276X.

[25] Rashvand, H. F. (Ed), Chao, H. – C. (Ed). *Dynamic Ad Hoc Networks*[M]. Institution of Engineering and Technology Press, 2013, ISBN: 978 – 1 – 84919 – 647 – 5.

[26] Burleigh, S. Interplanetary Overlay Network: An Implementation of the DTN Bundle Protocol [C]. 2007 *4th IEEE Consumer Communications and Networking Conference*, Las Vegas, NV, USA, 2007, pp. 222 – 226.

[27] Macedo, D. F. , A. L. dos Santos, G. Pujoile. From TCP/IP to convergent networks: challenges and taxonomy [J]. *IEEE Communications Surveys & Tutorials*, Vol. 10, No. 4, pp. 40 – 55, 2008.

[28] Baumgart, I. , B. Heep, C. Hiibsch, A. Brocco. OverArch: A common architecture for structured and unstructured overlay networks[C]. 2012 *Proceedings IEEE INFOCOM Workshops*, Orlando, FL, 2012, pp. 19 – 24.

[29] IETF. Mobile Throughput Guidance Inband Signaling Protocol draft – flinck – mobile – throughput – guidance – 04. txt [EB/OL]. https://tools.ietf.org/html/draft – flinck – mobile – throughput guidance – 04.

[30] Gupta, L. , R. Jain. Mobile Edge Computing – an important ingredient of 5G Networks[J]. IEEE Softwarization Newsletter.

[31] Dixon, J. Software Defined Networking: What it is and what you should know! [EB/OL]. https://www.infbsecwriters.com/Papers/JDixon_SDN.pdf.

[32] ETSI GS MEC – IEG 004 V1.1.1. Mobile – Edge Computing (MEC); Service Scenarios[EB/OL]. http://www.etsi.org/standards – search.

[33] Milgram, P. , F. Kishino. A Taxonomy of Mixed Reality Virtual Displays[J]. *IEICE Transactions on Information and Systems* E77 – D, 9, pp. 1321 – 1329, 1994.

[34] Keromytis, A. D. , V. Misra, D. Rubenstein. SOS: an architecture for mitigating DDoS attacks [J]. *IEEE Journal on Selected Areas in Communications*, Vol. 22, No. 1, pp. 176 – 188, 2004.

[35] Cholda P. , A. Jajszczyk. Recovery and Its Quality in Multilayer Networks[J]. *Journal of Lightwave Technology*, Vol. 28, No. 4, pp. 372 – 389, 2010.

[36] Rashvand, H. F. Distributed Intelligence: Convergence, divergence and ubiquitous access for future technological developments[J]. *Future Tech* 2011, Crete, Greece.

[37] Rashvand, H. F. , J. M Alcaraz – Carelo. *Distributed Sensor Systems – Practice and Applications* [M]. John Wiley & Sons, 2012, ISBN: 9780470661246.

[38] Roscr, M. , H. Ritchie. Our world in Data: Natural Catastrophes[EB/OL]. https://ourworldindata.org/natural – catastrophes/ (Visited 09/07/2017).

第8章
极端环境的信息流:使用相关流的源估计

在典型的无线传感器应用场景中,空间分布的多个传感器在跨域环境中测量所需环境参数和物理参数,并将收集到的数据无线传输到中央工作站作进一步处理。在过去的十年中,人们研究了无线传感器网络系统的各个方面,包括高效的数据采集、最佳采样率和分布式压缩、错误恢复、信息融合、定位和跟踪、路由和网络等。这些研究引发了新算法的设计,以解决不同的技术挑战和缓解实施障碍。本章考虑无线传感器网络的一种特殊因素,其中数据源位于难以抵近的复杂区域,因此会出现其他的挑战和问题。一些重要的场景是在极端环境条件下进行现场监测。实际的例子包括喷气式发动机温度监测[1,2]、结构健康监测[3]、水下无源监听器[4]以及使用复合传感器[5]进行空间探索。在其他一些应用中,如使用无源传感器的导航系统中,将传感器放置在精确的数据源位置是不可行的,在经济上也是不可行的,因为数据源位置不是固定的,或者事先无法确定位置。图8.1提供了一个说明性的示例,其中一组自主无人机跟踪感兴趣的动物影像,收集断断续续的、部分准确的图像数据,并将其发送到地面站进行进一步处理[6,7]。

图 8.1 动物栖息地监测
(一组自主无人机对难以进入区域的目标进行监测,而且将观测
结果汇总报告给中央地面站进行进一步处理)

在这些场景中,一个重要的难题是收集到的信息保真度低,这不仅是因为通信误差,还因为远程部署的传感器测量的源数据不准确[8,9]。为了解决这个问题,分布式编码成为一种高效的技术,它可以通过单个传感器更好地收集信息,从而通过融合部分准确的观测数据[10]来提取可靠的信息。本章致力于探索分布式编码技术的发展现状,特别是全面回顾这个问题的基本理论,并总结最近的发展情况。在此背景下,提出一种新颖而且易于实现的解决方案来应对这个问题,还回答一组更具体的技术问题,包括①在给定的条件下,有多少个传感器是最优的?②收集到的信息保真度是多少?③最高可实现的信息率是多少?最后,提出将该方法与现代网络方法相结合的方案,以便将其扩展到大规模的多跳通信基础设施。

8.1　引　言

现代无线传感器网络由多个传感器组成,这些传感器主要部署在具有无线传输能力的自主移动式地面或空中交通工具上,以便共同监测环境和物理参数,并将收集到的数据传输到中央数据融合单元进行进一步处理。无线传感是新兴物联网平台的一个组成部分,其应用范围广泛,包括智能家居、智能电网、交通运输控制、航空、野生动物监控、消防控制、机器人和工业自动化等[12,13]。由于无线传感器网络 Ad hoc 具有动态性和变化性,使用中央控制器是昂贵的、不可靠的,而且是低效的。因此,在无线传感器网络中利用分布式算法[14]设计与实现敏捷、灵活、可伸缩的数据采集、压缩和传输等功能受到了研究领域的广泛关注。

大多数分布式算法的目标是在假设传感器准确地测量表征实际监测参数的基础上,通过采用优化的压缩、网络和错误恢复技术,实现从传感器到中央处理站的流畅可靠的数据流传输。然而,在某些情况下,由于某些原因,将传感器放置在准确的数据源位置在技术上是不可行的,这些原因包括极端环境条件(如在喷气发动机中)、缺乏关于信源位置的先验知识(如森林中的消防系统)以及维护困难等(如空间探索)。在这种情况下,有效的解决方案是在假定的数据源附近部署一组传感器,并处理收集到的数据。在这方面,分布式信源编码(Distributed Source Coding,DSC)方案被设计成利用传感器观测值之间的内在空间相关性来补偿传感器观测误差。这一解决方案带来了一系列新的问题:①有多少传感器足以满足一定的保真度?②如何补偿感知不精确的问题?③多久收集一次传感器读数?④如何利用传感器之间的空间相关性?

通过对近年来 DSC 算法设计研究的综合分析,发现近年来的研究主要集中在理论上发展接近最优的算法。然而,这些算法的高度复杂性阻碍了它们在功能有限的微型传感器中的商业实现[11]。此外,大多数算法都是基于极端环境下的两个假设,一是数据源是固定的,二是观测模型是完全已知的。这两种假设都与现实相去甚远。因此,目前大多数可用的片上系统(System on Chip,SOC)传感器平台,如 Telos B Motes、Stargate、Mica2、Tmote Sky 和 IBM 在遵循 IEEE 802.15 标准系列的物理层实现中坚持使用传统的点到点编码技术,并且尽管它们被证明具有优异的性能,但没有使用最近提出的 DSC 方案[12-15]。

本章致力于研究和设计在动态环境条件下具有部分精度传感器的无线传感器网络的鲁棒性自适应数据压缩、误差恢复和组网的实用、自校正分布式算法。主要的重点将放在一个特殊的情况下利用相关传感器遥感的共同数据源,即所谓的首席执行官(Chief Execute Officer,CEO)的问题。详细讨论一种基于卷积码(Parallel Concatenation of Convolution Code,PCCC)与接收端双模译码器并行级联的分布式编码实现方法。

8.2　首席执行官问题

首席执行官问题的数学模型(图 8.2)最早由托比·伯杰在其开创性论文中提出,该数学模型旨在捕捉集体监控公共数据源的一组传感器读数之间的空间相关性[16]。这种模式的灵感来自于商业研究中的一个类似问题,即一家公司的 CEO 与不值得信任的员工单独面谈,并处理询问结果,以提取有关问题的可靠信息。

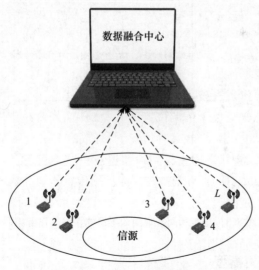

图 8.2　CEO 问题模型

(一组 L 个传感器共同监控一个公共信源,并将其观测结果发送到数据融合中心)

CEO 问题是一个更一般的问题公式的特例,其中 L 个传感器使用相关数据共同监视 K 个信源,如图 8.3 所示,S_i 是第 i 个信源,U_j、E_j、X_j、N_j、Y_j 和 R_j 分别表示第 j 个传感器的观测值、观测误差、编码样本、信道噪声、接收到的样本和传输速率。主要目标是在预定义的失真极限 $d(S_i, \hat{S}_i) < D$($d(.,.)$ 为任意距离度量)的情况下,以最小速率 R_j 设计一个包含 L 个单元的分布式编码器和一个联合解码器估计 K 个信源。这里假设加性观测误差模型为 $U_i = \sum_{S_j \in \chi_i} S_j + E_i$,其中 χ_i 为第 i 个传感器测量的一组信源。为简单起见,忽略干扰效应,假设并行信道模型的加性噪声为 $Y_i = X_i + W_i$,其中,X_i 为编码样本,W_i 为方差为零的高斯白噪声。

对于一些重要的特殊情况,如果某些假设成立,这个一般模型就可以简化。例如,可以将观测误差设为零(即 $E_i = 0, \forall i = 1, 2, \cdots, L$),从而将间接观测转换成直接观测的一个简单案例的场景[17]。另一种特殊情况是,如果使用 K 个传感器中的任何一个只监测一个特定信源($\chi_i = \{S_i\}$),并且传感器读数之间的相关性仅限于信源之间的内在相关性[18,11]。如果关于接收端可用的一些传感器的全部信息,目标是恢复其他传感器和读数,则问题归结为使用边信息进行编码[19,20],考虑到只有一个信源 $K = 1$,因此可以将问题归结为 CEO 问题,其中目标是估计公共源[16]。在所有情况下,不允许传感器彼此召集和交换信息;因此,使用分布式编码[21]。

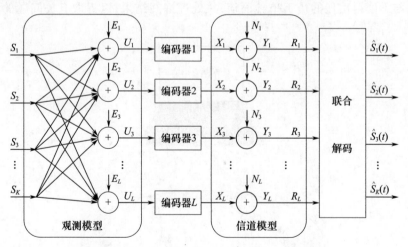

图 8.3 直接和间接观测传感器的多终端信源编码

8.2.1 二元相关模型

传感器读数之间相关性分析最常用的模型是联合高斯分布,即根据多变量高斯分布联合分布共源和传感器观测值。由于光、温度、湿度、应力和压力等不同数据源一般不服从正态分布[22-27]，而且观测噪声并不总是服从正态分布，因此该模型在实际中存在缺陷。这种理论模型的第三个缺点是忽略了现实世界中的传感器实现。实际上，传感器读取连续值变量，并在量化的不同阶段（如线性均匀 PCM、Lloyd Max 量化器或矢量量化[28,29]）、压缩（如 A 律和语音信号的 μ 律[30,31]）和采样到位映射（如灰度编码[32,33]）之后将其转换为二进制流。

实用源代码的最新发展通常应用于经过数字化步骤的二进制比特流。为了填补理论框架和实际实现之间的空白，假设信源产生二进制符号，传感器 i 通过交叉概率为 β_i 的二进制对称信道（BSC）观测到这些符号，即得到 $U_i = S + E_i$，$S \sim Bernoulli(0.5)$，$E_i \sim Bernoulli(\beta_i)$，其中 $\beta_i = E[P_\gamma(S \neq U_i)]$ 是给定源类型和传感器实现的从公共信源到传感器 i 的预期比特翻转概率。该模型非常通用，模拟了噪声源和其他非线性源在从源到代表性二进制比特流的不同路径阶段的影响。因此，该模型已被广泛应用于各种研究中[19,34-38]。通过这个关联模型，前面提到的 CEO 模型转换为一个称为二元 CEO 的特殊情况。

8.2.2 信息理论回顾

在 CEO 问题中，目标是找到速率区域 $\Re_*(D) = U_{(R_1,R_2,\cdots,R_L)} R_D(R_1, R_2, \cdots, R_L)$，其中包括所有速率 L 元组的组合。这里，R_i 是第 i 个传感器的码率，$R_D(R_1, R_2, \cdots, R_L)$ 为当码字块长度被选择足够大时，存在能够在给定距离度量 $d(\cdots)$ 的预定义失真限制 $D^{(n)} = \frac{1}{n} E[d(S_i, \hat{S}_i)] < D$ 内估计公共源的联合解码器的所有速率元组。对于给定的目标失真阈值 D，人们也可能有解决此类简单问题的最小化和速率的需求，则定义为 $R = \sum_{i=1}^{L} R_i$。

人们从信息论的角度对这个问题进行了深入的研究，但是对于 CEO 问题的准确率失真函数通常还不了解[39]。第一个信息论结果是 Toby Berger 在文献[40]中指出的：如果智能体（传感器）的数量接近无穷大（$L \to \infty$），并且允许智能体共享它们的观测值，那么它们能基于失真率函数提供有限失真的共源符号 S 的精确估计 $D(R)$。作为特殊情况，如果总速率 R 超过公共源 $H(S)$ 的熵，则解码器能够以任意低的失真（即 $R > H(S) \Rightarrow D(R) = 0$）完全恢复信源码。

然而，如果不允许智能体对信息进行融合，也就是 CEO 问题中的情况，则不存在总速率 R 的有限值，即使是无穷多个智能体也不可以使失真 D 任意小。结果表明，对于无穷多个智能体，当总速率接近无穷大时，失真呈指数衰减。这就意味着,在传感器数值有限的分布式编码的实际实现中,需要用近似信源估计来解决,而不是寻求无差错的信源恢复。这种现象是由于间接观测固有的不确定性造成的。相反,对于直接观测,相关信源可以在著名的 Slepian – Wolf 定理[18]定义的速率区域内完全恢复。在对观测码执行高斯量化方法,然后将 Slepian – Wolf 编码应用于量化比特的基础上,提出了速率失真区域(也称为 Berger – Tung 速率区域)的具体特征。

CEO 问题的一个重要变种称为二次高斯 CEO(QGCEO)问题,其中信源误差和观测误差是相同且独立分布的(i.i.d.)高斯变量。人们从不同的角度研究了 QGCEO 问题的失真率求取问题,包括总速率失真函数推导[42,43]、可计算的总速率计算[44]、由于缺少传感器间通信而导致的总速率损失[45]、多源估计[46~48]和恢复这两种情况的鲁棒编码共源和传感器的读数具有一定的保真度[49]。可以在文献[50~53]中了解将这些结果推广到向量高斯 CEO 的问题。

CEO 问题可以推广到 CEO 对任意保真度估计共源数据和传感器观测数据都感兴趣的意义上。如果观测重建的最大允许失真接近无穷大,意味着 CEO 不关心观测本身,这个问题就可以简化为经典的 CEO 问题。另一方面,如果公共源观测重建的最大允许失真接近无穷大,则问题归结为两端直接观测情况。这个一般情况下的可实现率区域的特征在文献[49]中可以找到。

另一个具有实际优势的重要变体是二元 CEO 问题,如前所述。文献[39,54]研究了二元 CEO 问题的速率失真区域的理论极限。然而,这些结果并没有提供速率失真函数的封闭表达式,而是提供了速率失真函数上下界的复杂表达式。即使对于两个传感器 $L=2$ 和等观测误差 $\beta_1 = \beta_2 = \beta_3$ 的特殊情况,这些表达式也很难量化,因此在实际系统的设计中也没有太大用处。

本章展示了如何使用在文献[55]中提出的点对点编码速率的简化计算,来为实际应用配置一组传感器,以达到可接受的精度水平。该方法基于寻找完全恢复相关传感器读数速率的多拟阵区域,而不是寻找恢复公共数据源所需的速率[56,57]。

8.3 二元 CEO 问题的实用编码设计

8.3.1 分布式信源编码与联合编码

为了阐明分布式信源编码的概念,用一个简单的例子来说明它与联合编码的区别。这两种方法的主要区别在于传感器之间的信息交换。考虑两个具有相

关二元输入的传感器。每个传感器读取的 U_i 是一个三位共价序列, $U_i = [U_{i1} U_{i2} U_{i3}] (U_i \in \mu = \{S_0, S_1, \cdots, S_7\})$; 因此它采用 $2^3 = 8$ 个共价选项, 如图 8.4 所示。根据观察模型, U_1 和 U_2 最多可以在 1 位 ($d_{\text{Hamming}} = (U_1, U_2) \leq 1$), 该相关模型的直接含义是, 对于每个实现的 (U_1, U_2) 只有 4 种可能性, 其中包括 $U_2 = U_1 \oplus E$ ($E = \{[000], [001], [010], [001]\}$)。因此, U_1 的熵是 $H(U_1) = 3$ 位, 而给定的 U_2 的条件熵是 $H(U_2 | U_1) = H(U_1 \oplus E_2 | U_1) = H(E) = 2$ 位。然后, 联合编码的实际实现变得简单明了。传感器 1 将 3 位的普通读数 U_1 发送到目的地。传感器 2 接收 U_1 并计算 $E = U_1 \oplus U_2$, 然后将其映射到两位 $[E_1 E_2]$, 并将结果发送给接收器。接收器首先通过确定 U_1 执行顺序解码 (也称为洋葱峰), 然后根据接收的比特计算 $[E_1 E_2]$。随后, 计算 $U_2 = U_1 \oplus E$ (图 8.4(a))。

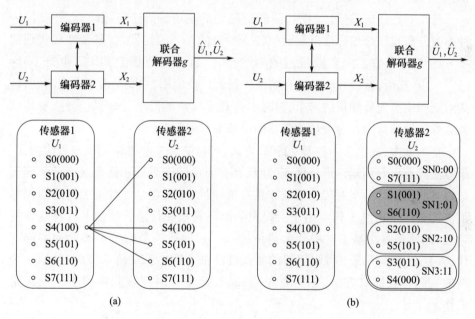

图 8.4 联合编码与相关二进制源的分布式编码

(a) 联合编码; (b) 分布式编码。

无损分布式编码依赖于著名的 Slepian–Wolf 定理, 这表明应该能够在不需要传感器间通信的情况下实现速率 $(R_1, R_2) = (H(U_1), H(U_2 | U_1)) = (3, 2)$ 的分布式编码, 从而使接收器能够完美地恢复 U_1 和 U_2。考虑后面的实现, 其中传感器 1 像以前一样使用 3 位发送其普通读数 U_1。然而, 传感器 2 将 8 个可能结果的空间划分为 4 个不相交的分区, 称为陪集。每个陪集 SN_i 包含两个汉明距离为 3 的符号, 映射到一个 2 位序列 $C = [C_1, C_2]$ 称为一个综合征, 如图 8.4

119

(b)所示。接收器首先从接收码元 $[U_{11} U_{12} U_{13}]$ 识别 U_1;然后基于接收的综合码元 $C=[C_1,C_2]$ 识别陪集 SN_i。每个陪集包含两个码元,其中一个与 U_1 的汉明距离较短的陪集被映射到 U_2,这个简单的技术是一种更为通用的基于综合征的分布式编码技术的变体[58]。

8.3.2 实际分布式信源编码回顾

文献[11,59,60]提出了分布式信源编码的各种实际实现算法。Ramchandran 等人介绍的 DSC 的首次实现,即采用基于综合征的编码概念[58]。随后,基于更强大的信道码开发了 DSC 的不同实现方案,包括低密度奇偶校验码(LDPC)[19]、turbo 码[35,61-64]、预穿孔 turbo 码[65]、后穿孔 turbo 码[37]、不规则重复累积(IRA)码[66]以及低密度生成器矩阵码(LDGM)[67,68]。

与点对点通信类似,将 DSC 阶段与随后的信道编码阶段相结合,开发出一种称为分布式联合信源信道编码(D-JSCC)的单一编码器,在复杂性和实现成本方面更为有效。大多数报道的 D-JSCC 的实现是基于 LDPC 和类 Turbo 码[69-72]。然而,这些方法尚未在实践中得到广泛应用,主要是由于实现问题,包括对观测模型先验知识的需求、对时不变观测噪声的需求、解码复杂性、对传感器故障的敏感性以及对大量传感器的可伸缩性的复杂性[63,71]。

在本章中,提出了一种 D-JSCC 方法,与目前最先进的 D-JSCC 方法相比,该方法具有更好的错误恢复性能,并且具有简单的编码器和低复杂度的解码器结构。所提出的方案对传感器故障具有鲁棒性,并且在足够数量的传感器仍然工作的情况下持续工作。由于所提出的解码算法在传感器数量上具有线性复杂性,因此该方法易于扩展到大量传感器。双模运算消除了不必要的解码迭代,并且在某些情况下将解码器的复杂度降低了 10 到 20 倍。最后,采用一种新的观测参数提取方法,不需要先验知识,即使在时变观测模型下也能正常工作。

以下各节详细阐述所提出的方法,与中继技术相结合的同时,为寻找最佳传感器数目、分析解码算法的收敛性和量化系统性能提供了解决方案。

8.4 带双模解码器的分布式卷积码并行级联

该方案基于在传感器中使用分布式卷积码并行级联(Distributed Version of Parallel Concatenation Of Convolutional Code,D-PCCC)和在接收器中使用自适应双模迭代解码器。

8.4.1 编码器结构

每个传感器配备一个伪随机交织器、一个 RSC 编码器和一个穿孔模块,它们共同构成了 PCCC 编码器的分布式版本,如图 8.5 所示。剔除输出码字后,传感器 i 的速率为 R_i,其中,除非另有规定,否则为同质传感器设置 $R_i = R, \forall_i \in \{1,2,\cdots,L\}$。这里,与典型的单个编码器相比,每个传感器的编码速率可以小于或大于 1。与传统 PCCC 方案的一个重要区别是,每个组成编码器的输入码元对应于公共信源码的噪声版本,因此可能略有不同。

遵循 BSC 观察模型,如 8.2.1 节所述。可以注意到,不同传感器观测误差的独立性意味着传感器 i 和 j 观测值之间的成对相关性被建模为交叉概率为 $\beta_{ij} = 1 + 2\beta_i\beta_j - \beta_i - \beta_j$ 的 BSC 信道,对于相同的观测值误差 $\beta_1 = \beta_2 = \cdots = \beta_L = \beta$,交叉概率可以简化为 $1 + 2\beta^2 - 2\beta$。对于 β 值较小的情况,可以使用 $\beta_{ij} = 1 - 2\beta$ 的近似值[73,74]。

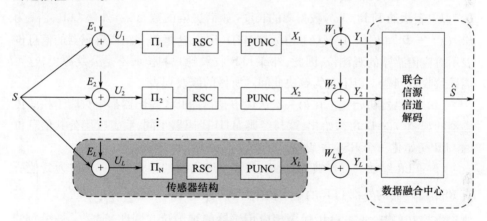

图 8.5 编码方案

(每个传感器包括交织器、RSC 编码器和穿孔模块,它们共同构成 D – PCCC 方案[83])

8.4.2 解码器结构

受编码器结构的启发,在接收器处开发了一个多分支 Turbo 解码器(Multiple – hranch Turbo Decoder,MTD),并进行了一些修改和附加功能,以适应编码器的分布式性质,如图 8.6 所示。

解码器包括 L 个并行工作的软输入软输出(Soft – Input Soft – Output,SISO)解码器。每个组成解码器使用 $\log(e^x + e^y)$ 近似值执行 BCJR Max – Log – MAP 算法以降低计算复杂度[75],该算法迭代解码接收比特以恢复相关传感器观测比特[74]。

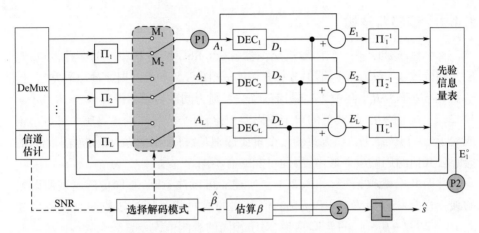

图 8.6 配备了观测参数提取模块的双模并行结构 MTD 解码器[83]

每个单元解码器接收由 $A_i^{(t)}(k)$（$k=1,2,\cdots,N$）表示的先验 LLR，计算由 $D_i^{(t)}(k)$ 表示的 LLR。N 为数据源的长度（如信息码的数目）。外部 LLR 定义为 $E_i^{(t)}(k) = D_i^{(t)}(k) - A_i^{(t)}(k)$。与标准 MTD 不同，这里每个组成解码器的信息位表示对应传感器的观测位；因此，外部 LLR 收敛到观测位而不是公共源位，这可能导致收敛问题。以下是为解决此问题所做的修改列表。

（1）译码器初始化。在第一次迭代中，所有 SISO 译码器都用对应于相应传感器的观测位的 LLR 初始化，这与经典 MTD 译码器不同，后者仅用公共信息位的 LLR 初始化一个 RSC 译码器。

（2）LLR 缩放。在经典 MTD 中，第 i 个解码器的输入 $A_i^{(t)}(k)$ 作为其他所有 RSC 解码器的外部 LLR 的平均值来计算（如 $A_i^{(t)}(k) = \sum_{j=1,j\neq i}^{N} E_j^{t-1}(k)$），在所提出的方案中，外部 LLR 代表相应传感器的观测位。因此，定义了一组新的外部 LLR 表示公共信源码的可能性，即

$$E_{i,S}^{(t)}(n) \& = \log_2\left(\frac{\mathrm{pr}(S(n)=1 \mid U_i)}{\mathrm{pr}(S(n)=0 \mid U_i)}\right)$$

$$E_{i,S}^{(t)}(n) \& = \log_2\left(\frac{\hat{\beta}+(1-\hat{\beta})2^{E_i^{(t)}(n)}}{(1-\hat{\beta})+\hat{\beta}2^{E_i^{(t)}(n)}}\right) \tag{8.1}$$

这是原始外部 LLR 的非线性标度版本 $E_i^{(t)}(n)$。这里，$U_i = [U_i(1),\cdots,U_i(N)]$ 是传感器 i 的观测向量，$\hat{\beta}$ 是 β 的估计值。然后，解码器 i 的 LLR 计算如下：

$$A_i^{(t)} = \sum_{j=1,j\neq i}^{N} E_{i,s}^{(t-1)}$$

$$A_i^{(t)} = \sum_{j=1, j \neq i}^{N} \log_2 \left(\frac{\hat{\beta} + (1-\hat{\beta})2^{E_i^{(t-1)}}}{(1-\hat{\beta}) + \hat{\beta}2^{E_i^{(t-1)}}} \right)$$

$$A_i^{(t)} = \log_2 \left[\prod_{j=1, j \neq i}^{N} \left(\frac{\hat{\beta} + (1-\hat{\beta})2^{E_i^{(t-1)}}}{(1-\hat{\beta}) + \hat{\beta}2^{E_i^{(t-1)}}} \right) \right] \tag{8.2}$$

详细信息见文献[76]。

（3）观测精度估计。为了适应时变和未知的观测误差参数，开发了观测误差估计模块，由接收机进行估计。首先通过在每次迭代结束时硬阈值化输出 LLR 估计发送的信息符号 $\hat{x}_i(k) = \text{sign}[D_i(k)]$。然后，使用以下估计器：

$$\hat{\beta} \approx \frac{1}{2LN(N-1)} \sum_{i=1}^{N} \sum_{\substack{j=1 \\ j \neq i}}^{N-1} \sum_{k=1}^{L} \rho_{i,j}(k) \tag{8.3}$$

式中：$\rho_{i,j}(k) = \frac{|\hat{X}_i(k) - \hat{X}_j(k)|}{2}$，它基于估计成对相关，然后对所有传感器对进行平均。

很容易证明 $\hat{\beta}$ 是服从正态分布的，均值为 β，方差为 $\frac{2\beta(1-\beta)(1-2\beta+2\beta^2)}{LN(N-1)} \approx \frac{2\beta}{LN(N-1)}$，因此，对于足够大的 β 的 N 和 L 值，它接近观测误差参数。

（4）决策阶段。在最后一次迭代中，为了避免对特定编码器/解码器对产生偏差的类似原因，基于 α - 后验 LLR 的平均值而不是特定 SISO 解码器 $D_{(av)} = \frac{1}{N} \sum_{i=1}^{N} D_i$ 的输出 LLR 来执行硬决策。

（5）双模操作。最后一个修改是使用双模操作（通过在迭代和非迭代模式之间切换），详见 8.4.3 节。

8.4.3 双模解码运算

在之前提到的大多数用于相关传感器的 D - JSCC 方案中，为了利用传感器观测值之间的相关性，部署了迭代解码[11,57,63,69,71,77-80]。

在这一部分，通过回答以下问题来重新讨论迭代译码对于系统优越性的假设："在什么条件下迭代译码可以提高估计精度？"

一个直观的推测是，当传感器的观测精度足够高时，迭代解码是有益的，因此它们的成对相关性足够高。事实上，当传感器观测值之间的相关性相对较低时，迭代解码的无用性已经被以前的研究人员在包括文献[37,64,65]在内的一些研究中注意到，但是，据我们所知，还没有相关研究成果来描述这种现象。在这一部分中,提出了一种获得解码器收敛区域的方法,其中迭代解码是有益的。考虑图 8.6 所示解码器的框图。其设计思想是验证组成解码器提供的公共信源码的估计值在完整迭代期间(图 8.6 中的点 P_1 到 P_2)是否得到了改善。这里使用的技术是外部信息转移(Extrinsic Information Transfer,EXIT)图的修改版本。外部信息转移图是一种强大的技术,用于量化组成解码器在解码迭代期间 LLR 与信息比特的相关性的改进[81]。标准 Turbo 解码器($\beta = 0$)的典型外部信息转移图如图 8.7 所示。然而,它的传统形式不适用于我们的系统模型,因为我们注意到每个解码器的外部 LLR 收敛于相应传感器的观测,而不是收敛于公共信源码。

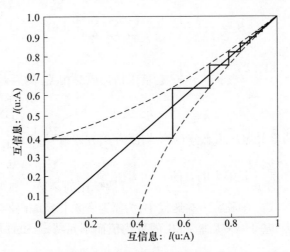

图 8.7 完全观测精度极端情况下的常规外部信息转移图
($\beta = 0, E_b/N = 1dB$)

这里提供了用于寻找收敛区域的改进的外部信息转移图技术草图。感兴趣的读者请参阅文献[82]和[83]了解更多详细信息。为了绘制外部信息转移图,注意到从通道接收的输入 LLR 服从正态分布,因此有

$$A^{(1)} = \log_2 \frac{p_\gamma(X = +1 \mid Y)}{p_\gamma(X = -1 \mid Y)} = \mu_Y Y + n_Y$$

$$n_Y \sim N(0, \sigma_Y^2), \sigma_Y^2 = 2\mu_Y = 4/\sigma_N^2 \tag{8.4}$$

式中:X 和 Y 表示 BPSK 调制的发射和接收码元。

已经证明,如果信道观测和输入 LLR 都服从高斯分布,则具有相当大帧长的 MAP 族解码器生成后验 LLR,其倾向于服从高斯分布[84]。直观的判断是基于在类随机解码器网格结构上应用弱大数定律求和。此外,大量的模拟证实了式 8.4 也适用于外部 LLR[81]。因此,先验 LLR 和外部 LLR,A 和 E 都可以用下

式表示：

$$E = \mu_E Y + n_E, n_E \sim N(0, \sigma_E^2), \mu_E = \frac{\sigma_E^2}{2} \tag{8.5}$$

现在，如果 V 表示信源码的 BPSK 调制版本，则输入 LLR(A) 服从以下双模分布：

$$P_A(\zeta|v) = \sum_{x=-1,+1} P_A(\zeta|x) P(x|v)$$

$$P_A(\zeta|v) = [\bar{\beta} e^{-\frac{(\zeta - \mu_A v)^2}{2\sigma_\lambda^2}} + \beta e^{-\frac{(\zeta + \mu_A v)^2}{2\sigma_\lambda^2}}] \tag{8.6}$$

式中：$\bar{\beta} = 1 - \beta$，这里称参数集为 $(m = 2, \beta, \mu, \sigma^2)$ 的 m 阶二项高斯分布。当 $\beta = 0$ 时可以归结为高斯分布。因此，先验 LLR 和信源码之间的比特互信息(BMI)计算如下：

$$I(A;V) = 1 - \frac{1}{\sqrt{2\pi}\sigma_A} \int_{-\infty}^{\infty} [\bar{\beta} e^{-\frac{(\zeta - \mu_A v)^2}{2\sigma_\lambda^2}} + \beta e^{-\frac{(\zeta + \mu_A v)^2}{2\sigma_\lambda^2}}] \log_2\left(\frac{1 + e^{-2\frac{\mu_A}{\sigma_\lambda^2}\zeta}}{\bar{\beta} + \beta e^{-2\frac{\mu_A}{\sigma_\lambda^2}\zeta}}\right) d\zeta$$

(8.7)

对于两个以上单元组成的解码器 ($m > 2$)，在计算外部 LLR 之后需要额外的平均层。对于 $m > 2$ 的情况，得到的方程更为复杂，为了简洁起见，这里省略了这些方程[83]。注意，$I(A;V)$ 是 β 和信道信噪比的函数。典型的 $I(A;V)$ 如图 8.8 所示。

类似的方程适用于外部 LLR。注意，与传统的 Turbo 解码器相比，即使对于非常大的 LLR 值 $\sigma_A \to \infty$，这里的 $I(A;V)$ 和 $I(E;V)$ 不收敛于 1，而是接近 $1 - H(\beta)$ [83]。

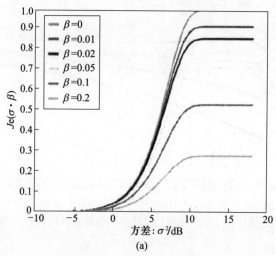

(a)

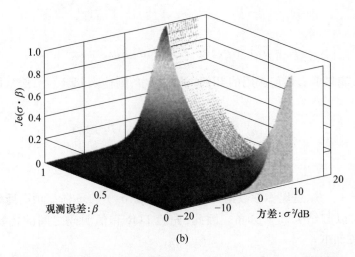

图 8.8 先验 LLR 和信源数据之间的互斥信息,作为噪声方差 σ_A 和观测误差 β 的函数
(a)二维视图;(b)三维视图[76]。

为了得到修正后的外部信息转移图曲线,首先生成随机信源码;然后将信源码通过交叉概率为 β 的 BSC 信道获得模拟的观测码元。随后,根据式 8.4 为给定信道信噪比的第一次迭代生成先验 LLR。其次,执行解码算法,并在适当缩放和平均后获得外部 LLR(E),如 8.4.2 节所述。然后通过拟合高斯分布估计外部 LLR 的参数。最后,使用式 8.7 计算 $I(A;V)$ 和 $I(E;V)$;绘制 $I(A;V) I(E;V)$

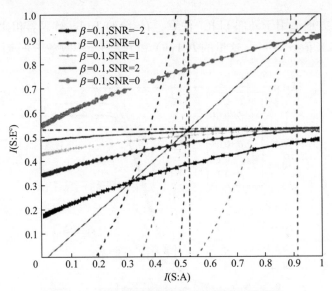

图 8.9 不同观测精度的修正外部信息转移图
(传感器数量为 $L=2$ [83])

以及反向曲线(即 $I(A;V)I(E;V)$),修改后的外部信息转移图如图 8.9 所示。如果直接曲线落在单位斜率线上并且呈现正的初始斜率,则迭代解码是有益的,因为 LLR 和信源码之间的 BMI 在解码周期中表现出改进。直接和反向曲线相交的点表示最终可实现的错误恢复性能,并定义有用迭代次数。该点越接近右上角 $[I(A;V),I(E;V)] = [1,1]$,错误级别越低。从图 8.9 得到的总体趋势是,较低的信道信噪比和较高的观测精度表明迭代解码更有优势。

为了找到收敛区域,开发了 (β, SNR) 网格,并为所有 (β, SNR) 生成了外部信息转移图。然后,确定了外部信息转移图直接曲线的初始斜率 e 为正的条件。图 8.10 显示了一个样本收敛区域。

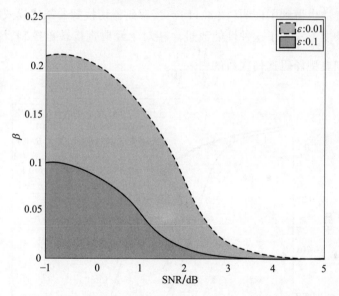

图 8.10　迭代译码算法信道信噪比和 β 分别在 $\varepsilon = 0.1$ 和 $\varepsilon = 0.01$ 下的收敛区域

(这里 ε 是迭代解码的最小改进水平,在收敛区域之外,选择非迭代算法[83])

可以注意到,为 (β, SNR) 网格开发收敛区域是一项耗时的任务,但每个系统只执行一次,并发送到解码器。一旦解码器从传感器接收到新的多帧信号,它就会估计信道信噪比和观测精度参数 β。如果估计的 (β, SNR) 对落在收敛区域内,则选择迭代模式;否则将绕过 LLR 交换以避免不必要的迭代。

8.5　性能分析

为了验证模式选择机制所获得的性能改进,使用以下参数($M = 2000, N = 8, \beta = 0.1$)对所提出的方案(D – PCCC)进行了广泛的蒙特卡罗模拟。在同等条件下,将这些结果与文献[71]中的分布式 Turbo 编码和文献[57]中的 D-LDGM 编码进行了比较。

AWGN 信道的错误概率 $P_\gamma(\text{error}) = Q(\sqrt{2\text{SNR}})$ 用于等效文献[71]中 AWGN 信道近似使用的 BSC 信道。每个信源码的能量计算为 $\frac{E_b}{N_0} = \frac{N}{R_i} E_S/N_0$。等效编码率用于在不同方案之间进行公平的比较选择,其中 N 是传感器的数量。

比较结果表明,在观测精度较低的情况下,$\beta = 0.1$,该方案的性能接近较复杂的 LDGM 码,性能下降小于 1dB。所提出的编码方案比经典直接转矩控制方案的优越性也得到了证明(图 8.11)。当解码器切换到非迭代模式时,在较低的解码复杂度下实现了这种性能改进。相对于经典直接转矩控制,译码复杂度可以降低到典型译码迭代次数的 $\frac{1}{20} \sim \frac{1}{10}$。

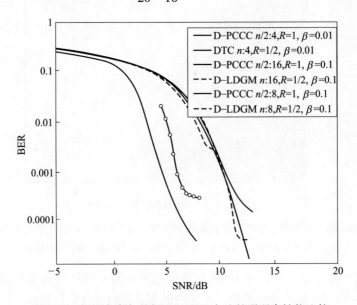

图 8.11　拟议方案与最新 D-JSCC 方法的误码率性能比较

显然,在每个簇上使用更多的传感器可以减少估计误差,但另一方面,它增加了带宽使用量和解码复杂度。一个关键问题是"产生期望性能的传感器最小数量是多少?"为了回答这个问题,我们提供了一个近似的信息理论分析。可以注意到,即使对于两个传感器的最简单情况,二元 CEO 问题的速率区域也尚未用封闭式表达式来表征[39,54]。因此,这里提出的简单方法在实际系统设计中具有一定的实用价值。

在这方面,首先注意到从公共信源到最终目的地的虚拟信道是广播 BSC 信道和一组并行 AWGN 信道的级联。结果表明,对于发射功率为 P 的 N 个传感器群,观测误差为 β,噪声方差为 σ_N^2,该虚拟信道的容量为[55]

$$C = \frac{1}{2(2\pi\sigma_N^2)^{\frac{N}{2}}} \int_{y^n} \left[(\gamma_0 + \gamma_1) \log_2\left(\frac{\gamma_0 + \gamma_1}{2}\right) - \gamma_0 \log_2 \gamma_0 - \gamma_1 \log_2 \gamma_1 \right] dy^N$$

(8.8)

式中,有

$$\gamma_\alpha = \sum_{k=0}^{N} \binom{N}{k} \beta^k (1-\beta)^{N-k} \exp\left(-\frac{\sum_{i=0}^{k}(y_i + (2\alpha-1)\sqrt{P})^2 + \sum_{i=k+1}^{K}(y_i - (2\alpha-1)\sqrt{P})^2}{2\sigma_N^2}\right) \quad (8.9)$$

因此,信道容量 $C = f_c\left(N, \frac{P}{\sigma_N^2}, \beta\right)$ 是传感器数量 N、信道信噪比 $\frac{P}{\sigma_N^2}$ 和观测误差参数 β 的封闭函数。注意,BER 的最小值完全由环境中的传感器数量定义,即:

$$P_{\text{error}}^{(\min)} = \begin{cases} \sum_{k=\frac{N+1}{2}}^{N} \binom{N}{k} \beta^k + (1-\beta)^{N-k} & ,N \text{ 为奇数} \\ \frac{1}{2}\binom{N}{\frac{N}{2}} \beta^{\frac{N}{2}} (1-\beta)^{\frac{N}{2}} + \sum_{k=\frac{N+1}{2}}^{N} \binom{N}{k} \beta^k + (1-\beta)^{N-k} & ,N \text{ 为偶数} \end{cases}$$

(8.10)

根据信道编码定理,存在一个速率为 $R \leq C$ 的编码器,该编码器可被信源用于将信息码元无差错地传输到公共目的地。现在,可以推测,如果在传感器处采用适当的编码速率 $R \leq C$ 编码技术,最终的恢复误差将接近误差下限,这是可实现的最佳误差概率。基于这个论点,对于给定的一组系统条件 β、$\frac{P}{\sigma_N^2}$、R,可以通过求解 $R = f_c(N, \frac{P}{\sigma_N^2}, \beta)$ 来获得传感器的最佳数目 N,图 8.12 展示了这种方法。

在图 8.12(a)中,为固定观测误差参数 $\beta = 0.01$ 绘制了信道容量。容量是信道信噪比的函数。如果需要一定的容量值,则对于使用较多的传感器,所需要的最小 SNR 电平较小。例如,为了达到每次传输 1/2 位的容量,$N = 2,3,4,5$ 个传感器所需要的 SNR 值分别为 -2.570dB、-4.366dB、-5.628dB 和 -6.621dB。在另一种解释中,对于功率受限的传感器(有限 SNR),此图可用于确定达到一定容量水平的最小传感器数量。例如,在 SNR = -5dB 时,至少需要

$N=4$ 个传感器来实现每次传输 1/2 位的容量。如图 8.12(b) 所示,对于不同数量的传感器,$\beta = 0.01$、$N = 256$ 的大量蒙特卡罗模拟验证了这一点,如果系统中使用至少 4 个传感器,解码器在 SNR = −5dB 时达到其误差下限。

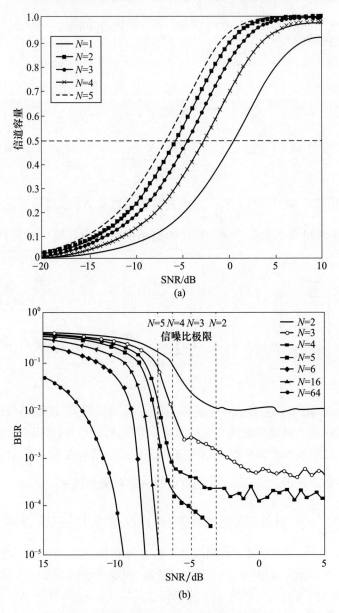

图 8.12 不同数量传感器的系统信息容量与观测精度(BSC 交叉概率)和信道质量(SNR)以及误码率性能

(a)信道容量与信噪比;(b)解码器 BER 性能。

8.6 扩展到多跳网络

到目前为止,已经考虑到了传感器直接与数据融合中心通信的所有并置网络方案。这种情况并不涉及很多应用,在这些应用中,由于信源和数据融合中心之间的距离较远,使用多跳通信是不可避免的。这里的问题是如何将所得结果推广到此类情况。

为了满足这一要求,提出采用内部信道的思路将每个传感器到融合中心的多跳信道替换为具有等效交叉概率的 BSC 信道。例如,在文献[85]中,考虑了两层网络,其中每个集群的传感器通过两个中间中继节点与基站通信(图 8.13(a))。

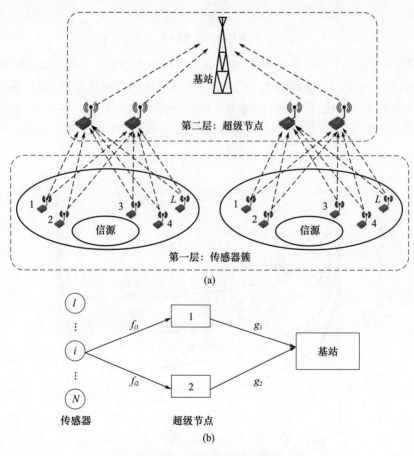

图 8.13 系统模型与信道系数
(a)双层双接收器无线传感器网络的系统模型;
(b)通过两个超级节点从传感器到基站的通信链路的信道系数[85]。

在实际应用中,利用两个超级节点(也称为簇头)作为中继节点对簇头故障具有明显的鲁棒性优势。为了提高误码率性能和克服潜在的衰落效应,提出了一种基于分布式空时分组码(Distributed Version of Space Time Block Code,D-STBC)的解调转发(Demodulate and Forward,DMF)中继方法。

假设总传输功率 P 以 α 的比率在传感器和超级节点两层之间分配。因此,每个传感器消耗功率 $\alpha \dfrac{P}{N}$,每个中继节点消耗功率 $(1-\alpha)\dfrac{P}{N}$。内部信道误差概率的计算方法为[85]:

$$p_e^{(\text{in})} = \frac{1}{4(\alpha\gamma + 1)} + \frac{1}{2(\eta\gamma + 2)^2} - \frac{1}{4(\alpha\gamma + 1)(\eta\gamma + 2)^2} \qquad (8.11)$$

式中,

$$\gamma = \frac{P}{N}, \gamma_1 = \alpha\gamma, \gamma_2 = \eta\gamma, \eta = \frac{3\alpha\bar{\alpha}}{2\alpha + 1} \qquad (8.12)$$

图 8.14 显示了功率分配对内部信道错误概率的影响。尽管 STBC 辅助的放大前向(Amplify and Forward,AF)中继在两层(传感器和继电器)之间平均分配总功率时达到最优,但 DMF 中继方式的性能曲线并不对称。图 8.14 中的虚线和实线给出了作为功率分配参数 α 函数的误差概率的分析和仿真结果。可根据系统的平均信噪比值 $\gamma = \dfrac{P}{N_1}$ 选择最佳功率分配方案。

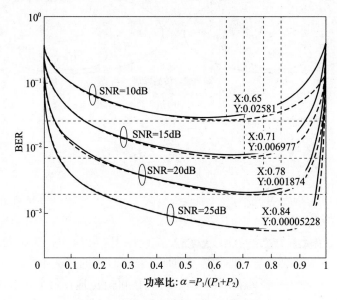

图 8.14 内部信道错误概率与功率比参数 α [85]

在图 8.15 所示的信道衰落效应下,通过比较一个和两个中继节点(簇头)在有或没有 STBC 编码的基本场景中点对点错误概率来完成这一部分。结果表明,由于空间分集增益的影响,使用两个超级节点可以使误码率性能提高约 2 ~ 3dB。此外,由于时空分集,使用 D – STBC 可获得约 1dB 的额外增益。所有方案在信噪比非常大的情况下最终都达到了误差下限,这与使用式(8.10)计算的无误差通信相对应。

最后,注意到内部信道的概念是通用的,类似的性能分析和功率分配策略可以应用于其他网络配置。

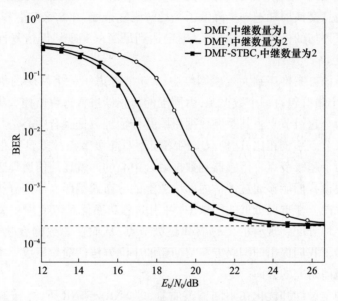

图 8.15 不同数量超级节点的系统性能比较
(在超级节点($N=4$)使用和不使用 STBC 编码[85])

8.7 结 束 语

本章探讨了编码研究团体设计的各种算法,以实现在部分精确和远程部署传感器的无线传感器网络中的压缩和错误恢复。尽管这些算法在理论上具有很好的性能,但由于存在一些缺陷,它们大多不适合实际应用。在这方面,回顾了一个切实可行的解决方案。如 8.3 节所述,先前研究的算法不容易扩展到大量传感器。然而,当传感器的观测精度较低时,不可避免地在每个簇上使用大量的传感器。融合多个传感器读数可补偿编码前出现的观测误差。因此,迫切需要一种易于扩展的分布式联合信源信道编码算法。这个解决方案应该足够灵活,以适应在每个集群上具有不同数量的移动传感器的动态集群。此外,所开发的算法应能够适应时变和未知的观测模型,并应易于与当前传感器结构和现代网络协议集成。为了满足这些要求,在8.4节中,提出了一种自适应算法,用于在信源位置未知或环境条件恶劣的情况下,在无法访问信源位置的数据场中有效地收集数据。

8.4.3节重新讨论了迭代解码优于非迭代解码的公认假设。实际上,基于外部信息转移图技术所提出的收敛性分析表明,在某些系统条件下,在目的地的组成解码器之间的软信息交换并不能提高总体点到点误码率。因此,避免这些不必要的信息交换周期进一步降低了平均解码复杂度,在8.5.1小节中,推导出了一个易于评估的信息理论函数,以确定达到最高可实现错误恢复性能的最小传感器数量。

为了将该方案推广到大规模网络中,8.6节考虑了一个两层的集群系统模型,其中每个集群包含一个数据源,由周围的传感器进行远程监控。集群内的传感器通过两个超级节点将其观测数据压缩并传输到数据融合中心。与传统设计的单一超级节点系统相比,这种双层网络模型对超级节点故障具有很强的鲁棒性。通过两个超级节点将传感器到数据融合中心的两跳通信信道集建模为内部信道。这使得我们能够通过评估内部信道上的分布式编码操作来分析整个系统的点对点性能。在难以抵近的区域中,可用的总功率信息流使用相关流的信源估计被最佳地分配到现有的传感器和超级节点,从而使总数据吞吐量最大化。该系统演示了我们提出的编码方案与期望的中继方法的简单集成。本章提出了以下几种当前研究的方向。

第一种是设计和优化在不同信道质量,即 $SNR_i \neq SNR$ 下,更普遍情况下观测参数不相等,即 $\beta_i \neq \beta$ 情况下的编码参数;所提出的方案对传感器故障具有鲁棒性,并且只要一个或一些传感器处于工作状态,就能够保持工作状态。然而,每一个传感器的故障都会降低点对点的整体误码性能。这种性能下降通过改变另一个有源传感器的编码速率来补偿。该方法可以作为本工作的另一个可能扩展,包括量化由于传感器故障而导致的误码率性能下降,并找到新的编码速率来补偿这种损失。另一种是开发更好的学习算法(如强化学习),以便在不需要估计传感器测量精度和信道质量的情况下简化传感器的实现流程。如果所有无源传感器都观测到一个共同的数据源,则可以为无源传感器开发类似的技术,以利用传感器观测值之间的相关性来提高最终估计精度。

参考文献

[1] Schmidt, R., J. R. Dickman, D. R. Kiracofe. Engine Health Monitoring Using Acoustic Sensors [P]. U. S. Patent 15/063,582, September 14, 2017.

[2] Dudzik, E., A. Abedi, D. Hummels, M. d. Cunha. Orthogonal code design for passive wireless sensors[J]. *IEEE Biennial Symposium on Communications*, 2008.

[3] Zhang, J., et al. A review of passive RFID tag antenna – based sensors and systems for structural health monitoring applications[J]. *Sensors*, Vol. 17, No. 2, pp. 265, 2017.

[4] Michael, Z., E. Anagnostou, J. Nystuen, M. Anagnostou. UPAL: Underwater passive aquatic listener[J]. *MTS/IEEE OCEANS'15*, Washington, 2015.

[5] Krishen, K. Space applications for ionic polymer – metal composite sensors, actuators, and artificial muscles[J]. *Acta Astronautica*, Vol. 64, No. 11, pp. 1160 – 1166, 2009.

[6] Berkcan, E., Y. Lee. Passive wireless sensors for turbomachines and method of operating the same[P]. U. S. Patent 9,909,443, March 6, 2018.

[7] Hodgson, J. et al. Drones count wildlife more accurately and precisely than humans[J]. *Methods in Ecology and Evolution*, 2017.

[8] Li, T., J. M. Corchado, S. Sun, J. Bajo. Clustering for filtering: Multi – object detection and estimation using multiple/massive sensors [J]. *Information Sciences*, Vol. 388, pp. 172 – 190, 2017.

[9] Gravina, R., P. Alinia, H. Ghasemzadeh, G. Fortino. Multi – sensor fusion in body sensor networks: State – of – the – art and research challenges[J]. *Information Fusion*, Vol. 35, pp. 68 – 80, 2017.

[10] Xiong, Z., A. D. Livens, S. Cheng. Distributed source coding for sensor networks[J]. *IEEE signal processing magazine*, Vol. 21, No. 5, pp. 80 – 94, 2004.

[11] Garcia – Frias, J., Z. Xiong. Distributed source and joint source – channel coding: from theory to practice[C]. *IEEE Acoustics, Speech, and Signal Processing Conference (ICASSP)*, 2005.

[12] Hill, J., M. Horton, R. Kling, L. Krishnamurthy. The platforms enabling wireless sensor networks[J]. *ACM Communications*, Vol. 47, No. 6, pp. 41 – 46, 2004.

[13] Cricket v2 User Manual, Cambridge, Lab, MIT Computer Science & Artificial Intelligence, 2005.

[14] Rowe, A., R. Mangharam, R. Rajkumar. FireFly: A Time Synchronized Real – Time Sensor Networking Platform[J]. *Wireless Ad Hoc Networking: Personal – Area Local – Area, and the Sensory – Area Networks*, Auerbach Publications, Boca Raton, FL, 2006.

[15] Mangharam, R., A. Rowe, R. Rajkumar. FireFly: A Cross – Layer Platform for Wireless Sensor Networks[J]. *Real Time Systems Journal*, *Special Issue on Real – Time Wireless Sensor Networks*, Vol. 37, No. 3, pp. 181 – 231, 2007.

[16] Bergen T., Z. Zhang. On the CEO problem[J]. *IEEE International Symposium Information*

Theory (ISIT), 1994.

[17] Oohama, Y. Indirect and Direct Gaussian Distributed Source Coding Problems[J]. *IEEE Transactions on Information Theory*, Vol. 60, No. 12, pp. 7506 – 7539, 2014.

[18] Slepian, D., J. Wolf. Noiseless coding of correlated information sources[J]. *IEEE Transactions on Information Theory*, Vol. 19, No. 4, pp. 471 – 408, 1973.

[19] Livens, A., Z. Xiong, C. Georghiades. Compression of binary sources with side information at the decoder using LDPC codes[J]. *IEEE Communication Letters*, Vol. 6, No. 10, pp. 440 – 442, 2002.

[20] Wyner, A., J. Ziv. The rate – distortion function for source coding with side information at the decoder[J]. *IEEE Transactions on Information Theory*, Vol. 22, No. 1, pp. 1 – 10, 1976.

[21] Li, Y. Distributed coding for cooperative wireless networks: An overview and recent advances [J]. *IEEE Communication Magazine*, Vol. 47, No. 8, pp. 71 – 77, 2009.

[22] Breton, M., B. Kovatchev. Analysis, Modeling, and Simulation of the Accuracy of Continuous Glucose Sensors [J]. *Journal of Diabetes Science Technology*, Vol. 2, No. 5, pp. 835 – 862, 2008.

[23] Petrosyants, K., N. I. Rjabov. Temperature sensors modeling for smart power ICs[C]. *The 27th Annual Semiconductor Thermal Measurement and Management Symposium (SEMI – THERM)*, 2011.

[24] Robins, P., V. Rapley, P. Thomas. A review of wireless SAW sensors[J]. *IEEE Transactions on Ultrasonics, Ferroelectrics, and Frequency Cantrol*, Vol. 47, No. 2, pp. 317 – 332, 2000.

[25] Mendis, C., A. Skvortsov, A. Gunatilaka, S. Karunasekera. Performance of Wireless Chemical Sensor Network with Dynamic Collaboration[J]. *IEEE Sensors Journal*, Vol. 12, No. 8, pp. 2630 – 2637, 2012.

[26] Tigli, O., M. Zaghloul. Surface acoustic wave SAW biosensors[C]. *The 53rd IEEE International Midwest Symposium on Circuits and Systems (MWSCAS)*, 2010.

[27] Hovakeemian, Y., K. Naik, A. Nayak. A survey on dependability in Body Area Networks[C]. *The 5th International Symposium on Medical Information Communication Technology (IS-MICT)*, 2011.

[28] Bylanski, P. PCM A – Law decoder using a circulating method[J]. *Electronics Letters*, Vol. 12, No. 2, pp. 57 – 58, 1976.

[29] Gray, R. Vector quantization[J]. *IEEE ASSP Magazine*, Vol. 1, No. 2, pp. 4 – 29, 1984.

[30] Bylanski, P. Signal – processing operations on A – Law companded speech[J]. *Electronics Letters*, Vol. 15, No. 12, pp. 697 – 698, 1979.

[31] Dvorsky, P., J. Londak, O. Labaj, P. Podhradsky. Comparison of codecs for video conferencing service in NGN[J]. *ELMAR*, 2012.

[32] Linde, Y., A. Buzo, R. Gray. An Algorithm for Vector Quantizer Design[J]. *Transactions on Communications*, Vol. 28, No. 1, pp. 84 – 95, 1980.

[33] Gray, R. , D. Neuhoff. Quantization[J]. *IEEE Transactions on Information Theory*, Vol. 44, No. 6, pp. 2325 – 2383, 1998.

[34] Krusevac, Z. , P. Rapajic, and R. Kennedy, "Concept of time varying binary symmetric model-channel uncertainty modeling," in *International Conference on Communications Systems* (ICCS), 2004.

[35] Aaron, A. , B. Girod. Compression with side information using turbo codes[J]. *Data Compression Conference* (DCC), 2002.

[36] Garcia – Frias, J. , Y. Zhao. Compression of binary memoryless sources using punctured turbo codes[J]. *IEEE Communication Letters*, Vol. 6, No. 9, pp. 394 – 396, 2002.

[37] Livens, A. , Z. Xiong, C. Georghiades. Distributed compression of binary sources using conventional parallel and serial concatenated convolutional codes[C]. *Data Compression Conference* (DCC), 2003.

[38] Tu, Z. , J. Li, R. Blum. Compression of a binary source with side information using parallelly concatenated convolutional codes[C]. *IEEE Global Telecommunications Conference* (GLOBECOM), 2004.

[39] He, X. , X. Zhou, M. Juntti, T. Matsumoto. A Rate – Distortion Region Analysis for a Binary CEO Problem [C]. *IEEE 83rd Vehicular Technology Conference* (VTC Spring), Nanjing, 2016.

[40] Bergen T. , Z. Zhang, H. Viswanathan. The CEO problem [multiterminal source coding][J]. *IEEE Transactions on Information Theory*, Vol. 42, No. 3, pp. 887 – 902, 1996.

[41] Tung, S. Y. Multiterminal source coding[D]. PhD. dissertation, School of Electrical Engineering, Cornell University, Ithaca, NY, 1998.

[42] Viswanathan, H. , T. Bergen. The quadratic Gaussian CEO problem[J]. 1997 *IEEE Transactions on Information Theory*, Vol. 43, No. 5, pp. 1549 – 1559, 1997.

[43] Chen, J. , X. Zhang, T. Bergen, S. Wicker. An upper bound on the sum – rate distortion function and its corresponding rate allocation schemes for the CEO problem[J]. *IEEE Journal Selected Areas Communication*, Vol. 22, No. 6, pp. 977 – 987, 2004.

[44] Courtade, T. A. Outer Bounds for Multiterminal Source Coding based on Maximal Correlation [C]. *CoRR*, 2013.

[45] Yang, Y. , Y. Zhang, Z. Xiong. On the Sum – Rate Loss of Quadratic Gaussian Multiterminal Source Coding[J]. *IEEE Transactions on Information Theory*, Vol. 57, No. 9, pp. 5588 – 5614, 2011.

[46] Yang, Y. , Y. Zhang, Z. Xiong. The generalized quadratic Gaussian CEO problem: New cases with tight rate region and applications [C]. *IEEE International Symposium on Information Theory Proceedings* (ISIT), 2010.

[47] Yang, Y. , Z. Xiong, Gaussian Multiterminal, The Sum – Rate Source Coding Bound for a New Class of Quadratic Problems[J]. *IEEE Transactions on Information Theory*, Vol. 58, No. 2,

pp. 693 – 707,2012.

[48] Yang,Y. ,Z. Xiong. On the Generalized Gaussian CEO Problem[J]. *IEEE Transactions on Information Theory*,Vol. 58,No. 6,pp. 3350 – 3372,2012.

[49] Chen,J. ,T. Berger. Robust Distributed Source Coding[J]. *IEEE Transactions on Information Theory*,Vol. 54,No. 8,pp. 3385 – 3398,2008.

[50] Tavildar,S. ,P. Viswanath. On the Sum – rate of the Vector Gaussian CEO Problem[C]. *The thirty – ninth Asilomar Conference on Signals,Systems and Computers*,2005.

[51] Zhang,G. ,W. Kleijn. Bounding the Rate Region of the Two – Terminal Vector Gaussian CEO Problem[J]. *Data Compression Conference (DCC)*,2011.

[52] Lin,S. – C. ,H. – J. Su. Vector Wyner – Ziv coding for vector Gaussian CEO problem[C]. *The 41st Annual Conference on Information Sciences and Systems(CISS)*,2007.

[53] Chen,J. ,J. Wang. On the vector Gaussian CEO problem[C]. *IEEE International Symposium Information Theory (ISIT)*,2011.

[54] X. He,et al. A Lower Bound Analysis of Hamming Distortion for a Binary CEO Problem With Joint Source – Channel Coding[J]. *IEEE Transactions on Communications*,Vol. 64,No. 1, pp. 343 – 353,2016.

[55] Razi,A. ,K. Yasami,A. Abedi. On Minimum Number of Wireless Sensors Required for Reliable Binary Source Estimation[J]. *IEEE Wireless Communication and Networking Conference (WCNC)*,2011.

[56] Del Ser,J. ,J. Garcia – Frias,P. Crespo. Iterative concatenated Zigzag decoding and blind data fusion of correlated sensors[C]. *International Conference on Ultra Modern Telecommunications Workshops (ICUMT)*,2009.

[57] Zhong,W. ,J. Garcia – Frias. Combining data fusion with joint source – channel coding of correlated sensors[J]. *IEEE Information Theory Workshop (ITW)*,2004.

[58] Pradhan,S. ,K. Ramchandran. Distributed source coding using syndromes (DISCUS):design and construction[C]. *Data Compression Conference (DCC)*,1999.

[59] Qaisar,S. ,H. Radha. Multipath multi – stream distributed reliable video delivery in Wireless Sensor Networks [C]. *The 43th Annual Conference Information Sciences systems (CISS)*,2009.

[60] Esnaola,L,J. Garcia – Frias. Analysis and optimization of distributed linear coding of Gaussian sources[C]. *The 43th Annual Coference Information Sciences Systems (CISS)*,2009.

[61] Bajcsy,J. ,P. Mitran. Coding for the Slepian – Wolfproblem with turbo codes[C]. *IEEE Global Telecommunications Conference (GLOBECOM)*, 2001.

[62] Valenti,M. ,B. Zhao. Distributed turbo codes:towards the capacity of the relay channel[C]. *The 58th IEEE Vehicular Technology Conference (VTC)*,2003.

[63] Daneshgaran, F, M. Laddomada, M. Mondin. Iterative joint channel decoding of correlated sources[J]. *IEEE Transactions on Wireless Communication*, Vol. 5, No. 10, pp. 2659 –

2663,2006.

[64] Garcia – Frias, J. , Y. Zhao, W. Zhong. Turb6 – Like Codes for Transmission of Correlated Sources over Noisy Channels[J]. *IEEE Signal Processing Magazine*, Vol. 24, No. 5, pp. 58 – 66,2007.

[65] Livens, A. , Z. Xiong, C. Georghiades. A distributed source coding technique for correlated images using turbo – codes[J]. *IEEE Communications Letters*, Vol. 6, No. 9, pp. 379 – 381,2002.

[66] Stankovic, V. , A. Livens, Z. Xiong, C. Georghiades. On code design for the Slepian – Wolf problem and lossless multiterminal networks[J]. *IEEE Transactions on Information Theory*, Vol. 52, No. 4, pp. 1495 – 1507,2006.

[67] Hernaez, M. , P. Crespo, J. Del Ser, J. Garcia – Frias. Serially – concatenated LDGM codes for correlated sources over gaussian broadcast channels [J]. *IEEE Communication Letters*, Vol. 13, No. 10, pp. 788 – 790,2009.

[68] Stefanovic, C. , D. Vukobratovic, V. Stankovic. On distributed LDGM and LDPC code design for networked systems[J]. *IEEE Information Theory Workshop (ITW)*,2009.

[69] Sartipi, M. , F. Fekri. Source and channel coding in wireless sensor networks using LDPC codes [C]. *IEEE Conference Sensor and Ad Hoc Communication and Networks (SECON)*,2004.

[70] Yedla, A correlatedH. Pfister, KNarayanan. Can iterative decoding for erasure correlated sources be universal? [C]. *The 47th Annual Allerton Conference Communication*, *Control*, *and Computing*,2009.

[71] Haghighat, J. , H. Behroozi, D. Plant. Joint decoding and data fusion in wireless the sensor networks using turbo codes[C]. *The 19th IEEE International Symposium Personal*, *Indoor and Mobile Radio Communication (PIMRC)*,2008.

[72] Garcia – Frias, J. Joint source – channel decoding of correlated sources over noisy channels[C]. *Data Compression Conference (DCC)*,2001.

[73] Razi, A. , F. Afghah, A. Abedi. Binary source estimation using two – tiered sensor network[J]. *IEEE Communication Letter*, Vol. 5, No. 4, pp. 449 – 451,2011.

[74] Razi, A. , A. Abedi. Distributed Coding of Sources with Unknown Correlation Parameter[C]. *International Conference Wireless Networking (ICWN)*, Las Vegas,2010.

[75] Ghaffar, R. , R. Knopp. Analysis of Low Complexity Max Log MAP Detector and MMSE Detector for Interference Suppression in Correlated Fading[C]. *IEEE Global Telecommunications Conference*,(*GLOBECOM*),2009.

[76] Razi, A. Distributed Adaptive Algorithm Design For Joint Data Compression And Coding In Dynamic Wireless Sensor Networks[D]. PhD Thesis, University of Maine,2013.

[77] Livens, A. , Z. Xiong, C. Georghiades. Joint source – channel coding of binary sources with side information at the decoder using IRA codes[J]. *IEEE Workshop Multimedia Signal Processing*,2002.

[78] Haghighat, J. , H. Behroozi, D Plant. Iterative joint decoding for sensor networks with binary

CEO model[C]. *The 9th IEEE Workshop Signal Processing Advances in Wireless Communication (SPAWC)*, 2008.

[79] Gunduz, D., E. Erkip, A. Goldsmith, H. Poor. Source and Channel Coding for Correlated Sources Over Multiuser Channels [J]. *IEEE Transactions on Information Theory*, Vol. 55, No. 9, pp. 3924 – 3944, 2009.

[80] Maunder, R., et al. On the Performance and Complexity of Iular Variable Length Codes for Near – Capacity Joint Source and Channel Coding[J]. *Transactions on Wireless Communication*, Vol. 7, No. 4, pp. 1338 – 1347, 2008.

[81] Brink, S. Convergence behavior of iteratively decoded parallel concatenated codes[J]. *Transactions on Communication*, Vol. 49, No. 10, pp. 1727 – 1737, 2001.

[82] Razi, A., A. Abedi. Adaptive Bi – modal Decoder for Binary Source Estimation with Two Observers [C]. *The 46th Annual Conference Information Science Systems (CISS)*, Princeton, 2012.

[83] Razi, A., A. Abedi. Convergence Analysis of Iterative Decoding for Binary CEO Problem[J]. *IEEE Transactions on Wireless Communications*, Vol. 13, No. 5, pp. 2944 – 2954, 2014.

[84] Wiberg, N., H. – A. Loeliger, R. Kotter. Codes and iterative decoding on general graphs[C]. *IEEE International Symposium Information Theory (ISIT)*, 1995.

[85] Razi, A., F. Afghah, A. Abedi. Power Optimized DSTBC Assisted DMF Relaying in Wireless Sensor Network with Redundant Super nodes[J]. *IEEE Transactions on Wireless Communications*, Vol 12, No. 2, pp. 636 – 645, 2013.

第9章
水下无线传感器系统

水覆盖了地球表面超过71%的面积,并隐藏着下面所有的宝藏。尽管水会引发威胁人类生命的风暴和巨浪,但它也蕴藏着丰富的未开发资源,可以创造出新的工业模式,使智能传感器技术的应用成为可能。因此,本章对水下无线传感器网络潜在的应用机会、技术发展和设计方面提出新的分析观点。

9.1 引 言

水下环境具有独特的性质和特征,展示了其自身独有的演化性质。因此,为了激活新的产业动力,需要探索几个基本的应用挑战。一是了解水这种传播媒介及其性质。二是分析抵御暴风雨水域的能力以及在更好地利用巨大的未开发的水下资源方面渗透和控制媒介的技术能力。

传统意义上,海洋作为航运水道,主要用于运输和贸易,但同时我们也为科学和人道主义目的研究其相关性质。随着新兴采矿业的扩张和新的地理挖掘的出现以及水下智能传感器应用的进步正在引发新的发现,使新的水下无线传感器网络(Underwater Wireless Sensor Network,UWSN)项目成为可能。一个例子是经典的传统声学技术,它在过去几十年一直主导着水下开发市场。传统的传感器和相关设备体积庞大,并且价格昂贵,在自由市场竞争有限。然而,最新的PZT和MEMS技术正在使UWSN新的解决方案既具有通用性又令人兴奋。因此,本章在讨论即将到来的渐进式技术开发平台和许多典型的、系统级的解决方案的同时,进行设计演示。

我们应抓住市场机遇,开发UWSN技术,同时建立新的、可能的工业模式,发展新的趋势,为未来更重要的先进工业和人道主义应用拓展研究领域。在人类能够可靠控制的情况下,UWSN灾害控制可以在预防性援助方面提供许多新的可能。这些方面目前都没有实现,因为这些发展需要新的或重组的适当组织、国家和人类活动家的响应和支持,协同实施组织、管理和监测。在工业化大发展的情况下,需要一种新的全面负责的管理方法,即各行业负责清理现有的混乱和水域滥用,并通过配备适当的先进产品展示创新能力,以保证所有松散环节都是受控和封闭的,防止任何潜在的副作用危及未来地球上的生活质量。

本章安排如下。本节介绍对 UWSN 急需的领域,包括灾难技术管理等。9.2 节讨论 UWSN 部署中最具挑战性的部分,即水下传播的技术发展。9.3 节简要介绍能源消耗问题。9.4 节分析 UWSN 的遥感和遥控方面联网的理解。9.5 节介绍智能传感器和超宽带网络为浅水和深水环境开辟应用领域的新机遇。9.6 节讨论水下石油和天然气行业作为超宽带网络蓬勃发展的市场的挑战性案例。

9.1.1 技术管理

解决"技术管理"问题的最佳方法是观察对环境的感知和应用技术的方式。由于缺乏对自然的科学认知,大多数古代文明在风暴和洪水过后,都急于供养日益增长的人口,因为他们相信无形的神才是自然灾害的根源。

洪水一直是低洼海岸地区夺去生命的自然灾害之首,在欧洲也很常见。荷兰低地一直是洪涝灾害多发区,因此灾害管理非常紧张。在通常情况下,灾难的发生促进了保护性防御系统的改进。例如,荷兰的防灾系统主要是为了控制洪水。1916 年的洪水促成了大坝的修建,1953 年的洪水灾害(超过 1800 人死亡)促成了三角洲保护区工程[1]。

如今,智能传感器已经展示出其作为灾害管理从预测到预防和运行的诸多方面具有的最有效的核心技术能力,这对于拯救生命来说显得极其重要(这种拯救生命的管理确保了这项技术发挥其最佳功能,并与包括私人志愿者和当局公务员在内的所有有关各方进行管理和协调)。

由于存在损失生命财产的可能,重大自然灾害管理技术正成为首要任务。建立适当的技术基础设施是一项明确目标的管理任务,如果没有这些目标,就很难保护生命,特别是那些可能因这一事件而感到痛苦和恐惧的老人和儿童。在技术管理方面,重点是要认识到如果没有充分掌握所有权的基本功能,就毫无用处,并且往往会适得其反。

正如人们所说,技术是一把双刃剑。如果由于缺乏协调和管理操作的能力,就会防碍技术运行。这就是为什么缺乏新技术的国家不应该在没有适当准备和充分建立该行动所需的基础设施的情况下匆忙采用这些技术。

在沿海灾害的情况下,安装超宽带卫星网络需要适当的技术选择、适当的战术管理程序以及对环境的清晰了解。即使采用最好的技术,一个平稳的、控制良好的行动在拯救生命和经济方面远比在最后一分钟匆忙地进行一次紧张、绝望的撤离要有效得多。因此,我们建议地方负责机构通过分阶段的操作步骤(图

9.1)进行长期准备。

现在,如果要建立最适合该地区的综合灾害预警和管理系统,一旦作出至关重要的决定,有一系列传感器可用于正确的技术解决方案。在第 7 章中提出了一种基于传感器启动的动态预警系统(Dynamic Early Warning System,DEWS),作为一种工具帮助人们在正常情况下保持平静的生活以及在灾难发生时拯救生命和物资。然而,归根结底,在面对灾难冲击的同时,取决于管理人员的管理技能和准备好的同步操作流程的有效性。

采用一种新的技术来配合救生作业需要一个平稳控制的阶段性管理。如图 9.1 所示,分为五个阶段:技术、区域、设计、部署、运行。每个阶段都有两个互补的动作。在第一阶段,DEWS 代表选择合适的 UWSN 技术,其中,对该技术的基本理解考虑到了依赖性、可靠性和易操作性。人们应该意识到,对于每一种情况来说,新的或正在开发的技术并不一定意味着"最好的"。这项决定还需要对第二阶段的应用区域有很好的了解。有效区域统计密度图对于专业设计是必不可少的,其中包括在试点设置的后续部署阶段中使用正确配置的行动序列计划。在第四阶段安装部署之后,需要在运行阶段进行一些测试,然后才能确认标记系统准备使用。

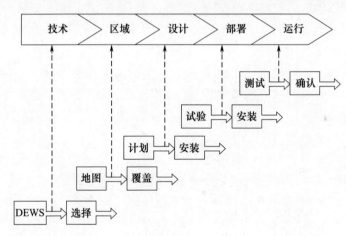

图 9.1 在易受灾地区选择、准备和采用新技术的顺序

9.1.2 洪水中人类的不稳定

由于洪水有可能造成生命财产损失,特别是对老人和儿童而言,因此需要预警警报,使处于高风险地区的人们提前做好行动准备,并为老人孩子提出建议。这样的警告应该考虑到人们通常会高估自己抵抗洪水和风暴、雨和噪声的能力。这种抵御危险的高估对缺乏经验的人和受惊的老人和孩子来说尤其危险,他们忘记了隐藏物体和误判水位的可能性。

在文献中的许多模型中,我们看到一个测量个体抵抗力 R 与洪水冲击力 F 的模型。洪水冲击力是一个预测性的统计数字,平均值 $F = h \cdot v$。其中 h 是洪水的估计高度,v 是其运行速度。F 的测量单位为 m^2/s,如果在 R 的估算中考虑强制水的非有效宽度,则 F 很容易换算成 kg/s。被困人员的质量 m 对其安全通过起主要作用。在建立 R 的模型时,也可以考虑高度 H。

R 有两种模型,一种不包括高度,表示为

$$R_1 = 0.1\sqrt{m} \tag{9.1}$$

另一种包括高度,表示为

$$R_2 = 0.929 \, (e^{0.001906 \cdot H \cdot m + 1.09})^2 \tag{9.2}$$

图 9.2 显示了这两个模型相对于一个人体重的变化,其中对于 R_2 来说,身高 H 起着重要作用。如图 9.2(最下面的曲线)所示,R_1 表示对更糟情况的看法相当悲观,警告说没有人可以安全地涉过汹涌的洪水,但 R_2 给出了那些可能能够跑到更安全地点并能够帮助老人和小孩等其他人的更现实的看法。也就是说,在合理和有指导的救援条件下,$F = 0.5 m^2/s$ 的洪水强度被认为可以安全跳过短距离的洪水。

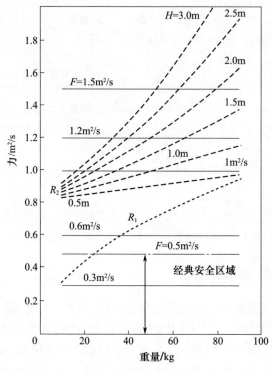

图 9.2 洪水对不同重量的作用力及其安全裕度

值得一提的是,经验模型 R_2 是由 Abt[2] 等人利用一些复杂的实验开发出来的。有望更有效地用于沿海灾害引发的洪涝灾害。如图 9.2 所示,模型 R_1 警告,任何小于 25kg 的人都有可能受到典型的 $0.5m^2/s$ 洪水冲击力的影响。然而,模型 R_2 提供了更高的风险边际,这样每个人都可以安全地应对高达 $0.75m^2/s$ 的洪水,但低于 0.5m 的人(儿童)仍然会受到 $1m^2/s$ 洪水冲击的风险。我们也不应忘记,流经沿海城市或工业区的洪水携带着大量的野生物体和残骸,在这种极端条件下,没有人是 100% 安全的。

9.1.3 浅水地震

更糟糕的情况是在离大城市不远的沿海地区发生地震。尽管任何自然灾害的每一个部分都是可怕的,我们常常感到无力控制它,但最危险的部分是穿过居住区的狂暴而凶猛的洪水,这对未成年人造成了最具破坏性的影响。正如 Jonkman[1] 的工作所述,洪涝灾害的受害者中有 22% 是 10 岁以下的儿童,超过 1/3 的受害者年龄在 20 岁以下。这会给人们留下长期的遗憾和悲痛,对社会造成进一步的伤痕。例如,在 20 世纪最后七年中,沿海洪涝灾害造成了 50 多万人死亡,其中孟加拉国占了近 90%[1]。重点考虑以下灾难参数。

飓风:已经建立了灾害模型来估计这些暴风雨的强度。①风模型根据参数化的风廓线来估计风暴风场;②风暴表面风和气压的风暴潮模型对海岸水深和地形敏感度;③由于时空变化大,很难对降雨量建模。使用当地天气预报模型可予以简化[3]①。

海啸:由于大规模海床位移(地震)而产生的冲击性海浪。当进入海岸时,海啸波阵面"海潮"可以形成 30m 或更高的海浪,扫向附近的浅滩达数千米远。另一项工作与东日本大地震引发的海啸有关。日本以其几乎每天都发生地震而闻名,这是一个狭窄的岛屿,毗邻地壳板块运动的最大海洋(见第 10 章),它本应为此类灾难做出更好的准备。海啸很难预测,原因如下。

(1) 两次大地震的震源组合使人们很难预测震级,即 9.0MW 的瞬间震级;因此,这使每个人都感到非常突然;

(2) 由于海底地形复杂,它在海洋中行进时无法被探测到;

(3) 该地区独特的构造剖面(许多小岛反射和扭曲地震波)增加了探测的模糊性;

(4) 传统的预防设计系统是根据海啸式的洪水高度来设置的,因此大多数建筑物都被放置在 4m 高,而核反应堆则被放置在 12m 高。

---

① 降雨模型不在本书的讨论范围之内。

后来人们认识到,建筑设计本应更具动态性和增强性,以处理以下五个参数:海啸高度、海啸速度、洪水深度、洪水高度和上升高度,如图 9.3 所示。图 9.4 显示了受海啸影响的地区[4]。

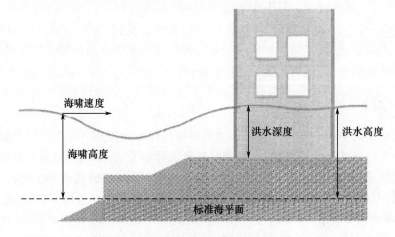

图9.3　海啸事故的洪水抬高模型[4]

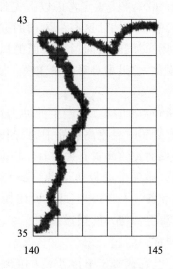

图9.4　受海啸影响的地区[4]

然而,日本已展示出一种独特的应对能力,通过建立其抗灾能力将损失降至最低。建立任何防灾设施都需要利用时间、培训、法规和正确的技术进行基础设施开发。日本的预警系统防止了更多人的死亡。通过在电视、广播和移动电话网络上检测地震活动和广播警报,使人们能够将影响降到最低[5]。

在许多情况下,使用机器人技术是一种救命稻草。事实上,日本先进的机器人技术在福岛第一核电站(NPP)的特例中得到了证明,机器人被用于该核电站处理放射性设备,并在废墟和半坍塌区域进行探测[4]。

9.2 水下传播技术

本节对 UWSN 的关键技术进行概要分析,以确定那些需要紧急研发的技术。这一点至关重要,因为水下世界是一个极端环境,有着巨大的、潜在的、新的应用机遇,这将促使我们在未来找到智能传感器和无线传感器网络技术领域的新发现。

在勘探领域,将强调经典超宽带网络具有的广泛覆盖范围以及那些利用已经成熟的声学技术作为水声网络(Underwater Acoustic Network,UAN)的超宽带网络。UAN 有时会扩展到使用传感器和执行器以外,包括用于语音和其他电信服务的通用水下通信,称之为水声传感器网络(Underwater Acoustic Sensor Network,UASN),以帮助有人驾驶的平台和车辆进行直接通信,并通过水声通道连接传感器和其他设备。

尽管水下探测为快速发展的传感器应用开辟了独特的商业和工业机会,但我们认为不太需要群集式的智能传感器网络。孤立的传感器、集群、捆绑包、平台和小规模的 UWSN 系统非常有用,它们连接着使用代理式技术的分散集群,称之为远程操作的连接。为了加强对偏远地区的访问,大多数商业和长期项目都使用平台,如 9.4 节所述。大多数自主水下航行器(Autonomous Underwater Vehicle,AUV)①包含了一系列传感器、通信设备和相关设备,用于在遥远的海洋水域进行特殊作业。

一般来说,智能传感器需要三种基本但关键的技术能力来构建 UWSN:①通信,通常是无线的,一般具有向感兴趣的点渗透的自组织式互连能力;②轻量级智能计算,以实现自主权、内务工作、自我维护、任务说服、质量控制,通常具有某种性能优化;③能源独立性,作为一种能力,能够在满负荷运行的同时,长久支持耗电通信和计算,而不是短期的电池或其他电力设备。低能耗智能传感器通常以最低能耗运行,以实现低成本的大众市场定位,但不适用于水下智能传感器。

在通信方面,首先看一看在水中常见的声波传播技术。尽管声学是远距离水声的一个很好的匹配,但它有一个基本的缺陷,即低频载波意味着低带宽和大延迟。然后,研究其他通信方法,并检验他们是否适合用作水下环境的替代技术。

---

① 现在机器人工业中使用了许多缩写,这可能会在人的头脑中产生混淆。为了简化术语的使用,我们将本书统一为两个主要缩写:①UAV 代表无人驾驶飞机/飞行器的无人机;②AUV 代表自主水下机器人。

在计算方面,简要介绍了对于灵活的高级 UWSN 应用而言,自主能力有限的智能传感器内部处理需求。在感知、集群、网关和网络的不同层次上,很容易看到大量细微但重要的过程,但需要添加到这些过程中,以使它们在设计可行的新产品时更有效。在安全性和可持续性方面,建立信任对于诸如 AUV 这样的遥控飞行器是至关重要的。这些能力中的一部分已经得到了概括,并且已经结合第 7 章中的覆盖功能进行了讨论。在本章中,讨论智能传感器的能量方面及其在 UWSN 中的应用,在第 11 章中将继续讨论这部分内容。

现在,为了在 UWSN 中可视化使用智能传感器的这些功能和其他技术应用,为典型应用提供了两套技术规范。表 9-1 用于勘探和工业应用,表 9-2 用于生境应用。

表 9-1 用于勘探和工业应用的超宽带无线网络技术规范

用途	环境	深度	感知	通信方式	网络	大小
工业勘测(水体)	河流、海洋	m ~ km	T,S,P,D	声学	4D	小
工业勘测(海床)	海洋	1km ~ 10km	扫描	声学	3D	小
管道及管线	水池 河流 海洋	m ~ km	Vib 泄漏 定位	射频 及 声学	2D 3D 4D	小
渔业	池塘 河流 近海岸	m ~ km	T,pH,N, NH,Tur, O_2,L 等	射频 射频 声学	1D 2D 3D	小 及 大

表 9-2 用于生境应用的 UWSN 技术规范

用途	环境	深度	感知	通信方式	网络	大小
水质 (人造)	游泳池 水库	m	T,S,P,D, L,O_2,N,EC, NO_3,pH	射频 声学 射频	4D	小
水质 (自然)	河流 湖泊 海岸	m ~ km	Tur,pH, T,O_2,EC,等	射频 声学	2D 3D 4D	大
海洋生物	河流 湖泊 海岸	m ~ km	T,P,S,V	声学	3D 4D	小 大
海洋生物	深浅水域	m ~ km	T,P,S,V, Tur,L, photo 等	射频 声学	3D	小 大
海洋生物	海洋	km	T,P,S,V, Tur,L, photo 等	声学	3D	小

表9-1和表9-2的"感知"栏中使用的缩写定义如下:D=深度,EC=电导率,L=水位,O_2=氧气,Photo=光,P=压力,pH=酸碱度,S=盐度,T=温度,Tur=浊度,V=速度,Vib=振动。

9.2.1 声传播技术

目前应用的传统型水下系统利用声学技术,遵循达芬奇的概念,即通过水体聆听声音的回声。

由于水体仍然相同,连通性的好坏主要取决于通信距离和单位距离内信号损失这两个主要因素,这意味着无论发现什么样的技术,由于应用的规模之大,任何一项拟采用的技术都将具有巨大的成功潜力。现在,使用声学技术作为水下通信的实际无线选择,因为它是用于UWSN应用的。在9.2.2小节中将简要讨论其他可替代的传播方法。

对于通过水下环境从发射机"A"到接收机"B"的信号的基本传输,关键是在这两点之间建立链路。链路由几个复杂的重要分量组成,通常称为多径。根据周围环境和接收器接收这些信号的能力差异,不同位置的多径可能有很大不同。如果设备A和B被安装固定在周边环境稳定的位置,那么多路径分量保持不变,并且容易接收到清晰的数据。但是,由于这些信号的运动或周边环境的快速变化,接收信号的连续可变相位分量具有可变强度,通常称为衰落。例如,在图9.5中,有一个简化的多径传播模型,其中在直接路径的顶部有两组额外的反射信号,一组来自水面,另一组来自水底,共同组成三组不同的多径接收。在许多情况下,为处理多径接收的衰落问题,更强的信号接收将有助于提高通信能力(即更长的距离)。但对于深水和远距离信号,数据接收完全依赖于直接路径,从而导致数据能量较弱,因此距离较短。

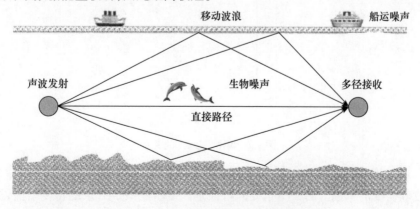

图9.5 水下多径传播的三射线模型

在设计 UASN 时,必须考虑 4 个部分相关的影响参数:速度、损耗、传播环境、延迟。

由于声波在水中是基于微机械波原理传播的,能量传递会伴随产生一些分子级的振动,从而产生两种互补效应。第一种效应是介质的温度控制传播速度;第二种效应是它将部分声波行波能量消耗成所谓的吸收损耗。

为了建立一个传输速度模型,至少需要考虑三个有效的相关变量,即温度、深度和盐度。

实际上,海洋中的分层和深海水温是由称为温跃层的自然现象控制的。随着海水深度的增加,在离水面不远的地方,温度开始下降,在热带和温暖的陆地环境中下降的速度比在较冷的气候环境中更快。随着深度继续下降,温度会达到摄氏几度,这种下降还在继续。在冰冻水域,温度先升高,然后再下降,以适应普通地区深水的温度。图 9.6 显示了一条简化线,表示三个主要的水下温跃层,称为超深(1700m 以下)、中纬度(500~1700m)和地表下高度变化的季节纬度(500m 以上)[6]。

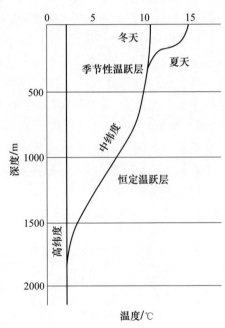

图 9.6 温度与水深的关系

也就是说,可以利用温跃层控制的水温变化来估计传播速度的变化,即考虑温度和盐度的不同。另一个重要的特性是深度,在深水中,水的密度增加,提高了传播速度。使用分量的累计模型,有以下速度模型:

$$\text{Speed}(T,D,S) = \text{Speed}(T) + \text{Speed}(D) + \text{Speed}(S,T) \quad (9.3)$$

其中，Speed(T) 为速度的温度分量，Speed(D) 为速度的深度分量，也称为压力分量，Speed(S,T) 为速度的盐度分量，具有以下值：

$$\text{Speed}(T) = 1449.05 + 4.57 \cdot T - 0.05 \cdot T^2 + 0.00023 \cdot T^3 \quad (9.4)$$

$$\text{Speed}(D) = 16.3 \cdot D + 0.18 \cdot D^2 \quad (9.5)$$

$$\text{Speed}(S,T) = (S - 35) \cdot (1.333 - 0.0126 \cdot T + 0.0009 \cdot T^2) \quad (9.6)$$

式中：波速单位为 km/s，T 是水温，单位为℃；D 是测量点深度，单位为 km；S 代表水的盐度，单位为 ppt[7]。

在图 9.7 中，可以看到有三个由左侧速度剖面梯度控制的声线传播区域：①离开位于负梯度区域的上发射器发射的三条射线集的传播路径不断地向中间弯曲（顺时针方向）；②中间的一条射线位于最小值速度区域，并被捕获在由原始传输角（也称为声波定位与测距（SOund Fixing And Ranging，SOFAR）通道决定的小区域内上下波动；③离开位于正梯度区域的较低发射机发射的三条射线集的传播路径不断向中间弯曲（逆时针方向）[8]。

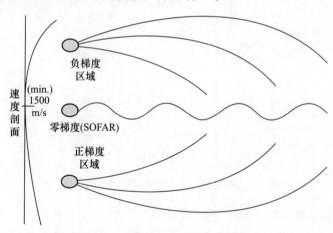

图 9.7　弯曲传播的三个主要区域
（上负梯度区域使光线连续改变其方向（顺时针），中底面光线，
下正梯度区域使光线连续改变其方向（逆时针）)

如图 9.7 所示，最小速度海洋水层，也被称为 SOFAR 通道，科学上称为恒温层，用于携带可用于特殊信号（如使用全面禁止核试验条约组织（禁核试组织）信号）的远距离直达的特殊信号国际监测系统（International Monitoring System，IMS）频率信号。与地震、次声波、放射性核素和水声传感器的全球网络连接，其中国际监测系统水声部分的使用，部署在 SOFAR 通道浮标下方的水听器上，通过提供能量和数据连接的电缆与岸站连接。通常的通信是以 100bit/s 的速度在

1000km 范围内进行[9]。

为了估计声辐射线的路径损耗,通常使用一些依赖于自然频率的模型。图9.8显示了相对于任何载波频率的吸收率(单位:dB/km),这是窄带信号的一个很好的近似值。在不详细说明的情况下,给出了与深度相关的水下吸收率的图形值,其中所有曲线的上包络线应用于设计目的[10]。

图9.8显示了六条吸收曲线。吸收能量的主要基线是地震性质的剪切黏度线。然后,在理论剪切黏度上再加上4.67dB/km的位移,得到在实际中观察到的新的吸收率平行线结构。

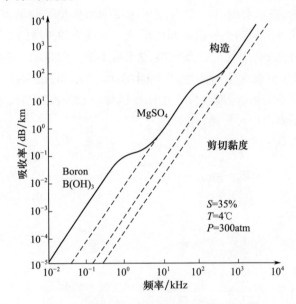

图9.8　根据载波信号频率改变吸收损耗率

当低频吸收率急剧下降时,两个新的成分似乎变得不可忽略。对于较低频率,由于分子弛豫现象,深水的一种特殊自然性质,即硫酸镁和硼酸,变得有效,分别在低于1kHz和60kHz的所有频率的声波信号中增加了10dB/km的额外吸收损耗。包络线的经验曲线可由以下公式给出:

$$a(f) = \frac{0.1 \cdot f^2}{1+f^2} + \frac{40 \cdot f^2}{400+f^2} + 2.75 \cdot 10^{-4}f^2 + 0.003 \quad (9.7)$$

最后,为了简化设计,在图9.8中添加了一个线性近似吸收率曲线,可用于快速判断和现场工程。

现在,为了建立水中传播损耗的模型,考虑了吸收率、距离和传播媒介三个有效变量。传输介质的影响可以使用两个附加变量 K 和 A 分别用于几何条件和附加损耗(噪声和干扰):

$$\text{Loss}(d,f) = d \cdot a(f) + K \cdot \log_2(d) + A \tag{9.8}$$

传输介质因子 K 与传输路径相关,该因子表示信号几何传播的方式,而 a 表示介质中的环境随机噪声(例如,设备、系统和电路注入的热噪声和散粒噪声)、脉冲噪声(例如,人造的、生物的以及其他相关媒介)。例如,由于海洋深水中的三维自由度,可以使该因子的值为 20,用来分配更高的依赖性,而在浅水中,赋予较小的值 10 将更为合适。

为了评估声传播链路的误码率,需要重点考虑发射机和接收机的耦合对准、损耗和不需要的干扰信号。对于损耗,需要包括前面提及的吸水和几何干扰信号(式 9.3),重写衰减函数,然后归一化为发射功率密度,对于窄带信号带宽,$P_t/\Delta f = 1, \Delta f = B$,此时衰减函数为①

$$\text{Att}(d,f) = d \cdot a(f) + K \cdot \log_2(d) + N(f) \tag{9.9}$$

式中:K 为介于 10 到 20 之间的传输介质因子。

信噪比通常用线性功率表示,可以写成

$$\text{SNR} = \frac{P_r}{P_n} = \frac{P_t \int \text{Att}(d,f)}{N(f) \cdot B} = \frac{1}{\text{Att}(d,f) \cdot N(f)} \tag{9.10}$$

式中:Δf 为窄带信道的带宽;$N(f)$ 为接收器处的总有效声噪声密度。

然后,在接收器的检测点处有效的总噪声功率(单位:dB)是所有有效噪声密度的总和,如下所示:

$$N(f) = N_t(f) + N_s(f) + N_w(f) + N_{th}(f) \tag{9.11}$$

式中包括了以下典型的噪声成分。

(1) 湍流噪声:$10 \cdot \log_2(N_t(f)) = 17 - 30 \cdot \log_2(f)$。

(2) 船舶噪声:$10 \cdot \log_2(N_s(f)) = 40 + 20(S - 0.5) + 26 \cdot \log_2(f) - 60 \cdot \log_2(f + 0.003)$

S 是 0 和 1 之间的航运系数。

(3) 风驱动波噪声:$10 \cdot \log_2(N_w(f)) = 50 + 7.5 \cdot \sqrt{w} + 20 \cdot \log_2(f) - 40 \cdot \log_2(f + 0.4)$

w 是地面风速,单位为 m/s。

(4) 热噪声:$N_{th}(f) = 20 \cdot \log_2(f) - 15$ [11,12]。

图 9.9 显示了一些声波通道的窄带信噪比曲线图,使用式 9.10, $K = 15$ 表示无波噪;$S = 15$ 反映了适度的航运活动。

---

① 因为声波和声音信号以及相关噪声元件的功率使用压力,帕斯卡(re-Pa)。

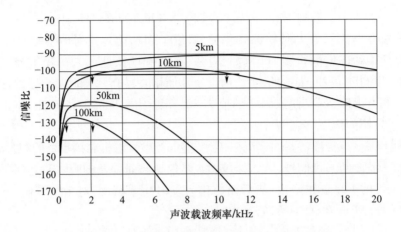

图9.9 声传播射线的典型窄带信噪比

(例如,对于10km、5kHz载波,接收器的实际带宽有 −102dB 灵敏度[36])

至于信号处理和其他功能,如编码、调制、滤波和均衡,大多数经过地面验证的方法在调整较低的声波频率时仍然可以有效地使用,大量相关的文献已经用于声音、声纳以及水听器等类似系统。有关天线设计、波束形成和阵列方向图效率,请参阅第6章。

传统上用于 UWSN 系统的两种主要设备是水听器(声学麦克风)和声纳(声学扫描仪)。

水听器在应用中起到声学调制解调器的作用,用于传输(通常)强大的声音信号,并接收具有一些本地数据和信号处理能力的声音信号。由于声波载波的波长很长,所有组件,如天线、放大器、滤波器和检测器都相当巨大,需要一个庞大的主体作为一个单元来覆盖它们。其电路等效信号处理功能的结构与地面无线系统的模型非常相似,使用类似且通常更简单的模型进行调制、滤波和波束形成。

声纳非常类似于在水中使用声波频率信号进行探测的经典雷达。由于其搜索特性,声纳需要能够利用天线的方向性进行扫描。在传统系统中,天线的机械运动提供扫描的方向性,但现在由于更好地利用了计算和低功耗大规模集成电路,使得动态波束形成成为可能。有两种声纳产品,分别是无源声纳和有源声纳。

无源声纳只需监听接收信号,构建图像,识别目标后,就可以进行扫描。

如果在安静和偏远的区域运行,没有强烈噪声的条件下,这种类型特别有用。如果需要,它还具有零干扰和低检测能力。但是,如果目标没有产生或反射足够的信号,或者检测和定位是针对没有产生任何适当信号的设备和车辆,那么,它将会受到接收能力弱和工作范围小的制约。

另一方面,由于使用反射信号,有源声纳有三个明显的特征:①声纳控制信号的反射使探测过程更加有效;②接收自己生成的信号,并且自然地估计了距离范围(因此它们也被称为回波测距声纳);③更好的速度估计精度(使用多普勒频移)。由于有源声纳依赖于目标表面的反射能力,为其他设备在介质中注入不需要的干扰信号以及容易被检测,导致有源声纳处于不利地位[13]。

在水下应用中使用大功率声学通信系统的另一个重要问题是它对海洋生物的影响和直接干扰。如图9.10所示,中频和高频范围信号落在海洋物种的自然通信频带内。因此,不仅污染了它们的生存环境,而且实际上也对它们的听觉造成极大影响。

对于大多数海洋哺乳动物来说,声音是它们与生活环境进行信息交流的主要方式,包括回声定位听音。由于游泳肌和听觉器官之间的一些机械耦合,许多物种已经发展出良好的听觉能力,其最佳灵敏度分布在几kHz到100kHz之间,这使得它们容易受到现代人工声学信号的影响。

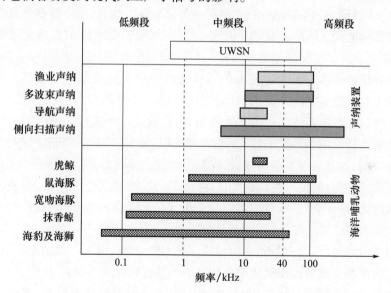

图9.10 海洋物种自然通信频带内的声波信号频率[14]

主要问题与声纳系统在1kHz～10kHz下工作有关,例如,对该频率的多项研究表明,此类信号改变了海洋哺乳动物的正常行为,给它们带来了影响[16]。美国国家海洋渔业局(National Marine Fisheries Service,NMFS)一直在调查这些影响,并报告称,160dB会造成明显的行为障碍,180dB通常会造成听觉系统损伤,表现为暂时性阈值偏移(Temporary Threshold Shift,TTS)和永久性阈值偏移(Permanent Threshold Shift,PTS)[14]。

9.2.2 其他可能的传播方法

如9.2.1小节所述,作为水下无线传感器网络应用的主要选择,常用的传统声传播技术由于在某些实际应用方面存在的一些缺点而显现出短板,这些缺点如下:①传播能量损失非常高;②由于低载频特性而导致的有限带宽;③传播延迟非常大;④海上运输可能产生的有害辐射。因此,在为这种水下传播技术的选择投入更多经费之前,应该投资于探索其他已知(射频通信、磁感应、光学通信)和未知的方法。已知的射频通信、光学通信等方法虽已进行尝试性的研究,但尚未得到严格的实际探索。这两种方法都迫切需要一些基础性的研究和探索。磁感应方法是一种新方法,性质非常不同,需要更多的工作来激发其可能的应用潜力。以下只是对它们潜力的简单讨论。

1. 射频通信

目前,使用地面无线传感器网络(Terrestrial WSN,TWSN)式射频(RF)或电磁(EM)传播网络,对 UWSN 的应用有许多局限性。然而,如果能够将其应用于特定设计的架构(例如,伴随着一些短距离继电保护系统链),其应用效果并不会太差。

各种经济和质量因素迫使人们尽可能将 TWSN 连接延伸至水域。如果将 GPS 用于混合技术解决方案,通过通信平台和一些移动 AUV 进行增强,在一些岛屿上可以通过同步中继信道实现所需连接;这是一个实用、良好的解决方案。为了能够支持新的 5G 通信进行远距离和远程访问,例如,控制或定位一些水下物体或车辆,需要应对复杂的场景;在深海环境中寻找目标物体将是一个严峻的挑战。例如,平台的使用可以帮助访问和部署复杂的任务,其中通过各种互连阶段传输的无线电/空气和声学/水的复杂配置是有意义的,但不能算作一个好的设计解决方案[15]。

对于射频通信,没有看到任何激进式创新的迹象,但可以尝试渐进式创新,这反过来可能会引导迈出更大的步伐。下面将讨论几个示例。

例如,Uribe 和 Grote 的工作提供了一个统一的简单分析模型,可以作为一个设计工具来解释测量、分析和模拟的近场冲突问题,从而得到一个新的模型,可以看到它们用于各种条件下长达 100m 的长距离电磁传输以及在前 20m 内 120dB 的巨大损耗,并逐渐缓解。在 130dBm 左右的情况下,在低稳定光噪声下似乎仍有 5dB 的剩余空间来推动数据通过(即在许多情况下,在各种水下低数据速率应用中表现良好[16])。另一项有趣的工作是研究使用 500MHz 载波的 n 个新 5G 标准的低比特率监测系统的实际可能性;可以很容易地获得在水中 100m 距离内接近 500kbit/s 的数据速率[17]。同时,在水下检查和修理 AUV 正成为最佳选择,在这种情况下,使用短距离射频雷达将有助于利用2.4GHz的频率进行低盐度影响和低成本产品和组件的应用。图9.11显示了系统及其雷达前端、水下天线、8dBm定向耦合器和六端口干涉仪的框图[18]。

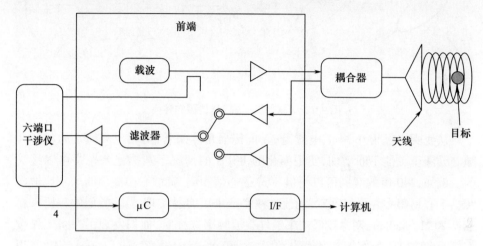

图9.11　机器人水下雷达框图

从总体上看,水下射频传输的主要瓶颈来自于水下接口设计。因此,建议在这一研究领域投入更多的努力,以替代过时的声学设计思路,满足人们正竭尽全力地节约能源,保护海洋生物,并启动水下环境的新应用需求。

2. 磁感应

另一种替代传播方案是磁感应技术,在第10章(10.4.2小节)中将讨论使用磁感应进行中距离地下通信,这也可以使我们很好地了解其对UWSN应用的可行性。与UWSN技术的主要区别在于:①更远的距离;②更容易移动;③节点定位;④更容易提供能量。然而,同样程度的广泛部署潜力还有待发现。以下对一些已发表案例的简要描述可能有助于规划部署这项技术,因为在大多数情况下,可能需要一些基础和应用研究工作。

由于具有低传输延迟和对传输环境不敏感等优点,近十年来,人们研究了具有全向(1D)天线的浅海磁感应信道,然后将其扩展到使用多输入多输出(MIMO)的三维系统(3D),并对通过磁场传输数据进行了更严格的分析,在三维线圈、复杂的反射路径、强吸水的工作场景下进行。图9.12显示了三维传播的生成。研究性能数据是根据10dBm的传输功率、120dBm的噪声水平计算得出的;在距离/线圈比为400的条件下,系统可以提供大约1kbit/s的数据传输速率,在导电海水中的传输距离可达20m。在更好的条件下,距离可以增加到超过100m[19]。

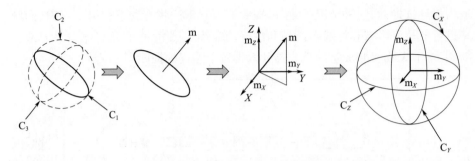

图 9.12 1D 偶极子到 3D 传播的转换

从线圈半径为 0.34m、电流为 2A 的传播角度来看,湿粘土和海水的相似性随着线圈匝数的不断增加,使用简化的 BSPK 的情况下数据误差率是可以接受的。例如,240 匝的线圈可以提供 80m 的通信距离,就像水中线圈的尺寸比地面和黏土容易得多一样,UWSN 的改进在实践中更容易实现[20]。类似的分析来自 Silva 和 Moghadam,在寻找低功率最佳载波频率选择时,他们发现了一组工作数据,包括在 30m 深度下工作的体积含水量(Volumetric Water Content,VWC)为 40% 的最佳载波频率为 26kHz[21]。

Akyildiz 等人对水下磁信道发表了有趣的研究综述,显示出磁感应的潜力,可与 100m 范围内约 1Mbit/s 的光学通信相媲美[22]。

3. 光学通信

光传输技术通常以自由空间光(Free Space Optic,FSO)射线的形式存在,在各种环境下都显示出良好的性能,但由于其应用范围有限,目前还没有被广泛应用于无线传感器网络技术中。在大量的水体中进行光通信,意味着其独特的发展演变和基于其自然发展序列的独特特性,所以,应该寻求一种方法将其纳入新 UWSN 设计解决方案中。

光技术具有很好的带宽和最高的传输速度,应该进一步探索这种可能性。例如,对于低成本、低功耗应用,可以使用 LED 和光电二极管在短距离(高达 100m)内以几 Mbps 的中等数据速率传输数据,如果使用激光,效果会更好。实际上,在水中从一个点到另一个点的信号的光束强度损失随光的波长 λ 而变化,如衰减 A 可表示为

$$A = e^{-k \cdot (x_2 - x_1)} \cdot \left(\frac{x_2}{x_1}\right)^2 \quad (9.12)$$

式中:k 为依赖于 $k = a(\lambda) + b(\lambda)$ 的波长;$a(\lambda)$ 为吸收系数;$b(\lambda)$ 为与点 x_1 和点 x_2 之间的几何结构相关联的损耗因子,包括由于水的动力学(如浊度)引起的损耗。

水体中的光吸收系数随水体的变化而变化,但在 $\lambda = 420nm$(紫外)处的最小值为 $5 \times 10^{-5} cm^{-1}$,颜色线性增加至红外(800nm)时增加至略高于 $0.01 cm^{-1}$[23]。

9.3 遥 感

我们从在水下环境中使用无线传感器网络技术非常基本的概念开始,这将导致不考虑水下信号传输部分而使用"通用的 UWSN"。假设有一位经验不足的研究人员,他一直对智能家居兴趣浓厚,现在正面临一个 UWSN 应用场景的设计案例。如果没有指导,结果可能是随机的,考虑到这个研究者的思想混乱,不应该允许这情况发生。由于所涉及的距离很长,通用网络不适用于 UW。在设计应用程序时,UWSN 的唯一实用形式要么是分布良好的广域网式 UASN,要么是在一个非常特殊的小区域远程激活集群。显然,自主和基本人工智能技术的使用,采用了一些广泛可用的计算技术,如代理、普及、动态和机会性计算以及低功率声学和其他有前景的水下传输新技术,应采用新的技术应用,为这些无法触及的水域开发新的突破系统。

这就是为什么从远程访问开始,而不是从复杂的传统网络 UWSN 开始的原因。这可能有助于工程师和教育工作者直接找到为智能传感器设计所需应用程序的解决方案,而不是破解通用 UWSN 的复杂经典网络。

因此,在本节中,将重点研究从寻找可行的 UWSN 式解决方案转向无障碍和遥感,并将传感器束渗透到地球水域。这实际上意味着地球表面潜在的超过 2/3 的面积被水覆盖而导致浪费,使得人类无法获得这些巨大的、未受影响的自然资源,也无法增强对地球上进化生命的认知。

通过互联网访问和控制水下传感器和相关设备不再是梦想。任何人都应该能够在海洋的偏远地区操纵水下航行器监视和扫描可疑地点以及更多应用,如定位和清理碎片、毒物、金属和塑料,可能成为许多人的新爱好[24]。

固定平台遥感具有可靠性高、维护成本低、操作方便等特点,由于一些实际因素影响,它可能对 UWSN 应用程序不那么有帮助,包括①位置适宜性,因为并非所有平台都可以放置在 UWSN 设计的正确位置;②由于平台的业务方面,运行成本可能很高;③物流,其中由于平台主运营的优先权,UWSN 的性能可能会受到影响,使传感器多种应用程序(如灾难和安全)的高优先级情况变得异常。

一般来说,固定平台的尺寸从很大到较小不等。较大的平台通常出现在码头、港口和特殊的沿海设施。它们可以用作 UWSN 应用的接入点。较小的平台可能出现在海底矿产资源附近的特殊地点或特殊的长期应用项目。

然而,如果现代化程度足以实现这一目的,漂浮在船舶或潜艇上的移动平台可能会变得特别有用。也就是说,传统的 AUV 系统被视为一个移动平台,以两种不同的形式出现在水下技术领域:①轻巧、灵活的机器人技术的移动扩展,形成一个平台或其中的一部分,其任务被定义和特定化,以进行特定的传感活动;②扩展固定平台的访问和调查范围。在实践中,它的移动性和专门的设计目的是在一些操作的非常苛刻的条件下或情况复杂的位置传递任务。

水下航行器的进一步分类可以是载人水下航行器(Manned Underwater Vehicle,MUV)、传统的水下航行器(由于它们可以与船舶、固定平台或更大的移动平台一起工作或作为其附件)以及遥控航行器(Remotely Operated Vehicle,ROV),它们是更复杂的系统,有足够的能力确保它们可以在远处安全控制。

它们的一般应用包括海洋学(取样、海底海洋学制图、地热)、环境(各种污染和危害、碳氢化合物泄漏、辐射泄漏、环境监测、管道和其他水下结构物的检查)、海洋采矿和石油(调查和资源管理、维护和海底建设)和其他应用(探雷和处理、水下渔业船舶和核电站检查)。它们的机器人功能被认为是最基本的要求,这使得它们特别适用于 UWSN 遥感应用。

就大小而言,如今的水下航行器比普通水下航行器小得多,这些水下航行器用于特殊的储存池,如核储存池。正如 Watson 和 Green 所证明的那样,一个由几个球形节点组成的小 UWSN,其目标直径在 130~200mm 之间,AUV 可以绘制一个池的地图,这个池的大小与奥林匹克游泳池的大小一样,在 100kJ 以下的充电锂离子电池组的激励下,以低于 1m/s 的速度移动[25]。

自主式水下滑翔机是无人水下航行器中重量轻、实用的一种。作为一个新兴的水下航行器,它们利用浮力上下移动,利用机翼保持向上并推动航行器前进,以在水中低速滑行。它们的低成本设计特点适合持续时间长的海洋学传感和相关的科学任务,用于收集数据并将数据传送到陆地或卫星站。它们的共同设计特点包括①机翼和尾翼固定的气动外形,重 50kg,长约 2m;②能够进行长时间的海洋观测和传感任务;③通过内部质量运动控制它们的俯仰角度和坡度;④通过在外部气囊和内部储油器之间泵油实现平衡;⑤紧急情况下的减重能力[26,27]。图 9.13 显示了滑翔机的主要运动。

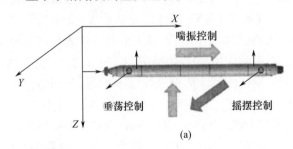

(a)

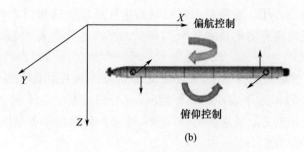

图 9.13　控制滑翔机的方向推力箭头
(a)喘振(X)、摇摆(Y)、垂荡(Z);(b)俯仰和偏航[27]。

9.4　能　　源

由于 UWSN、传感器和其他设备具有的水下自然冷却条件,使得它们在水下环境中的工作似乎应该具有某种形式的能量自供给能力。这虽然并不是真的,但这能够成为一种合理假设,因为它们传统上被用作水下航行器的一个组成部分。然而,在当前能源日益萎缩的趋势下,设备和系统应该能够满足自身的能源需求。原因包括①低成本的 UWSN 系统和产品需要能量才能正常工作;②水下通道不畅使得补充燃料和充电成本高昂,而且通常是不可能的;③电池在水下环境中的寿命很短;④能源依赖性是在偏远地区工作的无线设备的弱点;⑤自主系统和智能设备比无源系统需要更多的能源;⑥当今全球市场需要低功耗的能源解决方案,这意味着在不考虑能源的情况下,新的 UWSN 设计在寻求全球市场地位的过程中遭遇挫败。下面提到一个特殊情况,但感兴趣的读者可以直接参阅第 11 章的能源部分,其中讨论了无线传感器网络的工业应用。

例如,最初用于航海和工业应用的浮标,现在遍布水面,形状和大小各异,可以用作有价值应用的基本平台。除了可能用于水下无线传感器网络应用外,如果配备自激励智能传感器,它们将在未来发挥更加重要的作用。它们漂浮在水面上的独特位置提供了利用"波能"为 UWSN 提供重要的接入网关的可能性。一个有趣的解决方案来自 Symonds 等人。他们将三个或更多浮标捆绑在一起进行基本设计,产生约 50W 的能量,以应对在 UWSN 环境中的高功率声学或电磁通信[28]。

9.5　水下无线传感器的应用

理解并利用现有知识,通过一系列目标来激发技术发展,以保持人们在地球上的总体生活质量。考虑到水占地球表面的 71%,体积为 $1.386 \times 10^9 \mathrm{km}^3$,平均密度为1.025g/cc,可以说水主宰着我们的生存环境。这里讨论在水下环境中使用先进的智能传感器的重要性及其相关的水产业①,包括河流、浅水、深水以及海底和海洋。

为了满足智能传感器需求,可以将应用分为三个主要地理类别:浅水、深水和海床,并特别注重水下农业的发展需求。以下几点加上以下两个小节,每个小节可以进一步分为三个紧急级别,即立即、短期和长期的工业发展,回答为什么需要UWSNT的问题。

有越来越多的理由相信,在某些领域迫切需要进一步发展UWSN技术。一种是由于温度不断上升,海水习性的快速变化。综合指标是持续的全球变暖,地表水酸化,水位上升,栖息地丧失以及由于移民到国外地区寻找更冷的气候而导致的入侵物种扩散[29]。

在水中使用传感器和声纳设备的另一个正在发展的领域是水深测量和相关的科学探索,这对海洋、海底和储存项目极为重要。由于应用程序列表太长,无法在这里详细讨论,因此来查看一个家族树样式的分类,如图9.14所示。

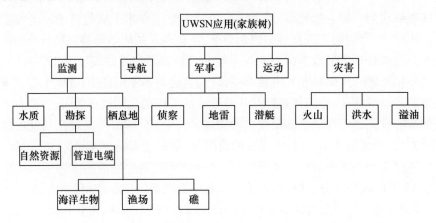

图9.14 UWSN智能传感器应用的主要分类[30]

9.5.1 浅水及海岸洋流

有些人将深度与离岸距离联系起来进行粗略估计,但由于其风险因素,不应使用估计值。对于工业活动,将50m深的水位作为名义上的浅水水位。它相当于在坡度为2.867°时向水底延伸了1km。在这种浅水划界范围内,浅水水位包括了许多区域,如主要河流、小湖泊、水上运动综合体、渔场和陆上水库以及许多

---

① 传感器和水下传感器的经济运行几乎与其他服务产业相媲美。

海洋和大洋的所有海岸。环境对工业的这一部分影响意味着带来独特的工业创业机会,以充分利用新兴的智能传感技术[31]。

近年来,浅海安全问题日益成为人们关注的焦点之一,迫切需要引起人们的重视。在如此多的生命处于危险之中的情况下,人们可以分析使用 UWSN 技术拯救生命和降低相关经济成本的可能性,因为①沿海和河岸地区不断扩大的住宅和工业建筑的脆弱性;②河流和浅海的污染问题;③在人口稠密地区,人类生命危险日益增加;④海洋渔业枯竭;⑤人为水灾(为控制河水而建造的一些水坝目前管理不善,造成洪水和人为的局部干旱);⑥对不断增加的自然灾害(如潮波、海岸风、台风和海啸等)缺乏防备。例如,9.1.3 节所述的海啸不仅涉及水域,而且还涉及海岸和沿海地区,对生命财产构成极大威胁。这一点尤其重要,因为传统意义上,河岸和海岸被选为大城市的起点,使海洋贸易和海产品的自然供应成为可能。然后,随着人口稳步增长,甚至在工业活动下呈指数增长,今天许多人的生命和健康正受到严重威胁,包括毒素、全球变暖、洪水和飓风等危险。数据显示,沿海地区容纳了约 2/3 的世界人口(包括那些生活在 60km 海岸线以内的人)[32]。

如第 10 章所述,大多数大规模死亡事件的根源是由于地球板块运动造成的不可预测的水下火山喷发。为了抓住 UWSN 在喷发型洪水最直接的应用,应该进一步研究由海平面上升和风暴引起的水灾造成的死亡规模。

洪水是短时间内大量水溢出到海边的旱地,也可能发生在湖泊、河流、溪流、陆地养鱼场和运河。例如,在 2015 年,洪水占亚太地区各类灾害的 40%,给各国造成约 115 亿美元的损失(即占其经济总量的 25%)。

水灾是导致 20 世纪 50 年代生育率最高(超过 90%)的原因(图 7.11),到目前为止,由于住房条件、基础设施和防备条件的改善,水灾并没有重演,但这绝不是水灾的终结。也就是说,我们仍然无法控制它的来源。因此,这对我们的正常生活造成不安,并对生活质量和工业独立性的财政方面产生负面影响。结合早期居住在海岸附近的人口高密度集中问题,损失进一步增加。正如"BP12"会议[33]所指出的,有太多的城镇建设在海岸边,大多由于小村庄的枯竭和沿海工业的发展而迅速扩张。经合组织预测,由于气候和社会经济的变化,到 21 世纪 70 年代,将约有 1.5 亿人面临由沿海洪水造成的自然灾害。这一预测将中国、印度、孟加拉国、越南和美国列为 5 个受影响最大的国家,前 3 个国家由于气候变化,各自将有大约 1000 万的风险敞口。前 4 个国家中,由于社会经济灾难导致的风险敞口同样约为 1000 万。世界上有 136 个港口城市的人口超过 100 万。这些最大的港口城市大多位于亚洲(38%),其中许多(27%)位于三角洲地区,沿海洪水风险和地面沉降较高[34]。

热带气旋是一个快速旋转的风暴,中心气压低,在地面以螺旋运动和雷暴的形式循环,并产生暴雨。根据位置和强度的不同,它可以用不同的名称来指代,例如,大西洋和东太平洋北部的飓风,而西太平洋北部的台风,同时在南太平洋和印度洋被称为热带气旋和强气旋风暴。气旋是指在南半球顺时针而在北半球逆时针的圆周运动,直径通常为 100～2000km。由于来自海洋温水区域,沿海地区特别容易受到热带气旋的影响。正如联合国在一份报告中所讨论的那样,在一年中总共有 86 个热带气旋,其中 48% 发生在亚洲和太平洋海岸线,影响到 900 万人,造成 118 亿美元的经济损失[35]。上述所有地方所需的救生和援助非常重要,如前所述,应该通过许多 UWSN 技术解决方案来鼓励和帮助当地工业拯救这一天带来的灾难。

9.5.2 深水应用

有趣的是,可以看到大多数现有的 UWSN 应用程序与 TWSN 应用程序的配置类似。这是可以理解的,因为所有行业都在试图将它们已经视为成功的技术从陆地延伸到水下。这一点在浅水区尤为明显,因为大多数行业只承担低风险延伸到水项目中,缺少许多令人兴奋的、潜在的和长期可行的水下无线传感器网络应用,包括有价值的矿物和重大的科学和地质勘探机会。这一事实真相对于那些国家资源有限、无法启动新项目、错过低成本机会的先进产业来说,显得尤为重要,有时甚至至关重要。水下无线传感器网络的应用机会太多了,深海和极端环境下无线传感器网络的设计解决方案为水下提供了最有价值的工业机会。从环境观测和地质过程监测,到涵盖鱼类、微生物和哺乳动物在内的海洋生物监测,这样的例子不胜枚举。其他深水应用,包括海底矿物开采和水下设施监测,是不容错过且激动人心的项目[36]。

总体而言,水下监测占 USWN 项目的 90% 以上,可分为有毒物、危害、泄漏和辐射四大类。例如,工业污染问题的粗心大意可以用 Evan - Pughe 所说的垃圾问题来表示,这是因为过去 60 年的"我们的垃圾文化"需要紧急关注。在她的案例中,她把太平洋看作是加利福尼亚和夏威夷之间的太平洋垃圾带,因为它含有从河流和下水道冲入海中的 14 万吨漂浮塑料。清理这些大量散落的垃圾,不断地清理水域,听起来像是冰山一角。这意味着,有一项艰巨的任务,等待 USWN 搜索、定位、销毁或捡拾这些碎片,然后继续面对不久的将来新的人为灾难产生的残留物[37]。

9.6　特殊情况:海上油气工业

由于全球对建立一个更加绿色安全世界的协调力量不足,我们已经进入了一个大约 40 年的政治动荡周期,在此期间出现了全球变暖的迹象。自那时以来,不可再生能源的使用有所增加,而且随着全球石油价格的上涨,通过采用卫星成像等新技术,石油和天然气工业得以在富含石油的海底进行勘探开发新的油井。现在,在智能传感器的帮助下,油气危机正变成人类历史上最大的合法或非法商业机会。

作为综合监控和管理系统的一部分,UWSN 技术解决方案最好在中型网络下以远程访问的形式实现。广泛的智能传感器和相关设备的可用性使得这种集成解决方案可行而且有效。这种集成是通过网关和通信信道实现的,这些网关和通信信道可以共享带宽,并利用传统的、新的和高度可靠的延迟容忍网络(Delay Tolerant Network,DTN)以降低成本。

石油和天然气供应链产业中蓬勃发展的关键投资领域包括生产厂、炼油厂、石化厂、勘探系统以及管道和运输系统,这些领域大多处于新扩张的边缘。这种扩展是可能的,因为在 UWSN 系统的核心提供了安全可靠的无线通信,从而实现了一系列新的成本效益高的自动化和控制解决方案,这在使用传统有线系统之前是不可能实现的。

这些新的多学科技术发展应鼓励用户、应用专家、硬件设计师和软件开发人员之间更密切的合作,提供更高效的系统,以支持更具经济可行性和安全性的 UWSN 行业。

图 9.15 显示了一种典型的配置,用于支持使用 UWSN 的基本操作,主要配备有自主权,以控制从基本勘探到生产最后阶段所需的所有技术和地理功能。

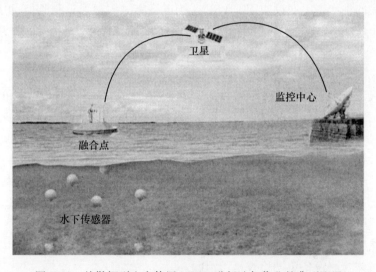

图 9.15　从勘探到生产使用 UWSN 进行油气作业的典型配置

9.6.1 海上远程生产

由于在所有需要的阶段具有易于接近和可扩展沿海作业的成本效益,近岸油气开采业能够保持低成本生产。然而,如前所述,大多数富饶和有价值的油田都位于遥远的区域,而且往往是深海地区,这些地区不仅不适合居住,而且很难让人类到访,使得作业变得极为困难,而且往往非常昂贵。

如 9.3 节所述,UWSN 在特殊设计平台上的遥感能力可广泛用于许多水下项目。在这种情况下,大多数操作都将嵌入式自治功能作为一组例行任务加以充分利用,从而实现远程可控的简化指令。对于简单的工业操作,这些可转化为监测,并辅之以一些特定情况下的选择性选择,如对危险条件中的环境变化,或极端情况下,如超高温度超过给定阈值或降至另一阈值以下。同样,由于需求的变化,主要通过监控相关子流程来加快或减缓流程。

也就是说,远程启用的 UWSN 可以为石油和天然气公司提供广泛的应用处理能力,以满足其具有挑战性的新营销需求、财务状况、监管方面和生产水平。它们在远程监测油气生产方面的典型技术能力包括管道完整性监测,储罐液位监测,基于状态的监测,管道泄压阀监测,炼油厂泄压阀监测,井口自动化,监测近海海洋环境的影响。最后一组功能与需要密集维护的腐蚀有关,因此被视为一组繁琐且劳动密集型任务。

由于维护成本很高,零件价格昂贵,没有采用远程控制技术等原因,所有传统的油气生产平台都面临着维持高生产率的压力。他们希望能够连续运行,以获得最大的生产率。通过使用 UWSN 系统进行实时数据采集和监控,可以使工作平台降低成本,遵守法规,大大减少维护时间,消除工具和机械的意外故障。

9.6.2 海底应用

油气工业水下作业监测任务可分为两个阶段。一个是勘探、钻井和安装阶段,通常会建立一个临时专用平台,用一些移动 AUV 系统进行增强,以协调初始工作。另一个是生产和运输阶段,通常建立一个长的运输管道网络,以保证生产顺利和长期运行。

天然气从生产点到消费点的有效流动需要一个广泛而精细的运输系统。在许多情况下,从油井生产的天然气必须经过很远的距离才能到达使用点。因此,天然气运输系统通常由复杂的管道网络组成,如图 9.16[38] 所示。

天然气应用存在的一个严重问题是泄漏。如果人工操作,则需要由专家使用一些气体检测设备定期检查是否泄漏。

这项任务对于确保产品(气体)没有异味具有重要意义。在现有成熟的水声遥感技术(UASN)下,利用现代 AUV 系统可以方便地进行常规监测。

图 9.16 显示了一个深水监测系统,该系统使用配备有一套适合水下传感器网络的后勤支援船。

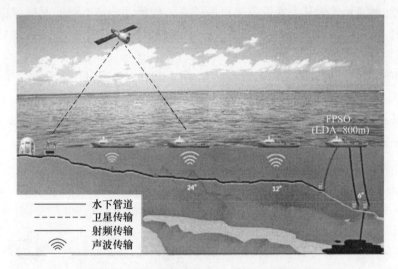

图 9.16　使用后勤支援船的典型深水监测系统

一个有趣的商业案例与一家新成立的国家石油公司有关。在过去几十年中,一些产油国热衷于追求石油生产的自给自足,如果没有近些年在深海石油勘探领域和生产作业方面的技术进步,这种自给自足就不会成功。

巴西在海洋大陆架上发现了大量的石油和天然气,这些大陆架位于离岸 70km 的海域,水深从 120m 到 2800m 不等。目前,巴西全国石油和天然气日产量高达 237.6 万桶。然而,在海洋较深区域(例如,2000m 以下的水深)进行勘探和作业是非常具有挑战性的,需要使用新技术。

因此,应使用新的通信技术来获取有关海底基础设施的信息。这个行业的工作是复杂和危险的,需要强大而可靠的基础设施来抵御恶劣和极端的环境条件。

在某些阶段,这项工作的需求远远超出了基础设施的强度,限制了在具有极端坡度和暴露的水下结构物的公海作业,使作业状况极不稳定。

由于传统的监测方法局限于观测点,排除了大部分海底设备,因此需要不断的监测。UWSN 技术能够全面监测海底基础设施,特别是海底管道,通过持续对设备条件和位置检查、监测和验证可能损坏海洋环境中结构物的海底位移,增加操作控制。

在这种情况下,通信受到若干因素限制,包括传输信道中的损耗、低比特率和大传输延迟。然而,基于水下延迟/中断容忍网络的新体系结构最新发展解决了这个问题。

水下监测系统由声学传感器、平台和后勤保障船组成。声学传感器负责计算位置,存储和传输从海底设备获得的信息。传感器分布在海底基础设施和海底管道上。石油勘探后勤支援船负责收集这些传感器产生的信息,并随后路由到控制中心。

声学传感器可安装在海底管道上方,用于监测压力、温度、流量和定位控制,如图9.17所示,保障船配备有GPS系统和无线电通信,在许多情况下,卫星链路及其路径与海底管道匹配,成为捕获感测数据的合适选择。信息生成并存储在传感器中,直到某个容器可用于接收信息,如图9.18所示[39]。

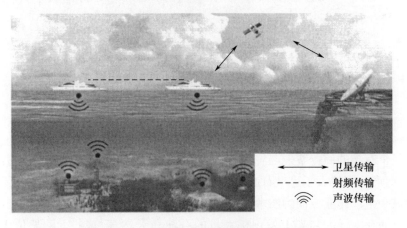

图9.17　一种典型的新管道铺设深水监测系统

图9.18　Uontechnologies提供的远距离和离轴装置的分散性[40]

另一个有趣的案例与美国进口原油有关。20 世纪 70 年代,美国国内石油产量下降,从墨西哥、委内瑞拉和中东进口的原油大多密度更高,含硫量更高,因此炼油厂投资进一步增高。

后来,加拿大石油生产改变了美国原油的供应局面,并对美国国家管道(55000mile 的输送管道,90% 为国有管道)造成了巨大影响,许多国家不得不改变流向,反向输送加拿大原油,因为加拿大原油的输送密度更高,必须稀释(沥青),导致管道闲置。图 9.19 显示了故障原因的统计数据[41,42]。

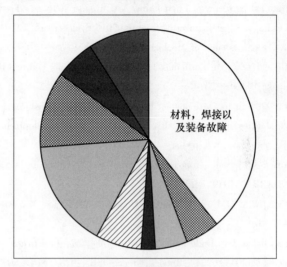

从"材料…"开始逆时针方向,分别如下:
1. 错误操作
2. 其他原因
3. 没有特别说明的腐蚀
4. 其他外力损伤
5. 内部腐蚀
6. 外部腐蚀
7. 自然力损伤
8. 挖掘损伤

图 9.19　输气管道稀释沥青的失效原因贡献[41]

9.7　结　束　语

本章对目前的技术进展提出了一些批判性看法,同时也为极端环境开发新的智能传感器技术提出了一些参考解决方案。同时观察并评论了各种各样的技术进步以及以轻量级 UWSN 应用形式使用它们的最新成就。不幸的是,事态发展尚未取得足够的进步,出现重要的范例,这意味着错过了大量的机会。被忽视的内容包括①正确使用新的计算和传播技术;②充分采用技术创新作为一个过程。许多关键发展领域也存在一些持续的业务瓶颈,包括公众意识差和缺乏基本的科学突破。对它们在与水有关的灾害中的救生用途缺乏了解以及更好地利用水下环境也是令人关切的问题。

虽然已经讨论了利用声波在水中传播数据的许多细节,但我们认为应该注意更多的替代方法,以释放它们的全部潜力。

参考文献

[1] Jonkman, S. N. Loss of life estimation in flood risk assessment[D]. Ph. D. thesis, Delft University, The Netherlands, 2007.

[2] Abt S. R. , R. J. Wittier, A. Taylor, D. J. Love. Human stability in a high flood hazard zone[J]. *Water Resources Bulletin*, Vol. 25, No. 4, pp. 881 – 890, 1989.

[3] National Academy of Engineering. NAP Report 2016 on "Frontiers of Engineering: Reports on Leading – Edge Engineering from the 2015 Symposium"[EB/OL]. http://www. nap. edu/21825.

[4] The Japan Society of Mechanical Engineers. Report of the JSME Research Committee on the Great East Japan Earthquake Disaster[R]. Lessons Learned from the Great East Japan Earthquake Disaster, 2014.

[5] United Nations Development Programme (UNDP). Sustaining Human Progress: Reducing Vulnerabilities and Building Resilience[R]. Human Development Report, 2014.

[6] Thermocline – Wikipedia.

[7] Urick, R. J. Sound propagation in the sea[R]. Defense Advanced Research Projects Agency (DARPA) 1979, ADA319320.

[8] Cruz, N. A. (Ed). MAutonomous Underwater Vehicles[M]. *Intech* 2011, ISBN 978 – 953 – 307 – 432 – 0.

[9] Papadakis, J. S. Underwater Acoustics[M]. *2nd Underwater Acoustics, Conference and Exhibition (UA2014)*, 2014, Rhodes, Greece, ISBN:978 – 618 – 80725 – 1 – 0.

[10] Dyer, I. Subject notes for 1385: Fundamentals of Underwater Sound Applications[J]. Dept. Ocean Eng. , Massachusetts Institute of Technology, Cambridge, MA, 1993.

[11] Lobo, V. J. Ship noise classification[D]. Ph. D. thesis, Lisbon, 2002.

[12] Santos, A. B. Inferring ocean temperature variations from shipping noise[C]. 2nd Underwater Acoustics, Conference and Exhibition (UA2014).

[13] Bartberger, C. H. Technology of underwater sound received noise[J]. Lecture Notes on Underwater Acoustics, 1965.

[14] Yang, Q. L. , et al. EFPC: An Environmentally Friendly Power Control Scheme for Underwater Sensor Networks[EB/OL]. Sensors, 2015, www. mdpi. com/journal/sensors.

[15] Janssen, T. Localization in Low Power Wide Area Networks Using Wi – Fi Finge[J]. 2017.

[16] Uribe, C. , W. Grote. Radio communication model for underwater wsn[C]. *New Technologies, Mobility and Security (NTMS)*, 2009 3rd International Conference on, pp. 1 – 5.

[17] Loret, J. , et al. Underwater Wireless Sensor Communications in the 2. 4 GHz ISM Frequency Band[EB/OL]. Sensors 2012, 12, 4237 – 4264; doi:10. 3390/s120404237, www. mdpi. com/journal/sensors.

[18] Sporer, M. , et al. Underwater Interferometric Radar Sensor for Distance and Vibration Meas-

urement[J]. IEEE,WiSNet,2015.

[19] Guo,H.,et al. Channel Modeling of MI Underwater Communication using Tri – directional Coil Antenna[J]. IEEE,2015.

[20] Huang,Q.,et al. BER Analysis of BPSK based Magneto – 1 nductive Communication System in Clay Channel[J]. IEEE Computer,UIC – ATC – SalC – CBDCom – IoP,SWC,2015.

[21] Silva,A. R.,M. Moghadam. Operating Frequency Selection for Low – Power Magnetic Induction – Based Wireless Underground Sensor Networks[J]. IEEE,2015.

[22] Akyildiz,I. F.,et al. Realizing Underwater Communication through Magnetic Induction[J]. *IEEE Communications Magazine*,2015.

[23] Anguita,D.,et al. Optical Wireless Communication for Underwater Wireless Sensor Networks: Hardware Modules and Circuits Design and Implementation[J]. IEEE,2010.

[24] GoldBerg,K. Beyond Webcams,Online Robots (Remote sensing)[J]. MIT,2002.

[25] Watson,S.,P. N. Green. Design Considerations for Micro – Autonomous Underwater Vehicles (μAUVs)[J]. IEEE,2010.

[26] Skibski,C. E. Design of a Autonomous Underwater Glider focusing on External Wing Control Surfaces and Sensor Integration[J]. Master of Science,Florida Institute of Technology,Melbourne,Florida,2011.

[27] Spear,A.,"Iccfin" 2017. 10. 1109/MRA. 2016. 2578858;A. Spears,et al. Under Ice in Antarctica:The Ice fin Unmanned Underwater Vehicle Development and Deployment[J]. *IEEE Robotics & Automation Magazine*,Vol. 23,No. 4,pp. 30 – 41,2016.

[28] Symonds,D.,et al. Low – Power Autonomous Wave Energy Capture Device for Remote Sensing and Communications Applications[J]. IEEE,2010,05617902.

[29] Demertzis,K.,L. Iliadis,V – D,Anezakis. A Deep Spiking Machine – Hearing System for the case of Invasive Fish Species[J]. 978 – 1 – 5090 – 5795 – 5/17,European Union,2017.

[30] Felemban,E.,et al. Underwater Sensor Network Applications:A Comprehensive Survey[EB/OL]. 2015,896832,http://dx. doi. org/10. 1155/2015/896832.

[31] Chizhik,D.,A. P. Rosenberg,Q. Zhang. Coherent and differential acoustic communication in shallow water using transmitter and receiver arrays[C]. *OCEANS' 10 IEEE SYDNEY*,Sydney,NSW,2010,pp. 1 – 5.

[32] Livi – Bacci,M. A Concise History of World Population[M]. 5th Edition,Wiley – Blackwell,2012,ISBN:9780470673201.

[33] Bally,Ph. (Ed). The International Forum on Satellite EO and Geohazards[C]. the Santorini Conference,Santorini,Greece,2012.

[34] Pickering,M. D. The Impact of Future Sea – Level Rise on the Tides[D]. PhD Thesis,National Oceanography Centre Southampton,2014.

[35] UN. Specific Hazards:HandBook on Geospatial Decision Support in ASEAN Countrie[M]. ESCAP,2017.

[36] Heidemann,J. Underwater sensor networks:applications,advances and challenges[J]. Phil. Trans. R. Soc. A (2012) 370,158 – 175.

[37] Evans – Pughe,C. Can we engineer our way towards cleaner oceans? [EB/OL]. Engineering & Technology February,2017,www. EandTmagazine. com.

[38] Ribeiro,F. L. ,A. C. P. Pedroza,L. H. M. K. Costa. Deepwater Monitoring System Using Logistic – Support Vessels in Underwater Sensor Networks[C]. Proceedings 21st International Offshore (Ocean) and Polar Engineering Conference – ISOPE – 2011, Maui, Hawaii Vol. 2, pp. 327 – 333.

[39] Ribeiro,F. J. L. ,A. C. P. Pedroza,L. H. M. K. Costa. Underwater monitoring system for oil exploration using acoustic sensor networks[J]. *Telecommunications Systems*, Vol. 58,Is. 1,2015, pp. 91 – 106.

[40] Uontechnologies[EB/OL]. http://www. uontechnologies. com/about. php,retrieved online December 2017.

[41] Transportation Research Board and National Research Council. TRB Special Report 311:Effects of Diluted Bitumen on Crude Oil Transmission Pipelines[M]. Washington,DC:The National Academies Press,2013. https://doi. Org/10. 17226/18381.

[42] National Academies of Sciences,Engineering,and Medicine. Application of Remote Real – Time Monitoring to Offshore Oil and Gas Operations[M]. Washington,DC:The National Academics Press,2016. https://doi. org/10. 17226/23499.

第10章
无线传感器系统的地下应用

本章介绍地下智能传感器系统的应用需求和最新发展,重点阐述在新的产业中应用这些未来的先进解决方案。潜在的应用领域十分广泛,各种各样的机会不限于更好地了解地壳,掌握地壳运动的特点和性质,以保护人们的生活免受自然灾害影响侵袭;更好地了解土壤和地壳近地表性质,作为住宅及工业活动的基础和宝贵的资源。

10.1 引　言

为了促进新技术在将现有的肮脏、黑暗、难以接近、危险和高度复杂的地下环境转变为某种智能和部分可见环境的过程中蓬勃发展,需要在传感器的三个关键领域实现两项互补的技术突破,即计算和通信,同时致力于在全球公开市场规则的推动下运营。

为了增强地下系统的敏捷计算能力,需要在无线地下传感器网络(Wireless Underground Sensor Network,WUSN)的节点、簇头和其他部分使用轻量级、低功耗和敏捷的处理器。在大多数情况下,速度并不像其他功能(如能效、自主性和一些选择性的"智能"触摸)那样重要,以确保它们执行基本要求。另一个急需发展的领域是信号传播。到目前为止,有三个主要的备用选项:①传统电磁波在包括水在内的多种介质中传播时具有一些严重的弱点;②以磁感应(MI)形式出现的新型磁场信号平台;③增强地震波技术。开发专门的智能传感器需要新型的传感器来提供新的地下可视性,穿透能力以及使一些控制装置能够保护我们免受地壳移动的影响。

应用机会很多,包括解决人们对生存问题的迫切需求,为应对地震等不断发生的自然灾害做好准备,寻求开发更有效的方法来防止其恶劣影响。在这些新的 WUSN 系统中,应该能够推进农业发展,生产更好的食物,提高生活质量。我们希望新型地下智能传感器行业能够发挥其基本作用,并展示这三种基本能力:

①根据需要进行通信,以便穿透、集群和互连设备和系统,实现媒介所需的覆盖范围;②自给自足和管理设备资源(如能源和接口)的基本能力;③做出明智决策所需的足够程度的人工智能。

本章的其余部分安排如下。10.2 节探讨中小型和大型 WUSN 技术发展合理性的要求。10.3 节研究地壳,以了解、分析其行为和预测地震。10.4 节探讨 WUSN 的关键技术。10.5 节分析潜在的地下服务解决方案。最后,10.6 节简要介绍对地雷的监测。

10.2 地 下 感 知

我们的自然愿望是感知并了解我们的地球,控制我们在地球上的技术发展,为维持地球上的生活质量制定一套负责任的目标。人类是负责任的、进化的智慧物种,需要承担起对保护地球生命的责任。因此,为了延长人类在地球上的寿命,为了后代,需要更好地了解儿童群体,同时也需要更好地了解地壳及其在可持续性、维护和可用性特征方面的限制。为了确保先进住宅和技术发展的有效性,需要对"促进人类发展"的统一目标达成一致,这可以从全面控制地下技术发展开始。

例如,需要了解地壳的薄弱点、土壤的质量以及与滑坡、持水性和地震行为有关的特征。应分析地表的强度和条件,以适应不同的发展和用途,如建筑物地基、农业和新的矿山、道路、隧道、地下储藏库以及重型结构、桥梁和高塔。简而言之,三个最理想的发展领域是:观测地壳;观测地表,促进工业活动;促进全球农业和畜牧业发展。

10.2.1 地壳观测

我们确信我们住在哪里?这个问题已经引起了人们的注意。"在地壳表面"这个简单的答案,可以让人摆脱被困在舒适的办公室或拥挤的街道上的想象。地壳,我们称之为"家"的那一层,在我们的认知尺度上似乎显得很厚很强,但与地球其他地质组成方面相比却很薄。地壳的厚度从海洋的 5km 到高山的 55km 不等(例如,在伊朗地震多发高原,地壳的厚度从 30km 到 55km 不等)。通过对平均地壳厚度为 20km,地球半径为 6378km 的简单计算,得到了 $vr = 0.94$ 的体积百分比。也就是说,地壳的体积不到地球体积的 1%,但正在保护地表生物免受地球内部的高温岩浆的咆哮。这种惊人的薄皮肤必须足够坚韧,以支持我们正常的生活[1]。

物理上,地壳比水重 3 倍,分为上地壳和下地壳两个亚层,由不同物质组成,密度分别为 2.715g/cm^3 和 3.125g/cm^3。一方面,这厚实的一层足够坚固,让我们感到安全,但另一方面它只是一个相对薄的皮层与一些较弱的点。

就地壳的安全性而言,现阶段我们只能用传感器观察和倾听,并做好准备。建立一个包含所有关键板块运动历史的多维(3D+)地球地图,将使我们能够在紧急情况下做出正确的决定,例如,大气温度上升对地壳的影响。

为了更好地了解地壳及其行为,我们已经准备了一些工具来监测地壳表层和表层之下的活动。然而,这些工具不足以提高对重大灾难影响的认识。地壳是非常难以认知的,决不能算是满足我们的智能传感目标的智能介质。人们对地表以下的行为研究成果很少,而且大多是零星的。通过研究地震波来测量地下自然力的运动及其对地壳的影响进展得太慢了。

1. 增强卫星观测

现有的卫星系统(作为一项长期投资)能够为天文台收集高质量的图像,这些图像可以用于测量和分析地壳表面。一个基本的用途是每天记录事件并观察其发展历程。监测地球是卫星做得最好的工作,我们可以很容易地与所有地球观测系统(Earth Observation System,EOS)和服务共享卫星,使它们能够观察和分析变化。地球观测图像通常足以监测地壳的缓慢运动并显示地壳表面的任何变形。

将 EOS 与特殊的全球定位站相结合,还可以提供更准确的信息。这种系统可以进一步加强使用、扩展、互补地面和地下测量使用的各种传感器。例如,美国航天局的地球观测系统由一系列卫星任务系统和地球轨道上的科学仪器组成,旨在对地球表面进行长期的全球观测。使用强大的成像设备进行增强,并通过本地和远程超级计算机进行增强,这些设备可以检测到每一个细微的变化,并作出重大灾难预警。这个项目(EOS/NASA)开始于 20 年前,其他如地球观测卫星委员会(Committee on Earth Observation Satellites,CEOS)等也加入了广泛的工业和人道主义应用领域,包括老矿山和土壤的量化[2,3]。

2. 全球变暖

到目前为止,我们对气候变暖趋势有明确的推论。监测得出 1978 年 -5℃ 至 2008 年 55℃ 的大气温度和全球平均气温的稳定上升表明,在过去 30 年里,地球温度每年显著上升 2℃。测量的简化图(图 10.1)提示了一个重要信息,这不仅引起了人类对即将到来的全球变暖的担忧,而且也可能对整个地表或地壳深部产生副作用[4,5]①。

---

① 美国航天局的数据不包括最近向无害世界的转变,例如,在美国、欧洲和其他地方用太阳能迅速取代传统的燃煤机。然而,TAC 2017 年的报告《气候变化翻番》表明,它们不会显著改变这一趋势。

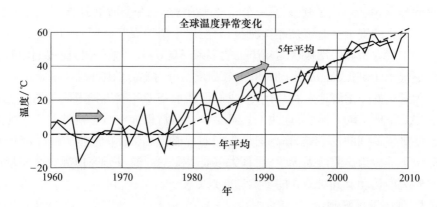

图 10.1　1960—2010 年全球变暖趋势[4]

也就是说,所有人都认同全球气温上升,但还没有人考虑到气温上升对地壳的影响。也就是说,我们对地壳的行为及其对持续高温的反应知之甚少。有许多未知领域问题要解答。在非常干燥的土地上,高温会使地壳软化或破裂吗?破裂或软化的地壳是否会失去其强度(例如,在干燥的沙漠或在海洋等地壳较薄的地方)?因此,我们需要一些大规模的 WUSN 设置,以帮助我们确定任何变化中的重大发现。

10.2.2　地表观测及改善工业活动

观察、观测和监测地表,以确保工业生产活动不会干扰到地面的自然行为,也有助于成功地设计产品和服务(见 10.5 节),并开发未来可行的 WUSN 范式。

这可以分为三个领域:长期观察、安全和工业可持续性。满足我们所有必要的地下监测需求,包括观察老矿井、新矿井的可持续性以及对矿井、隧道和其他受限空间的地震感知施工。除了监测放射性物质、有毒气体、废料、污染、危险爆炸物和其他不健康或危险活动的进一步发展外,重要的是监测关键的自然和人为场所,如历史洞穴和地下水库。例如,在全球范围内发生了大量的工业事故,意味着不断增长的伤害积累和长期疾病的痛苦事实,这凸显了不当管理对未来的影响。

10.2.3　改善农业和畜牧业

最近在传感器技术和动物护理方面取得的进展以及自动化机械成本的下降,再加上国际范围粮食价格的惊人上涨,已经开始出现这样一种趋势,即在国家和地方级实现新的自给自足的农业模式。回归自然、回归农场的中小企业型农业和畜牧业,可能会再次复兴废弃的农场,这将有助于提高小村庄的生活质量。

受两个至关重要因素的影响,我们想讨论本地农业和独立农业需求的重要性：①WUSN能够提供新基础设施（即农业应用）的交互过程和动态功能的重要性；②废弃和大量可重用数据的可用性。

为了更好地生活,发展智能农业是一项基本要求①。令人惊讶的是,尽管今天有如此多的农业技术可供使用,但由于贫困人口和来自被遗弃村庄的新移民导致物资短缺而引发了孤立式动乱②。也就是说,尽管一些统计数字显示,粮食全球总产量超过全球消费量,但仍有许多人身陷饥饿之中。

如今,低成本的传感器和先进的互联网技术为开发和复兴几乎所有的中小型农业单元提供了新的可行的、优越的解决方案。作为一种生活方式,它不会被局限在烟雾弥漫、价格过高、人口过多的大城市中。然而,传统的自给自足和以爱好为基础的农业和畜牧业没有空间以专业的方式与日益增长的跨国组织粮食供应链进行行业竞争。因此,需要引入一些新的定义,以帮助更好地理解上述改革。

智能农业和畜牧业（Smart Agriculture and Farming,SAF）可以被定义为一种新的趋势,是更好地利用智能传感器和相关技术的核心过程,是用轻量级网络计算增强的新农场改造的主要需求,以使小型农业农户在低财务债务下获得更高的投资回报率。

在实践中,有可能通过采用更具体的方案,如集中农业与耕作（Centralized Agriculture and Farming,CAF）、分布式农业与耕作（Distributed Agriculture and Farming,DAF）和合作农业与耕作（Cooperative Agriculture and Farming,KAF）以及通过建立新的中小型农业与耕作（Small and Medium Size Agricultural and Farming,SMAF）企业,扩展到SAF（表10－1）。表10－1突出显示了支持WUSN的选择以振兴SMAF产业的基本特征。支持这一概念的更多服务和技术细节见文献[6]第17章。

表10－1　SAF系列5个成员的可比规范

技术	可用性	技术复杂度	维护需求	5年内的规模	长期发展规模
SAF	大量的AG感知	非常低	低	是（>5000）	是（>5000）
CAF	高级的UG感知	中等		是（>1000）	
DAF	各种UG通信	复杂	不同	否	
KAF	计算	基本完成	全自主	否	
SMAF	系统费用产品分布高	低	中等	是（>3000）	

① 我们中的许多人可能已经忘记了由自然灾害和诸如毁灭性战争等人为因素造成的历史饥饿期。
② 我们可能需要将"贫困"一词细化为相对的和比较的。

10.3　地球建模

在讨论如何更好地了解地球、地震时"移动地壳"的奥秘以及相关的自然灾害之后,作为主要数据来源需要一些全球模型来帮助扩充我们的知识库,因此从泛大陆概念开始。

由于地球建模是一个需要长期进行的项目,它使我们能够利用称为全球地震波层析模型(Global Seismic – Wave Tomographic Model, GSTM)[①]的自然地震波来建立地球的层析图像。GSTM 需要持续的详细测量和包括地震波探测器、加速计以及分布在地球上的大规模传感器对地球进行评估。

10.3.1　泛大陆与地壳移动

在现有的技术条件下,人类几乎无法操纵、控制或对地壳施加任何有意义的影响,但为了做好保护生命的准备,我们需要扩大对地壳的认识和了解。到目前为止,我们的技术条件一直停留在观察地球表面,并利用一些图像观察地球内部。推论包括发现三维地球图像的主要变化,半径为一维,地层表面或层为二维。这些收集到的数据对于解释地面和地球内部的变化(如滑坡、海岸沉降和(其他)构造过程)至关重要。图 10.2 显示了 1900 年至 2012 年的地震伤亡情况。例如,国际卫星对地观测和地质灾害论坛会议在其 1900~2012 年记录的 35 次地震中造成了多达 100 万人的伤亡。在过去的 12000 年中,全新代时期发生了 1500 次严重的火山爆发[7,8]。

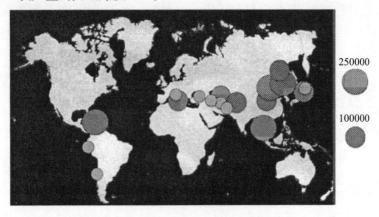

图 10.2　1900~2012 年地震人员伤亡[7]

---

① GSTM 被命名为一个未来的合作网络,鼓励将所有地震数据库集成在一起造福人类。

从地球的结构来看,地幔是地壳正下方的一层,岩浆通过地壳的薄弱点向地表渗漏,假设地壳是由大板块构成的,会引起地震、火山爆发、海啸和地球上其他不可预测的自然变化,这就是众所周知的泛大陆的概念。

二叠纪是一个古老的理论,该理论认为大约2亿年前地球上只有一个非常庞大的大陆,但由于一些相互作用的力量(如地核磁场),它逐渐开始分裂成碎片,这些碎片正在相互远离。然后,随着时间的推移,地球的大陆到达了它们现有的位置(图10.3)。

很容易想象,这一理论帮助地球科学家发现了今天大陆板块的特征,并观察到了它们断裂的边缘分裂开来的问题[9]。

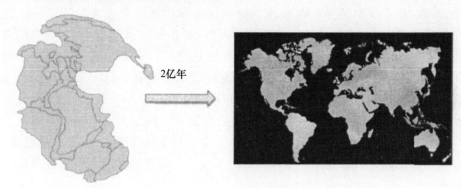

图10.3 二叠纪理论认为2亿年来地球大陆一直在移动

随着上述理论越来越普及,传感器和设备被用来测量更精确的大陆运动,我们发现了下列更多用途。

1. 测量移动

开发模型很复杂,但是可以通过一个简单的例子更好地了解这个过程。

假设地表上这些板块以同样的速度运动了超过2亿年。然后可以根据非洲和欧亚板块粘在一起,而其他三个板块,即北美、南美和澳大利亚,在2亿年的时间里,每一个板块都移动了地球周长的1/4,来估计今天的平均移动速度,然后对平均移动速度进行简化计算,得出板块的运动每年移动2.5cm的结论。这一数字可能看起来不太重要①,但由于其持久性和广泛分布的性质被认为是地球上地震的主要原因,这引发了对大陆板块的重新发现,并导致了未来先进的地壳监测模型(一般称为GSTM)的扩展工作。

2. 参考点

在地壳与地表测量监测系统中,建立了一组覆盖监测区域的点。这些点的

---

① 参考了 https://solarsystem.nasa.gov/plasters/earth/facts[39]。

移动是利用另一个点(称为参考点)的相对距离来测量的。因此,为了获得监测区域地壳运动或位移的真实状态,应该选择一些具有稳定测量值的参考点(即灵敏度测量值)。

10.3.2 全球地震断层图建模

层析成像(Tomography)的定义是指利用通过物体或物体内部传播的波所携带的信息来可视化内部构造物体,通常是三维的。在 GSTM 的建设中,利用地震波携带的信息来收集和重建地球。

什么是地震波?波的术语部分是指可检测信号能量的传播,将在这里讨论,并在 10.4 节中的 WUSN 技术下进一步进行详细讨论。地震(Seismic)这个词传统意义上是指地震(Earthquake)。然而,在更经典的意义上,我们把它当作地球的信号。这些地球特有的自然信号使我们能够在两个方面得以利用:一方面它们是不断增长的 GSTM 数据库的主要来源。每一个微小的信号都能为我们提供一些来自地球深处和外部的信息,这些信息可以被分析、处理和存储,以帮助我们理解不同层面发生的事情。另一方面它们向我们展示了一种信息通过地面传播的新技术。这一重要的技术进步正在迅速发展、进步,并有望使我们在未来利用地下作为一种媒介。它们也被称为地球信号或地球能量。

这些波在自然界是由板块或其他固体物体的碰撞产生的。它们自然地由机械能构成,以某种形式出现低频振动和局部运动功率,这些能量很容易穿过地球的固体层,并由地震探测器和适当的低频传感器探测。由于它们的低频特性,它们可以使用声学系统。在地下传播时,它们很容易在传播介质中被引导、反射和折射。

一般来说,地震通常由火山喷发等地球内部活动引起,并由于各种碰撞而产生大量的地震波信号向多个方向传播。如图 10.4(a)所示,有两个主要成分:P(纵)波,即沿传播方向的穿透波(主波、压力波、纵波);S(横)波,S 波在力面上传播,垂直于地震传播方向。

当它们穿过地球内层时被称为体波,但当它们到达地球表面时,P 波分量消失,幸存的 S 波在将其毁灭性能量传递给表面物体之前扩散到地球表面。由于这两种基本波的性质,它们的速度变化相似,但 P 波的传播速度比 S 波快得多。如图 10.4(b)所示,这种差异在岩芯中更为显著,特别是在横波通常被阻挡的"外岩芯"中传播时。图 10.4(c)显示了地震波穿过地球内部的典型传播模式。

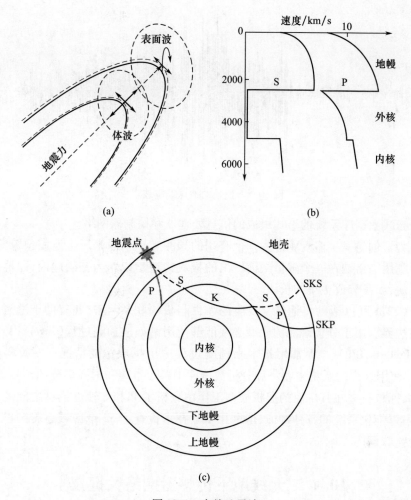

图 10.4 自然地震波

(a)波的矢量表示;(b)地表不同深度的地震波速度;(c)穿过地层的各种地震波模式[10]。

值得一提的是,还有一些其他的震波,通常是伴随着地震波而来的。这些波通常比 P 波和 S 波慢,出现在地球表面或正下方。它们以科研人员的名字命名为瑞利波、洛夫波和斯通利波。图 10.5 显示了 2006 年在夏威夷记录的样本表面出现的信号序列及以下细节。P 波先到达,强度很强,但由于终止于表面,被完全传播并转换成其他波,在 S 波到达之前,这些波的振幅大幅锐减。然后我们注意到表面波(Love、Rayleigh 等人)具有更强的物理破坏性波,这些波造成了地震影响[11]。

GSTM 以一种大型网络化的方式工作,由三组设备组成,以提供完全可操作的服务,即检波器、传感器、加速器和探测器,专用地震记录仪和本地信号处理,

图 10.5　记录的地球地震波[11]

以分布式数据库系统的形式组成的信息处理器和控制器网络。

为了创建一个 GSTM 作为一个有用的预测知识来源来产生地震预警警报，需要利用韦格纳在一个多世纪前提出的板块构造学说作为基础理论，即地壳不是一块，而是分成更小的板块。

GSTM 可以帮助将地球上发生的事件与板块联系起来，并有助于澄清板块及其边界。用于分析观测的模型必须能够使用诸如逆预测过程（Inverse Predictive Process，IPP）[12]等常用技术来预测过程中层析成像的情况。库拉科夫等人[13]使用这样的系统来收集和分析数据库中各个本地和国际部分的信号数据。例如，库拉科夫在其广泛的层析模型工作中分析了 P 和 S 速度模型之间的不一致性，以细化系统的各种特征，他利用 IPP 技术检查了 32 个区域地震区以及亚洲地幔数据库[14]。

10.4　无线地下传感器网络关键技术

WUSN 通常被称为无线传感器网络的地下延伸，实际上并不十分精确。由于地下的极端环境特性，它包含了 WUSN 复杂的部署和服务场景，让人想起了一个经典的 WSN。基于这些原因，我们避免在地下智能传感设计中使用通用 WSN 拓扑结构。到目前为止，WUSN 中使用的都是传统设备，并且在不同的应用程序之间有很大的差异。

为了使 WUSN 更全面地应用于那些寻求连接的用户以及那些希望将其视为 WSN 新扩展的用户，我们将 WUSN 应用分为两组：近地表地下服务（Near Surface Underground Service，NSUS）和全球规模系统。全球规模系统与前一节中讨论的情况类似（如 GSTM），但对于近地表地下服务，实际应用需要高度可变的无线传感器系统（Wireless Sensor System，WSS）式部署，其中每个应用程序都需要在其自身的工作环境下进行优化设计和调整。进一步讨论见 10.5 节。

到目前为止,所有的自然传播候选技术,如电磁、磁感应和地震技术,都显示出在为通过地面的通信提供理想链路方面的不足。在能源和智能利用方面也应该存在类似的问题。例如,大多数现有的应用程序都使用了 mote 风格的技术节点,其中大多数都针对地面 WSN(TWSN)①场景进行了优化,并且变得不足。

我们知道,要想充分开发地下智能传感器②并使其为我们工作,需要解决通信、能源和本地智能三大网络特性的问题。

10.4.1 电磁传播

如我们所见,除了探地雷达等特殊应用外,电磁波通常不是大多数 WUSN 应用的首选信号传播方式。然而,在特定的地下情况下,它却能展示出一些令人满意的优势,包括①密集和人口稠密网络的短距离优势;②接近地表,因此能够使用地上陆地链路;③使用 TWSN 电磁部件的低成本网络,以确保其应用的可行性。

同样有趣的是,载波频率和路径的土壤含量尤其是土壤中的含水量(VMC)对信号造成了显著的损失。例如,Akyildiz 和 Stuntebeck 的早期研究[15]表明,在湿度为 5% 的土壤样品中,发射机在第 1m 处 1.4GHz 频率信号的路径损耗约为 70dB/m。然后,25% VWC 的 1m 信号损失增加了 30dB,显示了含水量的负面影响。对于载波频率相关损耗,将其提高至 2.8GHz 将显示,含水量分别为 5%、10% 和 20% 时损耗分别增加了 13dB、38dB 和 60dB。Akyildiz 等人进一步更新了结果[16]。对于更远的距离和稍低的频率显示出更有趣的结果,在 300MHz 时,0.6m 处损失 35dB(VWC 为 5%),每米增加 20dB,而对于 25% 的 VWC,每米增加 7dB。对于 900MHz,这个额外的跳跃减少到 3 个 dB。土壤湿度的官方名称是测量的体积含水量③。

信号传播的两个主要限制因素:一是实际距离产生的严重损失;二是由于不可控制的水分和土壤(如石头、沙子、淤泥和黏土)的含量不同,损失存在高度可变性。

有三个参数用于测量土壤的无线电波传播的统计特性。它们分别是介电特性的介电常数(ε)、磁特性的磁导率(μ)和导电性(σ),复损耗常数($\gamma = \alpha + j\beta$)包括相位畸变和振幅衰减,$e^{-2\alpha d}/d^2$,其中 α 是介质的衰减常数,d 是传播距

---

① 本章(书)中术语 TWSN 仅用于"地面 WSN",不应将其与文献中偶尔见到的"隧道 WSN"混淆。
② "传感器"一词以通用格式使用,因此包括所有类似的设备。
③ 土壤湿度或湿度,已经在文献中显示了含水量(VWC)和体积含水量(VMC),首先使用这两个术语的体积。

离。对于系统设计,需要无误差接收,这需要测量两个基本功率分量:一是链路探测端的有用信号功率 S,二是累积噪声功率作为总噪声 N[17]。然后,信噪比(SNR)确定链路的信号质量,单位为 dB。

$$SNR = 10 \cdot \log(S/N)$$

式中:S 为信号功率;N 为总有效噪声功率。

对于复杂的地下路径链路设计,用 dB 表示为

$$S_d = S_t + G_t + G_r + G_a - L_f - L_m, N_d = N_t + N_r + N_a + N_m。$$

式中:S_d、N_d 分别为探测器接收信号功率及其噪声功率;S_t、N_t 分别为发射机信号功率及噪声功率;G_t、G_r 分别为发射机和接收机天线增益;N_r 为接收机噪声,不包括 LNA①;G_a 和 N_a 分别为 LNA 的增益和噪声;$L_f = 20\log 4\pi d/\lambda$,为自由空间信号损失;$\lambda$ 为媒介中的有效信号波长;d 为路径总距离;L_m、N_m 分别是信号和噪声的介质损耗[17]②。

为了继续进行地下电磁传播的数学建模,我们研究了特定地下介质的路径损耗(L_{em})。为此,使用通常可接受的 0.3GHz~1.3GHz 频率范围的估计损耗公式[16]:

$$L_{em} = 6.4 + 20\log(d) + 8.69\alpha d + 20\log(\beta) \qquad (10.1)$$

上述公式适用于具有恒定磁导率、电导率和介电常数的地下直接路径。对于非磁性材料 $\mu = \mu_0 = 4\pi 10^{-7} H/m$。然而,介电常数是指介质的介电特性,随载波频率、材料及其湿度的变化而变化。因此,其复杂的损失行为取决于两个复杂的组成部分:$\varepsilon = \varepsilon' - j\varepsilon''$。为了帮助设计者拥有一个实用的方法,我们利用了 Peplinski 原理和他们的实验结果[18]。以介电常数分量引起的损耗为例:ε' 和 ε'' 对于 0.3GHz 和 1.3GHz 的端部频率,使用其场 1(50% 沙、35% 淤泥和 15% 黏土)作为 5 个 VWC 点(5%、10%、15%、20% 和 25%)的介质。图 10.6 显示了两个 ε 成分常数的曲线图。图 10.7 显示了使用公式 10.1 计算的路径损耗 L_{em}。

图 10.6 和图 10.7 中结果估计对集可用于设计图 10.7 中所示任何实际范围和载波频率的网络化智能传感器系统节点之间的连接链路。对于较低的频段,含水量的影响较小。但是,由于 WUSN 节点前端接收器在正常情况下采用固定距离部署,因此可以估计两个节点之间的工作空间,以保证在与地面最高湿度相对应的最短距离内工作。

---

① 前端放大器也称为低噪放大器(LNA),是接收机的重要组成部分。
② 如果地下介质是非均匀反射层和折射层,通常会引起多径效应。因此由节点引起的传播路径的信号和噪声会有一些调整。

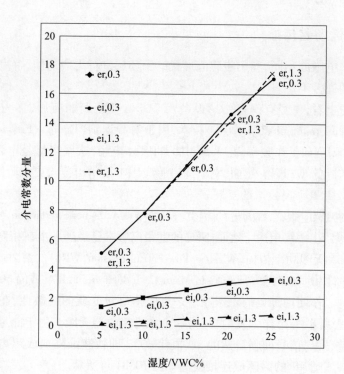

图 10.6 重新绘制 Peplinski Field-1 混合物的两个 ε(介电常数)分量[18]

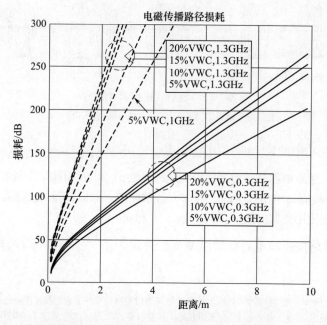

图 10.7 某些电磁传播路径损耗:体积含水量分别为 5%、10%、15% 和 20%

10.4.2 远场磁传播

与传统电磁波不同,利用磁感应形式的磁场层进行无线通信,解决了地下通信设计中的许多不足。

从历史上看,已经有许多传感设备用于非常短距离的应用,称为近场通信(Near-Field Communication,NFC)技术,用于射频识别(Radio-Frequency Identification,RFID)和工作频率为13.56MHz的医疗应用,这些当然是电磁产品,但不适合于实际的WUSN。然而,它们的磁感应版本显示出覆盖更大范围的潜力,因此可以支持WUSN技术的发展。

NFC的磁感应版本,称为近场磁感应(Near-Field Magnetic Induction,NFMI)通信技术,已经展示出一些用途。然而,NFC的远距离版本已经展现出在相对较远的距离上WUSN和无线功率传输(Wireless Power Transmission,WPT)的潜力;因此,我们更喜欢称它们为远场磁感应(Far Field Magnetic Induction,FFMI)①或简单磁感应②。

最初的工作使用经典的磁学原理来克服信号对介质的灵敏性,在介质中使用两个常规线圈,一个作为发射器,另一个作为接收器天线。由于能量在磁场中的常规扩散,发送信号面临自然的3D损耗效应(即快速滚降造成距离的六阶功率损失)。一个简单的磁感应连接线圈如图10.8(a)所示。

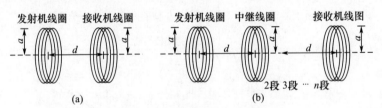

图10.8 磁感应连接示意图

(a)连接两个线圈的简单连接;(b)继电器等距 n 段连接。

链路损耗功率的数学模型为 $\left[64R_0\left(R_0 + \frac{1}{4}\mu j\omega w_t\right)\right]/\left[(\mu^2\omega^2 w_t w_r \alpha_t^3 \alpha_r^3) \cdot d^6\right]$[16]。

这里,w_t 和 w_r 是发射器和接收器线圈的绕线匝数,α_t 和 α_r 损耗是发射器和接收器线圈半径,R_0 是线圈每单位长度的电阻,d 是连接距离。然而,实际上,通常在发射机和接收机的两侧使用类似的线圈(即 $\alpha = \alpha_r = \alpha_t$ 和 $w = w_r = w_t$)。

因此,链路损耗功率的数学模型可以简化为 $4\dfrac{1+jQ}{Q^2}\delta^2$。这样,模型就只有

---

① 在术语FFMI中使用"远场"的概念是相对于NFMI而言的,事实上它的使用距离远远小于TWSN。

② 由于"磁感应"和"电磁感应"在术语表达上的相似性,在工业应用上两者存在着可以理解的概念模糊性。

两个独立的参数,即连接质量因子 $Q = \dfrac{\mu\omega w}{4R_0}$ 和相对体积距离 $\delta = \dfrac{d^3}{\alpha^3}$。压缩信号功率损耗可以用下式来表示:

$$L_{mi} = 6.02 + 5\log_2(Q^2 + 1) - 20\log_2(Q) + 20\log_2(\delta) \tag{10.2}$$

以上损耗功率可以设计为任何工作频率,f 和 d 分别由 $Q(f)$ 和 $\delta(d)$ 决定。

如图 10.9 所示,有趣的是,对于短距离而言,路径损耗从 6 阶开始,并随着距离的增加迅速增加到超过 100dB。这种低功率信号对于普通接收器来说是不可接受的。

为了延长距离,一种解决方案是使用中继器式继电保护导向线圈,如图 10.8(b)所示。也就是说,只需将 $(n-1)$ 个继电器部分添加到图 10.8(a)所示的同一个线圈连接。然后,信号的功率损耗计算变成一个普通链路的组合,后跟任意数量的中继段,然后是未补偿的 n 段链路的总损耗:

$$eq = 段数功率比 = \left(\dfrac{\delta}{Q} + j\delta + \dfrac{1}{\delta} + \dfrac{Q}{1 + jQ}\right)^2 \tag{10.3}$$

此时,一个无补偿 n 段链路中继连接的总体损耗为

$$\left(4\dfrac{1 + jQ}{Q^2}\delta^2\right)\left(\dfrac{\delta}{Q} + jQ + \dfrac{1}{\delta} + \dfrac{Q}{1 + jQ}\right)^{2(n-1)}$$

为了获得更好的性能,可以为每个延迟段创造一个匹配条件,使用补偿因子 $C = \dfrac{\mu}{2\pi a R_0 Q^2}$,用 C 来简化延迟部分损耗公式中的 $\left(\dfrac{\delta}{Q} + \dfrac{Q}{\delta}\right)^2$,$n$ 段链路的损耗为

$$L_{total} = L_{mi} + 20(n-1)\log\left(\dfrac{\delta}{Q} + \dfrac{Q}{\delta}\right) \tag{10.4}$$

图 10.9 显示了使用补偿(式 10.2)、无补偿中继和使用(式 10.3)补偿中继损耗的三种简单链路(第一节 L_{mi})的信号功率损耗的一些示例。图 10.9 中从顶部(较高的损失)到底部(较低的损失)的七条线含义如下。

实曲线显示使用 1GHz 载波信号的无补偿中继部分的损耗。当距离接近 20m 时,由 1m 处的 60dB 损耗增加到 140dB。对于 100MHz 和 1GHz 载波,则有两条链路 L_{mi} 曲线。第一条(100MHz)附有三条线,显示曲线在三个点的斜率。第一条斜率线在距离约 1m 处与曲线接触,40dB 损耗显示最高斜率为 18dB/倍频程(大斜率),然后中间斜率线在约 6m 处与曲线接触,在 80dB 处显示斜率为 12dB/倍频程(中斜率),第三个在 10m 处,斜率为 6dB/倍频程(小斜率)。其次,1GHz 的链路 L_{mi} 曲线显示在 100MHz 上提高了 15dB。针对载波频率分别为 100MHz、300MHz、1GHz 和 2GHz 的补偿截面情况,得到了 4 条性能曲线。例如,补偿电容在 80dB 左右的影响是不容忽视的。

图 10.9 中估计的磁通道链路损耗结果显示了这种磁感应配置的一些重要

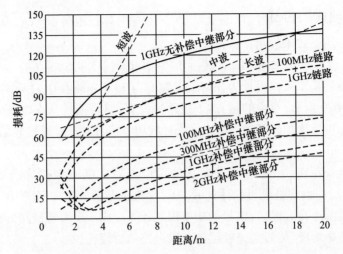

图10.9　不同频率和补偿条件下的磁感应链路损耗和截面损耗图

性能因素。载波频率起着重要的作用,但其他设计因素也变得有用。载波频率的增加实际上降低了损耗。同时由于初始损耗(近场效应)的原因,在较长的单链路距离下使用更敏感的接收器比建立中继连接这种方式更为有效。

然后,等间距 n 段链路设计就变成了一项简单的任务,即为式10.4给出的最小总损耗选择最佳段数 n,如图10.10所示。这里所有曲线图的载频都是1GHz。如图10.10所示, n 段链路的损耗随 n 增加而增加,也就是说,级联可能成为一个重要的设计参数,可以很容易地放入设计表中。

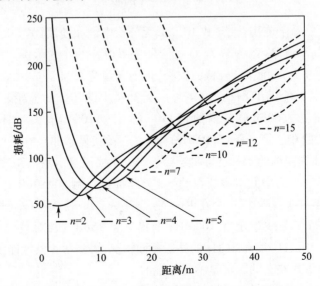

图10.10　等间距 n 段链路磁感应继电器过负荷设计

10.4.3 地震波传播

如果研究人类耳朵进化的本质,会发现它是为"机械式听觉"而设计的,研究人员因我们并没有采用这种自然先进的技术,即利用地震波进行地下通信感到十分意外。许多动物的进化过程,如鼹鼠和农场大鼠(中东盲鼹鼠)使用其自然受体模拟振动信号(例如,振动刺激通过机械感受器、微小物体和神经末梢传递)来确定信号来源。因此,利用地震波进行地下通信是目前正在兴起的另一种可能成为无线传感器网络发展基础的信令技术。

在 10.2 节和 10.3.2 节提到,地震波在地球物理项目中的广泛应用,在许多预测自然灾害和拯救生命方面奠定了领先的技术基础。

在自然界中,地震通信以振动的形式存在,作为一种通过机械(地震)振动在哺乳动物、爬行动物、鸟类和昆虫等诸多生物之间传递信息的过程。从科学的角度讲,把它应用于更广泛的技术和设备通信,"地震波"作为一种新现象处于较好的位置,一种适合于地面介质性质的三维机械波形可以穿透地表的坚硬层,使我们能够利用它们在地面上进行通信。这种丰富的全球规模的技术现在可以使我们迈向 WUSN 技术的新高地,进入一个新的技术发展阶段,更有助于建立一个新的地下工业范式。

现有的一些地震波不能算作宽频带,因为它们的频率范围分散,较难分析。但是,由于它们的频谱有限,那些用于地震易发地区工业应用的地震波,成本又低,对其现有用途有效得多。对于特定的应用,可以看到地震监测系统的一系列产品,如图 10.11 所示,工作频率从 0.01Hz 到几兆赫兹不等。

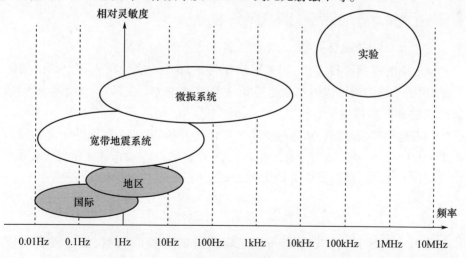

图 10.11 地震波工作谱[19]

如图 10.11 所示,地震波谱可分为 5 个频带谱,分别来自于以机械振动形式通过地面传递爆炸和裂缝信息的自然地震信号。从 WUSN 部署的角度来看,这种振动信号可以被视为传感器之间数据传输的潜在技术。为此,需要知道能量的损失,这显然取决于传播路径。我们研究固有衰减[20],并使用无量纲变量。Q 也称为地震衰减系数,一般定义为

$$Q = 2\pi E/\Delta E$$

式中:E 为波的能量;ΔE 为其一个周期的平均变化。

Q 值随土层(介质)含量的变化而变化,软土和纯土的 Q 值最低为 5,岩石的 Q 值约为 100,金属的 Q 值则增加到很高,如钢的 Q 值为 10000。因此,在实际应用中,在任何设计之前测量介质的 Q 值是有必要的,在设计中使用单波(也称为一维)进行测量,如果接收器位于表面,通常可以产生最佳结果。在这种情况下,Q 方程可以简化为 $Q = -\pi A/\Delta A$,其中,波的有效振幅 $A = \sqrt{E}$,负号表示振幅 ΔA 正在减小。这表示一个指数损失公式,可以用 x 来表示距离,用 t 来表示时间,基于下面的表达式:

$$Q = -\frac{\pi A}{\lambda \dfrac{dA}{dx}} = -\frac{\pi A}{\dfrac{2\pi v}{\omega}}\left(\dfrac{A}{\dfrac{dA}{dx}}\right) = -\frac{\omega}{2v}\left(\dfrac{A}{\dfrac{dA}{dx}}\right)$$

式中:波长 $\lambda = \dfrac{2\pi v}{\omega}$,$\omega = 2\pi f$ 为角频率,v 为波传播的速度。

然后它可以用指数导数形式表示为 $\left(\dfrac{\dfrac{dA}{dx}}{A}\right) = -\dfrac{\omega}{2vQ}$,这就产生了地震波在任何时间任何距离的衰减函数,其振幅和功率分别为

$$A = A_0 e^{-\frac{\omega}{2vQ}x} = A_0 e^{-\frac{\omega}{2Q}t}, E = E_0 e^{-\frac{\omega}{vQ}x} = E_0 e^{-\frac{\omega}{Q}t}$$

从上面的模型可以看出,损耗取决于传播媒介的信号频率和 Q 值。实际上,地面的不均匀层可以改变波的速度,并随之改变 Q。图 10.12 显示了实验结果的 Q 波和 P 波传播[21]。

如果这种单频射线传播通过一个多层传播介质,其 n 个截面的距离分别为 $d_i, i = 0, 1, \cdots, n$,在时间点 $t_i, i = 0, 1, \cdots, n$ 穿过第 i 个截面,其地震衰减系数为 $Q_i, i = 0, 1, \cdots, n$,传播速度分别为 $v_i, i = 0, 1, \cdots, n$。能量损失为

$$\ln\left(\dfrac{E}{E_0}\right) = -\omega \sum_{1}^{n} \dfrac{x_i - x_{i-1}}{v_i Q_i} = -\omega \sum_{1}^{n} \dfrac{t_i - t_{i-1}}{Q_i}$$

值得一提的是,检波器是一种非常流行的地震波装置,用于各种地下服务。

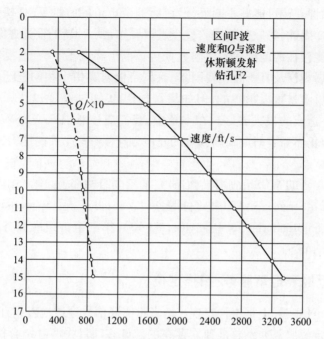

图 10.12　实验 P 波的速度以及 Q 值与深度的关系图[21]

10.5　近地表服务

在科技发展日新月异的世界中,我们紧随全球新技术的发展趋势。因此在本节中,将探讨"以设计换供应"的新方法。通信和计算机技术的全球化影响,正在塑造全球信息化社会的未来,由产品范式进一步演变为智能传感器引领的服务范式。也就是说,WUSN 技术应该呈现一种从产品设计到服务设计的整体业务趋势,一种在用户家门口全自动和自维护的可交付系统。

这不仅仅是一个想法,而是一个正在发展变化的过程。它开始于几十年前,经历了大量静态的、不稳定的行业失败,而 WUSN 也不例外。积极的一面是,几乎所有的 WUSN 应用都不需要进行深入挖掘。但是从消极的一面来看,显然需要付出较高的成本。

基于上述原因,我们提出了先进的轻量级 WUSN 的设计,也称为 WUSS 应用。为此,我们在近地表地下传感器服务(Near Surface Underground Sensor Service,NSUS)下解决了潜在的小型 WUSN 系统。

作为一项成功的新型技术开发,一个创新的工程社区应该拥有一些新的能力,以确保它不会陷入任何可能的断面。在第一次和第二次工业技术革命的早期阶段,断面性差距可能并不明显,但在新的全球市场力量下,这些差距可能变得至关重要。因此,将服务部署的整个过程看作是一种新的设计方案,可以提前发现任何可能存在的漏洞。

由于发展规模及其所涉经费因素,人们可能对其中一些问题还没有形成足够的了解。风险是可以承担的,但如果是预期的、可能是经过计算或预测的问题,总比意外造成的损失要好。在本章中,我们应该意识到 WUSN 技术的发展非常缓慢,但仍然需要研究最新技术的发展如何能够产生新的能力,了解技术可用性的艺术状态[①]。

为了探寻新的 WUSN 应用机会,研究了三个组的部署。第一组为扫描服务(Scanning as a Service,SAAS)和定位服务(Localization as a Service,LAAS),第二组为监视服务(Monitoring as a Service,MAAS),第三组为组网服务(Networking as a Service,NAAS)。

10.5.1 近地表地下服务:扫描定位

扫描和定位实际上是一种发现。两者都需要信号穿透地表或直接进入发现区。扫描和定位服务并不总是独立存在的。许多项目将两者结合使用,或与其他技术(如 RFID、成像和通信)互补集成。

1. 扫描地面

地下扫描通常使我们能够测量土地的性质,例如,农业用地中新土壤的质量,或生成一份专门的土地及其近地表层地图。它可以用来检查老矿山的安全状况,以防结构风险。新的矿山、隧道和类似的挖掘都可以从一些初步的扫描中受益,然后再制定一项战略,以确保其漫长、无风险的项目周期,特别是在自然灾害的多发地区。

长期扫描应用是为了测量地面或地下物体的动态行为而设计的。而短期扫描应用是指那些需要识别某些具体未知特征的扫描,而长期扫描通常应用于不确定性或危险条件,以便于早期预警和进一步测试。值得一提的是,探地雷达(ground penetrating radar,GPR)是一种非常流行的用于扫描和定位服务的设备。

1) 地雷

探地雷达的人道主义应用之一是在军事动乱区域土地中发现剩余的地雷。在那里,太多被遗忘和丢失的地雷可能仍处于活跃状态,造成公众恐慌,并威胁生命。

尽管这项任务听起来简单而琐碎,但实际上可能代价高昂,不方便且复杂,原因一是大多数地雷都布设在非常贫穷的地区,那里的人民负担不起日常生活

---

① 不幸的是,现在许多学术研究的目的是为了促进出版,而不是为了生产和人类进步。

费用,人道主义预算也不能负担得太多;二是需要开展非常危险的行动;三是工作需要独特设计的专用设备和装置,并且因为操作的系统、机械和机器人应具有抗冲击性,因此很重。Habib[22]描述了一些排雷发展的好例子,声称大约 1 亿枚地雷分散在全世界 68 多个国家,并会造成重大危害。这主要是因为地雷便宜、容易制造和埋设。典型的地雷由一个发射装置、引爆助推器的雷管和一个爆炸装药组成,而地雷的主体则是一个塑料或金属外壳,它被放置在地面上或地面下。地雷涉及一系列熔合激活机制,包括推、放、动、音、磁场振动、电子或遥控指令。全世界大约有 2000 种地雷,主要分为两类:反步兵地雷和反坦克地雷。

2) 地下钻探扫描

由于各种原因(如隧道掘进、采矿作业、地下通道或储存区)在地下钻探是一种需要扫描地面及其可见表面的应用。用于激活感知成像的技术有电磁、地震和磁性。由于隧道掘进机(Tunnel - Boring Machine,TBM)产生的地震源具有能量,因此可以用于测量。

在许多情况下,探地雷达或层析成像技术可能是足够的,但对于岩石和岩层的恶劣条件带来很多挑战。Bellino 在"随钻隧道地震"(Tunnel Seismic While Drilling,TSWD)方面的一项有趣工作不需要单独的震源,因为它使用地震波将检波器与信号源关联起来。为了驱动隧道挖掘机,使用加速度计作为地震信号源,产生与 P 波和 S 波信号相对应的强相干事件。传感器分布在隧道壁上,然后地震探测器(检波器和加速度计)对其进行分析,以控制岩石的钻探和爆破[23]。

其他钻孔和扫描技术,可以使用"隧道内水平地震剖面"(Horizontal Seismic Profiling,HSP)和"垂直地震剖面"(Vertical Seismic Profiling,VSP)来处理水平轴向。然后,更先进的硬岩环境勘探系统是"隧道地震预测"(Tunnel Seismic Prediction,TSP)系统,随后是"集成地震成像系统"(Integrated Seismic Imaging System,ISIS)中更复杂的软件,在层析成像方面,有隧道反射层追踪(Tunnel Reflector Tracing,TRT)、真反射层析成像(True Reflection Tomography,TRT)、隧道地震层析成像(Tunnel Seismic Tomography,TST)、真反射地下地震技术(True Reflection Underground Seismic Technique,TRUST)和隧道地质预测(Tunnel Geological Prediction,TGP)[24]。

2. 定位

地下定位是一项短期应用,通常是在扫描项目之后进行。需要测量在扫描项目中发现的某些特征的隐藏对象位置。有效的定位技术从使用自然地震波到无线电和磁感应技术不等。在某些特殊情况下,可能需要并使用组合技术,如定向扫描仪和成像系统。

先进传感器和 WUSN 项目的定位要求虽然不是新出现的,但也没有得到充分的发展。需要先进传感器进行定位的三个主要领域是对自然物和新材料进行地下扫描,对发现物体或伪影进行地下扫描,监测上地壳地震波并预测行为,使我们能够定位出更稳定的地面区域,用于大型工业建筑,如重型高塔建设。

以下以公用设施再发现和测绘为例,介绍地下定位的应用。

有许多老旧的公用设施,如管道(水、煤气等)仍在使用,由于其长度和深度的原因,它们不应被丢弃或遗忘。这种情况发生在有太多新道路、重建和物流变化的旧城镇,或由于各种自然灾害和人为因素导致老旧公用设施的地图和数据丢失而无法定位。再发现是一个复杂、昂贵、有时是危险的过程,许多地方政府无法承担。新的传感器技术可以帮助重新绘制效用图,这种定位的一个好处是使用地震技术来定位这些地方的公用设施。NAP 的 Young 报告提供了一项有趣的工作,即使用一些多传感器平台定位长埋在地下的管道和其他公用设施[21](图 10.13)①。

NAP 的另一个基本但有趣的实用程序来自 Hammer schmidt[25],用于定位和识别堆叠和深层实用程序。在有源声学方法中,注入管道的脉冲声波通过管道中的介质传播,如果管道存在泄漏,则能够被探测到。这种方法使用非常低频的系统,并转换为"飞行时间"(TOF)来估计泄漏的位置。图 10.14 显示了有源声学技术的双传感器版本的原理图。观察这种方法,很容易看出,在声学信号处理中提高这种装置性能的巨大应用潜力。

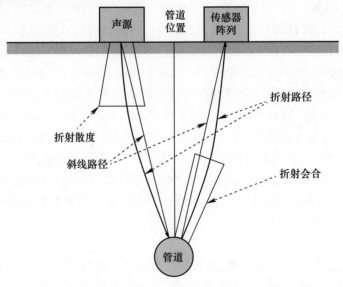

图 10.13 实用程序定位过程,使用简化的实验测量示意图

---

① 构成地面的材料介电性质为每一种波产生两个分量。例如,S 波有两个分量,垂直分量为 SV,水平分量为 SH(平面,垂直于传播方向)。

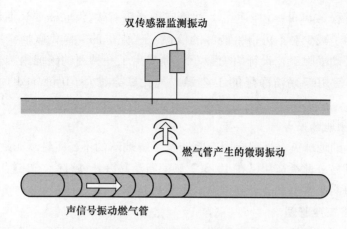

图 10.14 使用双传感器有源声学进行管道定位[25]

10.5.2 近地表地下服务:监控应用

WUSN 的监测应用大致可分为三类管理服务:①应对自然灾害的地球管理;②地下工业管理;③控制地下工业管理不善。

1. 应对自然灾害的地球管理

为了让智慧生命能够继续在地球上长期生存,需要保持对地球的持续监测,防止它遭受任何严重灾难的破坏,同时拯救人类自己免受自然灾害的影响。到目前为止,我们已经采取了两个值得骄傲的重大步骤。一个是实施监测以防止地球整体温度进一步上升。据我们所知,这是由于工业肆意发展造成的二氧化碳排放量过大以及大城市交通拥挤的原因(见 10.2.1 节)。二是建立知识库,在全球范围内了解地球。

1) 处理过量二氧化碳

到目前为止,我们已经设法提出了两个可以接受的解决方案来减少大气中过量的二氧化碳。一是将其保存在远离大气层的地壳中,以备妥善保管和将来使用。二是将其转化为新能源。由于二氧化碳可以在地壳表层储存,二氧化碳的其他作用已被提出,而油井的钻探和生产仍在继续,可以遵循 Benson 在 2005 年和 2008 年的两项相关工作中对设计案例的分析[26,27]。支持这一想法实用性的事实是①由于已经取出并用水代替了气体,矿井已经空了;②二氧化碳作为气体注入地壳较低层时很容易被压缩(例如,1000m 深时体积是原来的 1/30);③天然气的自然存储,可保证发生泄漏的低概率(几百年来几乎为零)。

第二种解决方案听起来更有效率,风险更低,因为工业驱动的再生氢过程和其他化学过程,如 Luberti 所述[28]。尽管它可能更有效,但它需要长期保证和特殊资源。为了减少对不可再生能源的依赖,在"先进的二氧化碳捕集制氢发电厂的氢压摆动吸附工艺设计"的倡议下,他提出了一种新的碳捕集装置和氢净化技术,即使用新兴洁净煤的工艺集成气化联合循环(Integrated Gasification Combined Cycle,IGCC)技术。

2) 监测地球灾害

WUSN 的地球灾害处理应用主要涉及了解地球的不稳定性质、预测地震和生成预警信号。此类应用已在 10.3.2 节中涉及并展开过讨论。在这里,将有大量的潜在机会来扩展和充分利用 WUSN 进行运营。

2. 地下工业管理

了解地球的性质及其在地表附近的行为,可以在 WUSN 下利用智能传感器技术来管理工业,更好地利用资源。地下工业有三个重要领域:农业和畜牧业的监测服务,矿山工业的监测服务和石油工业的监测服务①。

1) 农业和畜牧业监测

采用 WUSN 和 WUSS 技术可大大提高农业服务水平。10.2.3 节已经讨论了工业要求及其重要性。对于详细的技术,感兴趣的读者可以参考文献[6]。

2) 矿业

矿山和矿产是重工业的血脉。从历史上看,在煤炭作为能源进入第一次工业革命之前,矿业是从铜、青铜和矿石开采开始的。由于监测矿山对 WUSN 应用的独特要求,将在 10.6 节中将其作为典型案例进行讨论。

3) 油井微震监测技术

从地震波的长期发展历史及其走向全球地质模型的发展路线看,油井微震监测展示了其作为理解和建模石油、天然气和采矿业工具的价值。例如,图 10.15 为加拿大的一个重油生产设施的示意图,该设施安装使用了垂直检波器阵列,用于监测一系列地下油井向重油层注入油气的过程[29]。

3. 控制行业管理不善

由于历史的发展,工厂和重工业共享了人类赖以生存的土地,这种共享就像一把双刃剑。如果管理得当,它可以带来繁荣和更高的生活质量;如果管理不当,它会以灰尘和有毒的技术副作用威胁我们的生存环境,给我们留下一代又一代人为的工业危害、有毒物质和地面污染。在这里,分两部分简要地讨论这些问题。其中一部分是"毒剂"问题,通过传感器和专门的设备找到对付它们的方

---

① 由于本书采用了高层次的方法,因此不包括详细的解决方案。大多数设计方案是传感器和设备的简单互连。

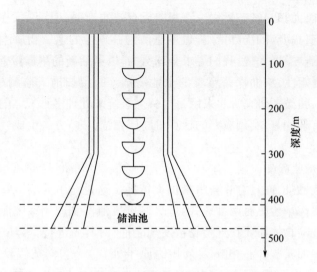

图 10.15　使用传感器阵列的重油生产示意图[29]

法。第二部分是设计拙劣、管理不善、漏洞百出的相关问题。

1）工业毒剂

毒剂或有毒物质意味着一种物质对生物具有致命的毒性。因此,毒性代表其危害人类健康(一种生物)的有效程度以及它对生活环境造成的污染程度。有毒物质以固体、液体、气体的形式存在,有时还存在辐射。当它们以液体或气体的形式接触时,它们是最有效的。液体形式通常是化学或生化的。化学物质通常是天然的,包括汞和铅,或化学战争物质中使用的有毒酸等人造化学产品。天然物质更容易预测和定位。然而,人造物质通常是旧的、原始的工业活动的废物,一般是化学品。生物毒剂很难识别,通常需要专门的传感器。

生化毒剂包括很多种,这主要是因为它们的药用性发展不断增长。然而,由于它们在地下的用途,仅限于有机化合物,如甲醇和植物及其他生物的毒剂,由真菌、植物和称为毒素的微器官产生的生物毒素。动物的毒素叫做毒液。

因此,监测地下埋藏的各种有毒物质(如化学、核、生物、实验室废弃物、泄漏、腐蚀等)威胁着我们的生命,结果是出人意料的。例如,Harris 等人报告称,自 1988 年以来,美国和加拿大发生了 17 起有记录的一氧化碳(CO)经地层迁移至被使用封闭空间的泄漏事件。污染地表的危险的有毒气体是未充分燃烧的燃料,如碳和氮,它们通过各种自然过程或各种人造形式存在。爆炸引爆的气体产物包括许多种类,包括一氧化碳(CO)、一氧化氮(NO)、二氧化氮(NO_2)、甲烷(CH_4)、氢气(H_2)和氧气(O_2),这些气体在合适的地方可以再次用作住所和工业场所应用[30]。

处理毒素,尤其是气态毒素一直都缺乏有效的管理。因此,大多数管理不善的行业宁愿支付高额的法庭费用,也不愿清理其危险的遗留物质。由于传感器和更好的探测器发展太慢,我们寻求全球努力,以激活新的测毒传感器和更好的 WUSN 发展可能性,从而保持宝贵的土地清洁。断层扫描式监测是有希望的,Neumann 等人的最新研究听起来像是用一个系统来处理多种气体的一种很有前途的方法。有趣的是,利用成熟的计算机断层扫描(CT)方法生成气体密度分布的二维图[31]。

2) 地下工业渗漏

泄漏就是污染,而且意味着污染加上传播。这是对工业危害管理不善的第二部分。泄漏控制传感有两种形式:垃圾倾倒区泄漏和应用系统泄漏。监测埋在土壤中的危险物体需要在危险物被发现之前,对其先进行了解(例如,在全世界仍然有许多旧实验和核电站残余物的原子处置)。它们被假设认为是安全的,并且正在慢慢衰落,但大部分危害对当地居民来说还是未知的。

人们有权了解自己所生活的地区、该地区的安全信息以及在发生泄漏时的任何行动计划。如今,它们应该配备一些先进的传感(WUSN)和预警系统。现有应用系统的泄漏,无论是公用事业还是工业管道,都应采用适当的检测和系统恢复。

现代的工业化生活离不开管道的使用。管道有多种形式和功能,可用于多种服务,例如,清洁水供给,这是最基本的;家庭天然气供给,智能生活;国际天然气和石油贸易输送和工业场地供给,使用水、天然气和许多其他货物共用的结构管道系统。由于具有成本低、可靠性高、安全性好等特点,通常作为替代在海上或陆上使用油轮和其他车辆的传统运输方法首选。但是,根据其结构和使用情况,它们也会受到腐蚀、裂纹和其他故障问题的影响。

泄漏检测通常会显著节省时间、精力和损失。用于检测和定位泄漏的方法有两种。第一种是管外法,虽然听起来方便,效果更明显,但已被证明是不可靠的、昂贵的,而且往往是复杂的。它们主要依赖于泄漏的二次效应(即泄漏物显著传播)。因此,它们有两个缺点:太多昂贵的探测器、环境依赖的灵敏度(如土壤),这导致非常差和不可靠的设计。第二种是管内法。虽然在概念上听起来很复杂,但它在基础设施中提供了更好的解决方案。一个有趣的设计是基于压力的简单变化。当所有管道、气体或液体在运输压力下承受材料的强制流动时,意外泄漏会在要检测的泄漏点(POL)处产生压力差。本设计采用 Chatzigeorgiou 等人提出的管内法[32,33]。它使用一个传感车,由一个基本的微型机器人装置组成,该装置设计为沿着管道自由移动,携带一个浮盘,浮盘外缘装有一个小圆筒状薄膜。检测工作是利用管道内部和外部介质之间的压力差引起磁盘位置的微小变动,检测到变动后将位置报告给主控制器。图 10.16 显示了机器人系统远程控制的基本设置。图 10.16(a)显示了一般的安装和泄漏问题。图 10.16(b)演示了泄漏检测和临时覆盖工作的四个阶段。图 10.16(c)显示了为实验设计而建立的实验室。

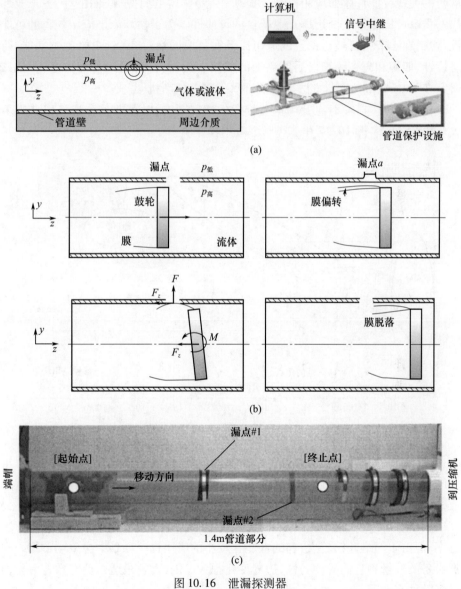

图 10.16 泄漏探测器

(a)安装和泄漏问题;(b)泄漏检测和临时覆盖工作的 4 个阶段;
(c)泄漏检测实验室[33]。

10.5.3 近地表地下服务:联网服务

在介绍了 WUSS 与 WUSN 及其在 10.1 节中的相关讨论之后,现在是进一步分析这个问题的时候了,以便为 NSUS 市场提供可行的机会。为此,应考虑所有可行的无线智能传感器应用机会。根据一个 5～10 年计划,我们估计,各工业部门的贡献可以建立一个近期工业范例的可能性。为了估计未来应用能力的可能性,包括在本节中已经讨论过的应用以及在集成网络(NAAS)主要关键功能、跨层设计、能源和自主级智能后要添加的应用。然而,在讨论这些细节之前,应该研究在 WUSN 和 WUSS 方法下集成部署所带来的新机会。

在大规模生产同时惠及用户和行业的情况下,通常需要整合市场以获得更大规模的利润。图 10.17 中为 NSUS 应用程序演示。

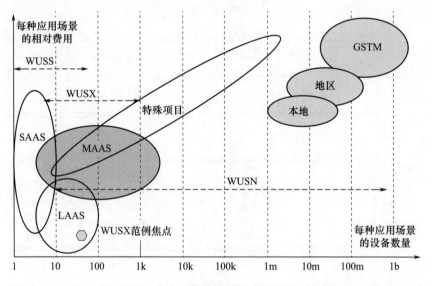

图 10.17 未来无线传感器技术的 WUSX 范例

如图 10.17 所示,扫描和定位产品使用少量设备进行操作,但最好使用更集成的设备进行监控。然而,不断增长的地震台网在非常大的阵列中使用非常专业的设备。WUSS 解决方案成本非常低,因为它不使用任何特定的网络,但它仍然适用于所有三种 NSUS 情况。WUSN 为所有应用程序提供了优化的网络解决方案,但由于网络开销较大,它的性能在较小的应用程序场景中会急剧下降。根据设备的数量和它们的均匀性,边界变化很大。因此,它最适合拥有数百万类似设备的地震台网。

然而,地下工业大多不了解 WUSS,没有看到许多合适的、低成本的 WUSN

解决方案,也没有看到无线智能传感器技术的新潜力。因此,扫描应用基本是空白,并且监控解决方案仍然非常昂贵。因此,他们错失了独特的机会,而地下传感器行业的表现仍然严重不足。这种混乱已经造成了一个日益增长的虚假市场,在特殊项目下,工业应用成本也因此大幅上升。

现在,我们发现了一种新的中距自组织无线地下传感(Wireless Underground Sensing,WUSX)技术,它可以拯救工业,促进一种新的地下智能传感模式的发展。作为一个缺失的环节,这个新的轻量级网络解决方案有望将大型项目分解为小型项目,同时促进基本应用(如 SAAS、LAAS 和小型 MAAS)发展为轻量级、低成本和高性能的系统。因此,这样的集成应该围绕一个范例焦点迅速扩展,如图 10.17 所示。

1. 跨层设计

正如参考文献[34]的所有章节中所讨论的,传统的分层系统,如开放系统互连(Open Systems Interconnection,OSI)及其相关的增强 IP,已经通过设计和优化以实现可接受的性能、效率和其他特定的优点,如信息的速度和可靠性等。早期的数据网络需要额外的计算和信号功率,这些能力不再适用于新的设备和系统,也绝对不适合在极端地下环境下运行的大多数 WUSN 系统。然而,为了使新系统与这些以及其他一些实际因素兼容,我们还需要使用它们。因此,发明了跨层技术,而不是重新设计另一套短命的标准。

使用跨层设计(Cross-Layer Design,CLD)技术可以通过减少协议栈来适当地配置以节省能源,从而绕过大多数不重要的传统开销和握手协议,改进分组处理方案,并简化纠错技术。CLD 可以帮助减少在极端环境中对能源和带宽等稀缺资源的浪费。例如,Lin 等人提出了一种基于磁感应技术的 WUSN 跨层分布式协议设计,显著提高了吞吐量和能量[35]。

CLD 是帮助 NSUS 应用程序部署 WUSX 风格的关键技术之一;但是,如果与使用智能覆盖管理系统(见第 7 章)相结合,简化的系统设计将能够提供高度灵活和动态的网络。图 10.18 显示了 CLD 覆盖智能传感器设计的一般方法。

优化部署设计(Design for Optimized Deployment,DOD)有望提供一个具有可编程网络图的高级设计工具。这是一个灵活的设计过程,利用可选择的配置,在主要部署因素(如能耗、环境参数(此处为地下)和可用性(服务质量、网络维护和服务管理)之间进行权衡。

2. 能量

保持网络在线需要依赖能量,而且维护成本极高。延长网络动态寿命有两种选择:效率和充分性。WUSN 的第一个选择通常意味着有限的供应源,因此应在两个级别上控制消耗并使其最小化:一是节点,二是网络。这两个级别都试图

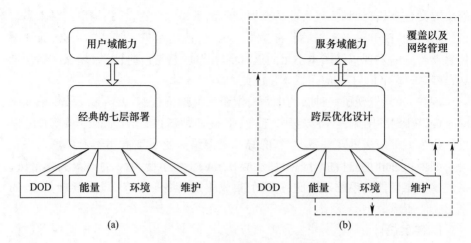

图 10.18 网络部署的基本结构
（a）传统网络部署；（b）采用 CLD 压缩网络层、启用覆盖和
增强网络管理后的智能传感器（WUSX）高级网络部署。

将消耗降低到最小。第二个选择是能量收集，应用各种方法使用"无电池"设备，使用发射机能量、无线能量传输（Wireless Power Transfer，WPT）和能量收集。

3. 智能和自主

随着机器人技术的采用，人们对使用人工智能（Artificial Intelligence，AI）的不确定性的普遍担忧正在消退。这是一个好消息，可以利用受控智能来采用 WUSX。然后，充分发挥系统自治的既定功能。在非结构化网络和查表（Look - Up - Table，LUT）式控制的自动化和适应性框架下，简要介绍这两个领域的相关进展。

非结构化网络已经存在了一段时间，但由于它对高度冗余网络的普遍误解以及由结构化拓扑决定的交互握手，很少有人关注它。然而，像 WUSX 这样的先进概念可以很好地利用这种网络中嵌入的自然灵活性。这种方式的主要特点是这些网络的灵活性，动态系统可以最大限度地利用和创建真正的自组织网络解决方案，以获得新的性能和能力水平。

网络的自主性和适应性是一个新特性，可以在所有级别的节点、集群和网络上使用，以帮助实现 WUSX 或 WUSN 的轻量级设计过程。围绕 LUT 或简化的自主功能（如唤醒和共享监视）进行设计，以实现自主配置使用分布式拓扑控制算法部署非结构化网络的方法。

例如，如果降低总能耗是联网的主要目标，则使用低能耗节点，或者理想情况下使用 Cook 等人建议的零功率自主 RFID 节点联网。将启动一种新的 WUSX 部署方法，在这种方法中，对能量敏感的节点将具有更长的联网寿命，因此具有更高的可行服务周期[36]。

10.6 典型应用:矿井监测

地球上的矿物就躺在地壳表面下,埋在地下等待挖掘,被认为是为繁荣工业国家提供燃料所需的基本材料来源。由技术先进的跨国重工业发起的矿物学在大约两个半世纪前迅速发展,蒸汽机的发现实现了达芬奇早期的设计蓝图。

如果一个真正的自由开放市场能够在过去半个世纪出现,那么从技术上讲,采矿业可能是智能传感器范例的主导力量,但正如我们所知,直到最近,许多矿工还在使用所谓的鸟笼(金丝雀)技术作为预警系统。现在,随着智能传感器作用意识的日益增强和公众安全意识的提高,采矿业感到有必要采用适当的技术来解决矿工工作中的四个关键领域问题:隔离,健康,由于不可预测的罕见事件而导致的安全问题,系统故障。

1. 隔离

当今多样化的通信技术使得独立工作可能会显得困难,给敏感的员工带来严重的心理问题。一方面,孤独感可以缩短人有效的工作时间,引发焦虑。而另一方面,陪伴感可以提高工作效率和绩效,这被视为在恶劣环境中工作的主要目标。对于这一部分的问题,矿工应该始终至少有一个与外界可靠的通信联系。

2. 健康

无论是什么矿物,采矿业都是一项困难、容易受伤、容易生病的工作。工人应身体健康,缩短工作时间,保证连续工作,无须长时间休息。配戴口罩和头盔是必不可少的,但这些和其他额外的工具很容易导致工人发热发燥、产生不适或生病。

特定于矿山的问题包括各种各样的危险,如水、潮湿和有毒气体。剧毒一氧化碳(CO)、甲烷固有的可燃性(CH_4)和氧气不足的突然上升都是真实存在的。爆破通常会释放出一氧化碳、硫化氢(HS)和二氧化氮(NO_2)。持续吸入灰尘、二氧化碳(CO_2)和氮气,会扰乱血液系统,导致慢性疾病[37]。

3. 安全

矿工的健康与人身安全问题现在正引起世界各国政府的注意,但不幸的是,有些地方的条件远远落后。例如,在南非,通过循环钻爆清理过程,地雷仍能像100年前那样被普遍采用。钻孔时,将采矿工作面炸药放在钻孔中进行全矿井爆破(爆破前清除整个矿井)。4h后,再次进入清理爆炸材料排出烟气。然后每天都在重复这个周期[38]。

地震和其他自然灾害也很容易危及矿工和附近社区的安全。因此,应将使用适当的预防结构和技术作为工业的首要目标。

4. 系统故障

对于事故频发的矿山工作环境来说,没有什么比不可靠的技术更糟糕的了。由于管理不善造成的财务问题和对新技术的低警戒意识,往往意味着要拿矿工生命和破坏周边环境为代价冒极大的风险,而这些仅仅是责任问题。

对于采矿业来说,环境危害对行业繁荣起着至关重要的作用,其严重性不容忽视。系统故障的风险可能会导致灾难发生。

错误的政策和地方政府的疏忽也可能危及生产安全。对于已关停矿山的情况(由于生产率低或缺乏资源而废弃),还可能导致山体滑坡,并引发其他对人类和环境具有严重风险的危险。例如,2012年欧空局报告讨论了关于已关停矿山和废弃矿山引起的山体滑坡和危险。

10.7 结束语

本章讨论了在地下环境中采用无线智能传感器的重要意义,如发现地震源和工业应用机会。在寻找最佳传播方案的过程中,研究了三种主要的竞争技术:电磁波、磁感应波和地震波。通过将这三者结合起来,可以通过广泛的优质服务和应用支持大量的智能感知发展机会。同时,还揭示了许多潜在的市场,并确定了这些市场的特征,以使各行业能够从小规模生产转向大规模的全球化生产,从而不会错过最大的地下传感器应用范例。这包括通过繁荣的地下工业"改造"地壳以提高能见度,在提高地球生活质量的同时拯救生命财产。一个有前途的WUSX,未来需要敏捷和快速反应的智能传感器的创新,以便利用任何先进的传播技术。

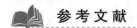

参考文献

[1] Alinaghi, A., et al. Seismic tomographic imaging of P – and S – waves velocity perturbations in the upper mantle beneath Iran[J]. *Geophys. J. Int.*, Vol. 169, No. 3, 2007, pp. 1089 – 1102.

[2] https://en.wikipedia.org/wiki/Earth_Observing_System.

[3] Petiteville, I. (ed.). Satellite Earth Observations in Support of Disaster Risk Reduction[EB/OL]. *European Space Agency*, Special 2015 WCDRR Edition, www.eohandBook.com/eo-hb2015/files/CEOS_EOHB_2015_WCDRR.pdf.

[4] Riebeek, H. The Carbon Cycle [EB/OL]. NASA, EarthObsevatory, 2011, https://earthobservatory.nasa.gov/Features/CarbonCycle.

[5] Madsen, H. Doubling Down on Climate Progress[EB/OL]. *Environment New Hampshire Research & Policy Center*, 2017, www. environmentnewhampshirecenter. org.

[6] Sheikhpour, S. et al. Agricultural Applications of Underground Wireless Sensor Systems: A Technical Review[J]. *Wireless Sensor Systems for Extreme Environments: Space, Underwater, Underground and* Industrial, Ch. 17, pp. 351 – 380, H. F. Rashvand and A. Abedi (eds.), John Wiley and Sons, The Atrium, England, 2017.

[7] Bally, Ph. TheInternational Forum on Satellite EO and Geohazards[C]. *The Santorini Conference*, Santorini, Greece, 2012.

[8] Roser, M., H. Ritchie. Our world in Data: Natural Catastrophes[EB/OL]. https://ourworldindata. org/natural – catastrophes/.

[9] https://en. wikipedia. org/wiki/Pangaea.

[10] https://en. wikipedia. org/wild/Seismicse_wave.

[11] Dziewonski, A., B. Romanowicz. *Seismology and the Structure of the Earth*[M]. Elsevier, 2014 (Vol. 1, Treatise on Geophysics).

[12] Rawlinson, N. Methods and codes used in seismic tomography[R]. *Australian Geological Survey Organisation*, Record 1996121, Canberra, Australia, p. 49.

[13] Koulakov, L, et al. Feeding volcanoes of the Kluchevskoy group from the results of local earthquake tomography[J]. *Geophysical Research Letters*, Vol. 38, L09305, 2011, doi: 10. 1029/2011 GL046957.

[14] Koulakov L. High – frequency P and S velocity anomalies in the upper mantle beneath Asia from inversion of worldwide traveltime data[J]. *J. Geophys. Res.*, 116, B04301, 2011, pp. 1 – 22, doi: 10. 1029/2010JB007938.

[15] Akyildiz, I. F., E. P. Stuntebeck. Wireless underground sensor networks: Research challenges [J]. *Ad Hoc* Networks, Vol. 4, 2006, pp. 669 – 686.

[16] Akyildiz, I. F, et al. Signal propagation techniques for wireless underground communication networks[J]. *Physical* Communication *Journal*, Vol. 2, No. 3, 2009, pp. 167 – 183.

[17] Rashvand, H. F. Lecture notes, 2010 Series, Part II, *Signal Bandwidth and Noise*, MSc Course on Mobile Communication Systems, School of Engineering, University of Warwick.

[18] Peplinski, N., et al. Dielectric properties of soils in the 0. 3 – 1. 3 GHz range[J]. *Trans. Geosci. Remote Sens.*, Vol. 33, No. 3, 1995, pp. 803 – 807.

[19] Baig, A., T. Urbancic. Magnitude Determination, Event Detectability, and Assessing the Effectiveness of Microseismic Monitoring Programs in Petroleum Applications[EB/OL]. *CSEG Recorder*, http://csegrecorder. com/articles/view/magnitude – determination – event – detectability – and – assessing – effectiveness.

[20] Hedlin, K. M., L., G. Margrave. Seismic Attenuation International Meeting, Society of Exploration Geophysicists[C]. *Proc.* 8*th PIMS – MITACS Industrial Problem Solving Workshop*, UBC, 2004.

[21] Young_G. N. , et al. *Utility - Locating Technology Development Using Multisensor Platforms* [M]. The National Academies Press, Washington, D. C. ,2015.

[22] Habib, M. K. Humanitarian Demining: The Problem, Difficulties, Priorities, Demining 001 Technology and the Challenge for Robotics[J]. *Humanitarian Demining Innovative Solutions and the Challenges of* Technology, pp. I - 56, Habib, M. K. (ed.), InTech Europe, Croatia,2008.

[23] Bellino, A. *Advanced methods for rock discontinuities estimation in tunneling*[D]. PhD, Mechanics, Politecnico di Torino,2013.

[24] Nguyen, L. T. , T. Nestorovic. Advance Exploration by Stochastic Inversion of Tunnel Seismic Waves - A Numerical Study[C]. *Proc. of the World Tunnel Congress* 2016, San Francisco,2016.

[25] Hammerschmidt, A. , et al. *Innovations to Locate Stacked or Deep Utilities*[M]. The National Academies Press, Washington, D. C. ,2014.

[26] Benson S. M, P. Cook (Coordinating Lead Authors). Underground Geological Storage[M]. *IPCC Special Report on Carbon Dioxide Capture and Storage*, pp. 195 - 276, Intergovernmental Panel on Climate Change, Cambridge University Press, Cambridge, U. K ,2005.

[27] Benson, S. M. , D. R. Cole. CO_2 Sequestration in Deep Sedimentary Formations[J]. *Elements*, Vol. 4 ,2008, pp. 325 - 331.

[28] Luberti, M. *Design of a H_2 Pressure Swing Adsorption process at an advanced IGCC plant for cogenerating hydrogen and power with CO_2 capture*[D]. PhD thesis, School of Engineering, The University of Edinburgh,2015.

[29] Vaezi, Y. Applications of Seismic Interferometry[D]. *Microseismic Monitoring*, PhD thesis, Geophysics, University of Alberta,2016.

[30] Harris, M. L. , et al. Toxic Fume Comparison of a Few Explosives Used in Trench Blasting[C]. *Proc. 29th Annual Conference on Explosives and Blasting Technique*, Nashville, TN, International Society of Explosives Engineers,2003, pp. 319 - 336.

[31] Neumann, P. P. , et al. Tomographic Reconstruction of Soil Gas Distribution From Multiple Gas Sources Based on Sparse Sampling[J]. *IEEE Sensors Journal*, Vol. 16, No. 11, 2016, pp. 4501 - 4508.

[32] Chatzigeorgiou, D. , et al. Reliable Sensing of Leaks in Pipelines[C]. *Proc. ASME* 2013 *Dynamic Systems and Control Conference* (DSCC2013), Palo Alto, California, 2013 (doi: 10. 1115/DSCC2013 -4009).

[33] Chatzigeorgiou, D. , et al. Design of a Novel In - Pipe Reliable Leak Detector[J]. *IEEE/ASME Transactions on Mechatronics*, Vol. 20, No. 2 ,2015, pp. 824 - 833.

[34] Rashvand, H. F, Y. S. Kavian. *Using Cross - Layer Techniques for Communication systems*[M]. IGI Global,2012 (ISBN 1466609613 ,9781466609617).

[35] Lin, S. C. , et al. Distributed Cross - Layer Protocol Design for Magnetic Induction Communication in Wireless Underground Sensor Networks[J]. *IEEE Transactions on Wireless Commu-*

nications, Vol. 14, No. 7, 2015, pp. 4006 – 4019.

[36] Cook, B. S., et al. RFID – Based Sensors for Zero – Power Autonomous Wireless Sensor Networks[J]. *IEEE Sensors Journal*, Vol. 14, No. 8, 2014, pp. 2419 – 2431.

[37] Mathas, C. Toxic Gas Sensors Replace Canaries and Mice in Mines[EB/OL]. *Digi – Key Electronics*, 2015 – 04 – 23, https://www.digikey.co.uk/en/articles/techzone/2015/apr/toxic – gas – sensors – replace – canaries – and – mice – in – mines.

[38] Green, J. Toxic Gas Sensors Replace Canaries and Mice in Mines[C]. *Proc. 5th IEEE Robotics and Mechatronics Conference of South Africa*, 26 – 27.

[39] NASA. Planets, *Earth: By the Numbers*[EB/OL]. https://solarsystem.nasa.gov/planets/earth/facts.

第11章
工业和运输用无线传感器系统

"人类的许多基本需求只有通过工业提供的商品和服务才能得到满足。工业有能力改善或破坏环境,而且一直在这么做。"

——世界环境与发展委员会,1987年

本章以创新的角度来观察、分析和讨论无线传感器网络的工业应用,对以下三个相互关联的过程进行独特而深入的分析:①工业生产和运输系统在创新发展过程中对无线传感器网络的需求和应用;②在生产过程中采用无线传感器网络技术带来的影响;③在恶劣和极端环境(包括水下、地下、制造、空间和运输系统)中设计和部署无线传感器网络服务的最新技术和进展。

11.1 引 言

人类一直是文明发展的灯塔,使辛勤经营的工业能够在光明的思想和新解决方案的稳妥部署中茁壮成长,聪明而巧妙的设计师正在开发先进的技术以推动工业进步。在这样的环境氛围下,数学技能以其独特的优势和精确性早在我们已知的历史之前就诞生了,并被视为计算机和信息技术之母。也使智能传感器成为了工业设备和仪器,是通过将关于我们自己和周围的一切有价值的信息带入信息世界,使我们的生活变得便捷和丰富,使得我们有能力处理、分析,并作出决定的最重要的工具之一。无线传感器为智能传感器提供自然的融合,使它们能够利用最灵活的分布式智能技术来掌握发展出现的新系统,并进一步进入到未知的极端环境中,以帮助人们在工业工程和日常生活中应用这些新系统。

现在,让我们来看看这个过程背后的原因。创新的基本模式将需求确定为任何取得成功的产品背后的重要力量。模型来自于这样一个事实:聪明的人总是知道他们自己想要什么,使生产者能够确定潜在市场的主要属性,从而制定一套经过计算的战略计划,在正确的时间提供正确的产品。这些遵循创新过程的发展阶段,使战略计划发生在产品研发、生产和营销的各个阶段。为了确定潜在需求,原始需求的必要性是根据马斯洛需求层次结构来衡量的。图11.1 显示了原始需求层次结构,可用于预测市场实力,包括范围、规模和持续时间。层次结构的两个底层需求(生理和安全)通常共同表示需求的最基本组成部分,因此,它们也被称为基本需求组。也就是说,当一个人缺少这两个层次的任何组成部分时,所有更高层次的需求部分都变得微不足道。因此,基本需求的缺乏通常意味着一个长期火热的市场机会。在这个领域设计解决方案会带来巨大的创新,而部署任何解决方案意味着成功的创新不会失败[1]。

有趣的是,所有的智能传感器应用都集中在基本需求领域。早期的基础创新已经有很长一段时间了,但大多已经过时,急需尽快升级。然后,当考虑极端环境时,我们意识到,如此严峻的事实要求无线传感器网络的解决方案能够使工业用户在这些领域扩展业务,同时让探险家和科学家调查这些未知领域。

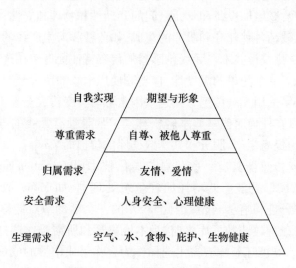

图 11.1　马斯洛需求层次模型[1]

在过去的 70 年中,马斯洛需求层次模型和五种相关的创新生成模型一直受到挑战,并经常受到批评,因为在某些情况下,它们没有起作用,其原因主要是过于简单化。然而,我们认为,该模式本身仍然有效,任何失败都仅仅是由于对创新的两个主要因素,即对创新的需要和创新的理念的理解不足。显然,市场驱动力和业务费用问题在小规模经营中并不重要,但由于政治动荡原因,在全球饱和的市场中,这个问题成长为主要因素。也就是说,尽管这一模式越来越难以应用于新技术及其市场,但其原则仍然有效,应当对其更新以适应当今全球的技术力量。一些行业一直受到新的世界秩序的困扰,可能还要几十年才能找到最佳位置。现在自由市场被自由信息所取代。备受推崇的专家级设计工程师被低成本的学术研究人员所取代,意味着创新工作的失败并不是因为创新模式,而仅仅是因为缺乏专注的工程师和正在消失的工程经理。因此,我们需要坚持原则,分析新的项目,并判断它们是否适合可持续的工业创新。

在部署无线智能传感应用的情况下,这项技术仍然是鲜活的,它只有20年的历史。它具有新的品牌能力,通过观察需求层次结构,很容易发现它在第1级和第2级的许多新技术范式中的巨大潜力,表明任何能够提供无线传感器网络服务的新智能传感产品都具有重大的市场价值。也就是说,传感器、变频器和加速度计已经在工业自动化生产中使用了几十年,但是"无线"和"智能"的概念是崭新的,对它们本身产生潜在的垂直市场意义重大。让我们讨论一下其工业影响以及它们对本书中所述的具有挑战性的环境的应用渗透。

无线通信以其通用方式带来许多显著的优点,包括①从站点中移除通信和控制电缆和电线;②增加设备和单元之间的移动性和物理独立性;③实现低成本更新和升级;④鼓励各种任务和服务的集成,如监视和与生产线的 Ad hoc 监控;⑤培养新的模块化设计技术。无线传感器的传感特性更有望在这个过程中消除模糊障碍。例如,一个简单的温度计,伴随着使用电线的巨大开销以及安装的成本和复杂性,如果采用无线传感方式这些因素可能会变得完全看不见,什么成本也没有。它可以在任何时候零成本轻松移动。如果没有无线的方便性,大多数制造商就不会为提高生产、服务和共享数据库的价值而烦恼。

智能感知使传感器具有一些信息与通信技术(Information and Communication Technology,ICT)功能。低功耗的轻量级处理器,如 Motes 或等效硬件(电路)有助于传感器变得有些自治,因此 WSN 的一个活动节点能够在将样本(数据)发送到中央处理器或数据库之前,为本地决策和所需操作选择、过滤和预处理样本(数据)。智能还意味着自主选择作为合作组或集群的成员加入,以实现共同的目标。例如,无人驾驶飞行器(UAV)或使机器人能够跟随或跟踪物体。

随着能量收集技术的不断成熟,传感器的自主性也越来越强,它们在移动和成为多功能传感元件方面获得了更多的独立性。中间件技术新的可下载软件特性将有助于为进一步的智能感知能力提供更灵活和轻量级的动态节点。

本章的其余部分安排如下。11.2 节介绍创新过程的全球发展。11.3 节讨论一些极端环境下的工业生产过程,而 11.4 节讨论服务部署的三个主要方面。然后,11.5 节简要讨论如何评估针对各种极端环境的无线传感器网络创新生产流程和服务部署的设计和开发。

11.2 创新应用

无线传感器网络的产业需求具有两个相互关联的维度:一是无线传感器网络系统的设计、开发和生产;二是服务的部署和提供。我们应尽最大努力从3个主要方面设计创新:①卓越的质量和性能;②低且极具竞争力的生产成本,从而提供服务;③运行的持久性(即产品具有足够的寿命,以补偿较高的基础设施成本,包括任何可能的副作用)。

现在,为了能够分析工业项目的进度以及生产和实施无线传感器网络产品的影响,将上述三个创新方面细化为三个工业无线传感器网络处理子程序组:①生产质量控制;②生产线自动化;③创新副作用的控制。值得一提的是,第一组主要考虑工厂的生产质量,但也应包括产品的输出。同样的论点也适用于第三组,以扩展副作用,包括所有方面:生产、产品和服务。

11.2.1 生产质量控制

质量通常是生产或服务过程的主观特征。然而,在生产线中,我们定义了一个可测量的特性来分别控制两种情况下的质量。传感器在质量控制任务中的作用很重要,它们可以自动化过程,以尽量减少浪费并缩短生产时间。它们也可以成为先进机器人技术的一个组成部分,以保持任何一套实用规范的质量。

如果质量水平出现下降,传感器可以测量产品的规格,并通知生产线采取相应改进行动。一些传感设备,如化学传感器,可能不如机械和物理特性快,在生产过程中,需要检查原材料和子产品的质量,才能避免生产出许多不需要的或低质量的产品。我们还使用传感器控制生产线的质量。用传感器控制生产"传感器的质量"变得更加有趣。在这种情况下,要考虑两套传感器系统,一套用于生产传感器,第二套传感器作为该过程中的产品进行质量和性能检查。

11.2.2 生产线自动化

有赖于快速成型和可编程设备,几乎任何规模较大的生产线都可以从过程自动化中受益。主要目标通常是速度和效率。效率可能会受到其他一些参数的影响,如原材料效率、能耗和对人的监督要求。

自动化可以很容易地缩减人工的使用。原因非常明确,机器人和自动化机器不仅可以降低成本,获得极具竞争力的市场价格,而且如果设计得当,它们还可以保证所需的质量。现在大多机器人本身具备嵌入式可编程传感器或非常可靠的接口。编程也是模块化和自动化的,以最小的工作量和成本适应不同的生产线。最重要的是,机器人和自动化系统比人类更可靠,它们更适合长时间工作,而错误和误差更少。

11.2.3　创新副作用的控制

每当我们取得新的技术突破时,可能需要生产一些新产品,这些产品通常被称为突破性创新[1]。在竞争激烈的市场中,这意味着加入技术优势的潮流,从而主导一个高度竞争的市场。然而,将这种创新的新产品引入市场,会给市场及其所有相关环境带来突然的变化。如果应用环境对这种影响很敏感,那么这种突然的变化会留下一些不受欢迎的疤痕,称为创新的副作用。

在某些情况下,引入一个新的想法可以进行渐进管理,使变化易于消化,因此可以控制,不会留下疤痕,这叫做渐进式创新。然而,对于在极端环境中使用 WSN 的情况,有不同的影响。首先,极端环境是无可挑剔的,因为它对任何变化都不敏感。第二,任何突破性的创新都是受欢迎的,并被视为对未知环境的积极渗透。然而,我们应该记住,极端环境的某些点可能已经被发现,因此对根本性变化敏感,而且由于大多数极端环境的性质,任何新的渗透都可能被视为根本性的。

一般来说,一个考虑到副作用的新的创新项目应注意到以下五个阶段的运作:①消除旧的或剩余的副作用[2];②采取计划的生产过程;③测试相关的设备和部件;④设计所需的服务;⑤评估新创新可能产生的副作用。

有趣的是,WSN 本身可以带来所需的功能(同时识别和消除任何可能的副作用)。也就是说,可以设计新的并启用无线传感器网络的系统,将无线传感器网络作为衡量新项目的有效性以及处理旧的副作用的关键技术:①区分和测量剩余的旧的副作用;②区分和测量副作用,这些副作用可能因新项目的部署而注入;③建立所需的数据库,以演示分配给项目的副作用的所有重要方面的时间跨度。

11.3　工　业　生　产

工业无线传感器网络(Industrial Wireless Sensor Network,IWSN)的发展过程是崭新的,可以定义为将无线智能传感器技术创新性地应用到工业中,创造出创

---

[1]　突破性创新改变了市场格局。全球市场的大规模生产有其独特的回报,但也由于许多意想不到的不兼容性(习惯性、人口统计和文化)和有限的有用/有效/工作寿命,它们会留下副作用的不适。

[2]　在许多发达社会,任何管理不善的创新服务的副作用都可能留下显著的伤痕,这可能会导致严重的问题,而需要新的服务补救。

新生产(过程)、创新产品(传感器)以及提供创新服务三个主要维度,使极端环境引领的新型工业无线传感器网络模式成为可能。由于这些发展具有潜在的环境依赖性,因此所有上述生产力在不同的环境中都存在很大的差异。因此,这种依赖环境的应用机会很容易扭曲许多专家的眼光。这种不可见性可以被认为是许多奇妙的范例没有被利用的主要原因。因此,除非设定了一套明确的定义,并确定了在极端环境中可用的创新组件的一些估计成本,否则这些独特的商业机会可能永远无法确定。

为了测量和分析无线传感器网络的工业应用,需考虑极端环境工业生产的通用分类,如图11.2所示。

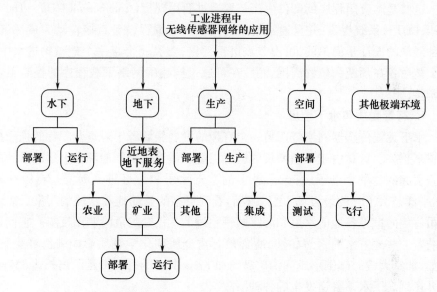

图11.2 在各种极端环境下采用无线传感器网络技术生产的族谱分类

11.3.1 水下工业无线传感器网络

为了部署基本的浅海水下无线传感器网络(Underwater Wireless Sensor Network,UWSN)探测和监测服务,需要建立一个松散连接的网络,放置在一个固定位置,一些移动和一些浮动的传感器①向其需要服务的水下区域移动。使用最新的声学窄带服务会损害对水体的一些物理、化学和生物特性的基本测量(传感)以及一个小网关,通常位于浮标或平台上,通常使服务从另一个位置控制。

---

① 一组固定的、相互连接的、位于海底的传感器节点将是一个简单的UWSN选择,但这并不总是可能的。

Ad hoc 的组网方式保证了浮动传感器节点的连通性,这些节点通常在不失去连接的情况下向上移动。典型的传感数据可能包括以下参数:温度、电导率、浑浊度、pH 值、含氧量、声学振动信号和水深特征①。

一般来说,传感器节点的设计应足够智能,以维持通信(使用声学、无线电、地震和磁学技术的信号传播)、数据收集和维护的三项基本任务。最后一项任务包括定位(将传感器自身保持在可接受的范围内)、能量管理、基本的信号与数据处理。更复杂的服务需要一些簇头来协调多传感器操作。这种简单的操作称为遥感,其中大多数数据处理和控制功能集中在一个大型平台上或数据库中心的某个连接设施内(例如,通过互联网或卫星)。

这些基本应用程序的部件生产一般通过商用现货(Commercial – Off – The – Shelf,COTS)系统提供,并且通常使用嵌入式和可编程设备直接自动完成部署。这种网络的设计是简单的,可由节点进行部署,要么一个接一个地被扔进水中,要么被放置在预期的位置周围,然后在可通过构建的网络下载程序的控制下自动调整[2]。

1. 有毒物质和水下垃圾

水下无线传感器网络应用另一个有趣的发展领域源于对富营养化的强烈抗议越来越多。这是由于不断增长的近海工业和最近休闲划船和水上运动活动的扩张引起的。举个例子,有越来越多的有毒物质和垃圾进入海洋。在第 9 章"太平洋是太平洋的垃圾场"之后,我们看到更多的是陆地和水域的污染。矿业公司每年向世界各地的水道和海洋倾倒超过 1.8 亿吨的危险矿山废料。它们正影响着一些地方水的自然属性,所含稀有重金属和化学物质影响着海洋生物。例如,加拿大浅海倾倒形成的铜矿岛屿和 Kitsault 矿的行程漫延距离长达 35km。另外还别忘了水下管道发生的各种事故[3]。

目前,许多国家面临着识别、定位、清洗和消除这些日益增长的废料影响的问题。这项任务(无论采取何种方式)并不简单,现在水中垃圾正成为新的严重问题,可以用智能传感器来解决。为了管理和清除这些垃圾并清除其影响,需要设计一个全新的快速作用传感器系列,大量的水下无线传感器网络系统增强了防水功能强大的智能传感器,以监测、检测和收集如此大范围存在的垃圾。在这里,可能需要调用用户友好的遥控自主水下航行器(Autonomous Undurwater Vehicle,AUV)。

2. AUV(水下航行器)

水下航行器也被称为水下移动平台,凭借其基本和新生的能力,如移动性、

---

① 这里的水深测量是用来测量基本距离的。对于地质和等深线应用,可能需要专用传感器。

通信和大量的传感器,能够处理如此大规模的问题。它们的主要功能包括连接和远程控制以及自保障(能量收集、本地自治、本地数据处理)。它们现在能够使用更大的带宽和更远的距离使用声学技术进行通信。

它们在精心设计的运动控制系统管理下漂浮和移动,似乎适合许多水上和水下应用。它们还配备了灵活的浮动传感器和集群传感器,以便进入较小的地方进行观测。由于尺寸和重量优势,它们还可以容纳更多的附件,如加速计和执行器,并能够在需要时管理机械交互作用。

由于与汽车和船舶工业的相似性,水下航行器系统的生产可以看作是一种常见的实践,并且是最新的计算机化机械工程。此外,由于其相对较小的尺寸和无线技术,智能传感器和 UWSN 技术的集成也相对简单、经济、灵活。现在已经生产出各种尺寸和各种新功能的自主航行器。事实上,由于额外的传感附件和设备增强使用新的 WSN 功能可以根据要求灵活设计,而不需要额外的成本[4]。

11.3.2 地下工业无线传感器网络

在智能农业和重型机械取得最新发展之前,大多数地下工业还都是原始的状态。采矿业一直是许多工业国家国民生产总值的第一大来源,因此即使在许多大规模安全事故伤亡的代价下依然继续保持强劲的发展势头。然而,随着传感器技术和机器人技术的兴起,农业和采矿业都将发生变化。通过改进传感设备和机械,传感器可以帮助农业和农业相关产业大幅度提高。也就是说,传感器和小型设备的生产已经或应该在时间上变得充足,而机器仍然只适合大规模的操作。部署所需的无线地下传感器网络(WUSN)应提高质量,而不是数量(见第10章)。因此,我们认为农业和畜牧业新的发展模式潜力有限。

另一方面,采矿业可以从 UWSN 技术中受益,UWSN 技术通过新的安全性(防火、防坍塌、防震和预警系统)和使用智能传感器和机器人的可靠性措施带来了专用范例。提供服务的创新基础设施所有三个工业阶段(生产、传感器和UWSN 部署)现在都将按照 11.2 节中提到的创新规则走向全球市场。然而,由于采矿的性质,初始准备和投资水平取决于深度、规模和所需速度[5,6]。

11.3.3 制造业无线传感器网络

在工业化国家,由于正计划升级旧的生产站点并建立新的生产站点,因此在生产站点中使用无线传感器网络正在向前发展。我们看到,智能传感器与机器人技术和自动化的集成正在成为普遍做法。

为了支持 11.2 节中提到的创新要求,生产无线传感器网络产品的新的或升级的制造场所需要考虑充分利用基本工具,包括①机器人技术和自动化;②以敏捷、代理和增强现实(AR)形式的初级智能;③标签丰富的 RFID 材料控制以及使用工业物联网(I^2oT);④优化专用智能传感生产线(IWSN)。这里讨论项目①~③,更多细节请参见 11.4 节中的 IWSN 技术。

机器人技术在生产线上的应用原则上已经确立,并在世界范围内用于大规模生产,以取代经验丰富的工人。机器人技术具有许多优点,包括质量、精度、速度和降低的人为差错等。当进入全球市场时,任何这些特征都可能成为企业生存所必需的要素。机器人技术作为一个过程被认为是自动化的延伸,在恶劣和极端环境中使用时会显示出优越的特性,从而实现广泛的无线传感器网络应用。它们特别适用于危险型应用,如营救灾区的幸存者,并且能够经受火灾、辐射、爆炸或淹没在水中。因此,我们将所有复杂、危险和恶劣的制造业场所都视为极端环境。

为极端环境生产传感器、设备和特殊部件的制造场地通常要求产品具有独特的精度,这也要求生产线具有基本的精度。专门生产 MEMS 和纳米技术传感器的装配线不仅需要精确性,而且还需要遵循某些冗长复杂的指令,使得手工操作过于复杂。

在许多复杂的生产线,需要一些带有多种传感器的机器人来监控和生产产品,以便它们能够在非常复杂的环境中工作,处理许多传感器丰富的复杂数据堆,并按照给定的说明生产符合所需规格的最终产品。

机器人可以在生产线和装配线中以最快的速度完成所有的任务,包括例行的或复杂的。在设计良好的生产过程中,机器人可以同时处理多重任务,并且可以从一条生产线移动到另一条生产线进行装配等,而无需任何演练。

在许多情况下,为了加快复杂的生产过程,使用多机器人配置来处理生产的不同阶段,能够给生产过程带来更多的灵活性。这样一个复杂的过程通过优化程序(如使用多模板系统以更好地利用资源(如机电系统))通过中央控制器的高速网络变得可行[7,8]。

随着 RFID 设备的大量使用,为帮助生产线生产 WSN 系统,经常需要从一个特定的模糊性中恢复生产系统。为此需要访问数据库,并最终通过互联网获得帮助。物联网及其标准对制造业和工业环境的影响相当大。

尽管物联网本身并没有像最初预期的那样取得显著进展,但它的工业版本似乎正在以更快的速度追赶。工业物联网(I^2OT)似乎是最可行的发展,通过互联网,全球产业可以合作,以公平分享不断增长的全球市场。换言之,I^2OT 的存在有两个原因:①5G 正在制定标准;②物联网的唯一有用部分是已经在工业、商业和营销的应用,而那些与生产质量和速度最相关的产品则广泛使用传感器和测量设备。随着新的工业应用和智能制造的采用(即巧妙地利用潜在的市场需求,并在现有供应机械上控制生产),可以大大加强对生产现场及其过程控制单元的网络控制和管理。

在核心技术的网络物理系统(Cyber–Physical System,CPS)模型上,我们设计了一个用户和网络世界之间的数据接口。图 11.3 显示了其 5C(连接、转换、网络、认知和配置)架构。同时也说明了无线传感器网络在生产过程两端的重要作用及其应用情况。也就是说,尽管制造端可以很明显地集成它在极端环境中的应用程序,但它有一种方式可以让互联网用户使用。在某些情况下,专家建议,正如我们在所谓的智能工厂中所知道的那样,工厂应主动转变为车间生产规模[9,10]。

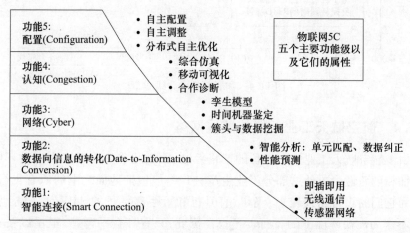

图 11.3 工业物联网制造系统的供应链架构[9]

没有工业界的适当支持就不可能有重大的技术发展,因此必须说服工业力量迅速采取行动,以免错过任何发展机会。为此,有必要分析常用的物联网技术路线图①,如图 11.4 所示。图 11.4 将智能传感器的使用与物联网的前四个发展阶段分离开来,同时可以肯定地知道智能传感器在第二阶段的作用,这是从垂直市场应用中获得的。也就是说,由于第三阶段无处不在的定位带来的干扰,清单中提到的所有目标都没有实现成功部署。第三阶段的目标是"确定人和每一个物体的位置",这对工业界来说过于雄心勃勃和模棱两可。到 2025 年为止的第四个阶段,远程操作和远程呈现是随着无线传感器网络向极端环境的新扩展而出现的。传感器的巨大挑战有着广泛的发展潜力,只有通过无线传感器网络的概念和相关的智能传感器技术才能加以管理和部署。

---

① 尽管该路线图提到 IoT 的通用名称,但它实际上解决了该过程的工业方面,因此应称为 I^2oT。

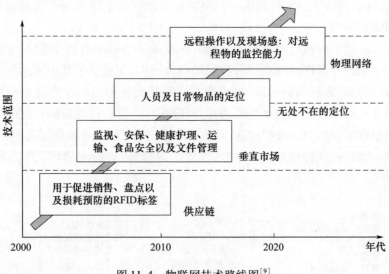

图 11.4　物联网技术路线图[9]

11.3.4　航空航天工业无线传感器网络

由于航空航天工业生产过程的严格控制，我们几乎总是考虑到这种环境的新颖性和创新性。虽然这部分工业生产过程一般包括地面之上的所有飞行器，但因为它们的飞行路线较短，飞机、直升机和短距离飞行的 AUV 属于陆地（航空），不作为极端环境下的飞行器考虑。因此，只有高空平台站、卫星以及太空任务飞行器才列入到与太空相关的极端环境中。

然而，像探索火星这样的长期任务要求标准要比卫星和登月任务更为严苛。由于它们对生存的敏感度不同，每个群体都有自己独特的生产和服务，因此需要使用非常特殊的传感器和无线传感器网络技术来生产这些飞行器。

在本书中，有一些其他章节讨论空间和相关发展的各个方面。对于空间这种极端环境，第 2 章讨论无线传感器网络的联网方面，第 3 章讨论柔性设计和寿命设计，第 4 章讨论电子和硬件挑战，第 5 章讨论材料方面的设计，第 12 章介绍无线传感器网络在空间应用中的应用，包括作为极端环境的空间的关键设计和发展。

11.3.5　运输系统行业的无线传感器网络

在这里，将探讨如何通过更好地使用智能传感器和相关的无线传感器网络技术来增强运输系统。由于类似的智能传感器增强，未来的系统称为智能交通系统（Smart Transport System，STS）。然而，在更好地利用互联网大量可用的海量信息基础上,还有另一种升级运输系统的密切相关的方法,也称为智能运输系统(Intelligent Transport System,ITS),通常采用物联网方式来实现。

现在,让我们分析一下,看看交通系统是由什么组成的,它的哪些领域需要智能传感器或互联网,如果不是两者都需要的话。每一个领域都有两种持续的服务提供方式,根据用户和当地政府的选择、可承受性和心态,服务提供的比例各不相同。服务比例和相关特征不在本章讨论范围内。运输系统的结构及其组成部分是我们讨论的主要问题。

在地球上有4种截然不同的交通方式:①公路,这是一项历史性的发明,也是从陆地上的一个点到另一个点最自然的交通方式,从步行一直发展到使用机动车辆;②铁路的发明有时被视为另一种公路交通方式,但我们会因为经济和技术上的差异而将它们分开;③船只,这是另一项历史性的发明,作为公路的补充,跨越水道发展成为机动船只和水下运输工具;④为了速度和相关的便利而飞行。还有一些其他可能的运输方式,由于它们的使用率低,将不在这里讨论。让我们讨论一下在这4个方面采用无线传感器网络显著增强运输能力的潜力。

在上述方法中,我们观察到,对于地方和国家运输而言,使用公路上的车辆仍然是最受欢迎的,主要是因为它具有的门到门特性。

不幸的是,饱和的交通量迫使许多城市旅客选择火车,或者为了完成长途旅行和海外旅行,也可能需要如航班、火车或轮船的补充。还有一个问题是,由于现有燃料系统中排放的二氧化碳,全球变暖的问题仍然存在,需要加以解决。更糟糕的是,虽然汽车制造业有了显著改善,但由于人为失误和粗心大意,交通伤亡人数仍然居高不下。最后,由于地震、洪水、桥梁损坏、隧道坍塌和土地塌陷,道路维护率也一直很高,经常造成不便和长时间延误。

在大多数情况下,使用智能传感器和无线传感器网络技术将提供广泛的帮助。然而,如果工程需要封闭道路,则通常费用高昂且非常耗时。许多不知情的当局可能不是专家,也不相信这些好处,并寻找替代解决方案。这可能是许多人被智能交通和更好地利用物联网提供的信息所吸引的原因。

正如所料,物联网的一个潜在发展领域是运输。使我们能够在移动中通过互联网访问海量的全球信息,可以在生活和安全的各个方面为我们作为一个旅行者提供帮助,当然也有助于工业和运输系统及其基础设施建设。工业方面的典型例子包括①使用结构化健康监测(Structural Health Monitoring,SHM)传感器和相关的无线传感器网络技术进行交互式基础设施开发和维护;②交互式交通管理、监测、控制和干预;③为挽救自然灾害和人为灾害造成的生命和财产问题而进行的紧急交通管理;④公共交通系统的平稳和节能运行(公共汽车、火车、航空公司服务的同步时间表);⑤对时间敏感的货物和货物分配的运输业务管理;⑥全面监控、保护、警告和警报,以确保道路安全,并在发生故障、事故、延误、盗窃和道路堵塞时为公共道路旅行者提供便利[11]。

替代方案意味着改善现有的运输系统。一是综合考虑问题的两个方面,努力减少交通运输造成的二氧化碳排放:①从源头上改变燃料来源,从天然气和柴油转变为生物燃料和其他可再生能源;②鼓励用户更多地采用公共交通。图11.5 和图 11.6 显示了二氧化碳和类似气体的减排潜力,单位为 g/km。

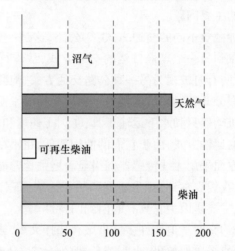

图 11.5 四种类型燃料中每升燃料产生的温室气体[12]

(二氧化碳和类似气体,单位为 g/km)

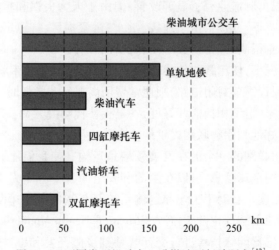

图 11.6 不同类型机动车 1 升燃油可行驶距离[12]

通过使用特殊设计的显示器(例如,车辆连接到路边基础设施(Vehicle to Roadside Infrastructure,V2I)或通过连接其他车辆的特殊方式(Vehicle – to – Vehicle,V2V)①),在道路上的各个点通知驾驶员采用的上述方法。图 11.7 显示了新的智能运输系统风格的消息,与之前为苏格兰设计的显示比较,缩写为可变信息标志(Variable Message Sign,VMS)、闭路电视(Closed Circuit Television,CCTV)。

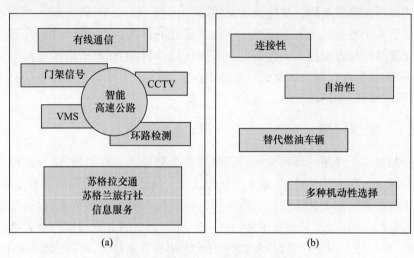

图 11.7　苏格兰设计的信息显示模板
(a)复杂的传统 ITS;(b)新型 ITS[13]。

在驾驶方面,无线传感器网络可用于自动驾驶车辆的研发。已经提出了五个自动化级别,以实现从辅助驾驶到完全自动化驾驶的任何嵌入式自动化级别,如表 11 - 1 所列。

表 11 - 1　车辆驾驶自动化的五个层次

驾驶级别	转向、加减速	驾驶监控	动态驾驶任务的反馈性能	系统能力(驾驶模式)
辅助驾驶	人类驾驶员	人类驾驶员	人类驾驶员	两种驾驶模式
部分自动化	系统驾驶员	人类驾驶员	人类驾驶员	部分驾驶模式
条件自动化	系统驾驶员	系统驾驶员	人类驾驶员	一些驾驶模式
高度自动化	系统驾驶员	系统驾驶员	系统驾驶员	很多驾驶模式
完全自动化	系统驾驶员	系统驾驶员	系统驾驶员	所有驾驶模式

11.4　工业无线传感器网络的服务部署

在本节中,将讨论两组无线传感器网络服务部署。一组是特定于无线传感器网络的应用程序设计和部署,其中无线传感器网络本身作为一个环境负责与

---
① 为了安全起见,附近的车辆可以提供帮助。

其他系统的交互中收集信息、共享信息的服务。另一组被用作另一个系统主机的组成部分。在为主机提供服务的情况下,需要一个更大的系统来执行无线传感器网络服务。在大多数情况下,这两种服务是不同的,除非除了主机之外对所收集的传感信息没有进一步的需求或使用。

由于基于主机的部署因应用程序及其目标的性质因素而变化很大,无法在任何详细的设计方面投入太多精力,而是可以针对性能和需求的某些特定方面解决 WSN 系统的一般设计问题。在这里,将讨论无线传感器网络部署的三个主要问题,即能源、平台和网络。

11.4.1 能源问题

能源对于无线传感器网络来说意味着整个服务的生存问题,这也被称为它的寿命周期。因为能源耗尽,服务也就停止了。由于其无线传输的固有性质,无线传感器最初使用电池来保持工作。作为无线传感器网络的节点,智能传感器必须具备所需的能量(通常是电能)。一般来说,运行服务的通信部分大约消耗 50% 的功率,25% 用于计算,其余 25% 用于感知和管理任务。在极端环境下,通信任务消耗功率很容易增加到 75% 以上。

在设计过程中,有多种方法可以用来降低功耗。临时通信的能源需求可以通过使用特殊网络来减少。发射过程能量消耗通常是接收过程的两倍,因此,在良好的能量设计网络中,节点尝试监听多于随机呼叫。无线传感器网络的低负载节点通常需要长时间休眠,直到需要运行为止。因此,除了它们在数据传输周期外,节点中只有接收器处于激活状态。集群级的波束形成特别有用(见第 6 章),因为它不仅减少了通用传播方向图的浪费,而且根据设计的方向图将波束指向预定的接收器。这个功能也有助于减少干扰能量。

对于通信协议,一些设计良好的控制通信的轻量级算法也可以在不影响无线传感器网络的其他性能方面(如速度、错误率和丢失关键感测的风险)的情况下,将能耗降至最低。协议本身需要不同形式的能量;计算也可以通过不必要的通用例程来简化,还可以采用跨层技术和网络编码等技术。目前已经成熟和完善的纠错编码技术可以很容易地应用于增强弱信号的性能。

众所周知,通过集成设计方法使用低能耗组件可以减少能源浪费,进而通过降低设备的能耗而获得收益。由于 COTS 系统的低成本组件具有更大的全球市场价值,因此受摩尔定律和其他实际问题的限制,其密集化集成一直在不断地发展[15]。

另一方面,应该考虑在设计中更好地使用无源和无电池传感器。这些传感器的工作原理与 RFID 设备类似,但它们不是按规定的顺序发送识别码,而是以组的方式测量和发送传感数据集[16]。

解决传感器能源问题中的另一个关注点是通过从一个设备到另一个设备的无线能量传输提供所需的能源。直接转移或使用回馈点,都是目前可行的和实用的办法。这些方法唯一剩下的问题是能量转移的效率。然后,作为另一种选择,我们有收集和清除能量的方法,以独立地使用媒介中的某种形式丰富可用的资源为传感器供电。

总的来说,能源在工业发展过程的重要性已经呈现持续增加趋势。特殊情况的范围很广,每种情况都需要有自己的设计方案。一个有趣的设计来自欧莱特的论文[4],其中有一个系统的方法来检查所谓的能量收集范式。图11.8显示了智能传感器中能量收集过程中三个阶段的通用模型和配置。

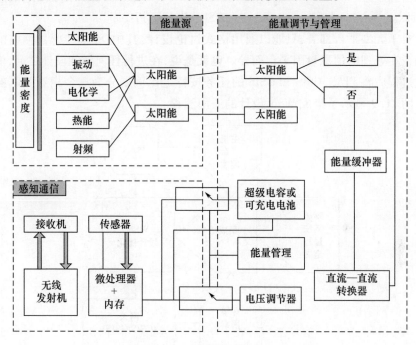

图11.8 智能传感器内能量收集过程的通用模型[4]

在图11.8中,有能源的来源、管理和消耗三个部分。这里的能源按能量密度的顺序包括太阳能、振动、电化学、热能和射频五种选择。通常根据现有的设备技术将电源转换成直流或交流。在智能传感器的能量管理部分,需要检查电源提供的能量是否足以补充内部电源或另一个能量缓冲器的现有消耗。如果电源不总是可用或随时间变化很大,则超级电容器和可充电电池的使用通常是必不可少的[4]。

11.4.2 平台部署

与无线传感器网络技术一起提供一个平台可以显著地使两者受益。平台可以是极小的、小的、大的或者非常大的等各种形式。较小的无线传感器网络通常用作监控、监视和调查单位的基地或网关。其中,无线传感器网络服务成为系统运行的一个组成部分。由于其在无线传感器网络服务中的主导地位,我们称之为增强型智能传感器平台(Enhanced Smart Sensor Platform,ESSP)。无线传感器网络服务在大型平台应用中的作用对三种不同的服务,即(本地)内务管理、平台信息和自动化服务(Platform Information and Automation Service,PIAS)、集中式传感信息服务(Centralized Sensing Information Service,CSIS)和全球传感信息服务(Global Sensing Information Service,GSIS)进行了折中。

对于大型平台部署,只能以通用格式讨论设计,其中,无线传感器网络的配置和正在处理的信息量因平台而异。也就是说,在进行任何详细设计之前,设计优化过程应将 PIAS、CSIS 和 GSIS 的任务按特定比例划分为三个相互关联的项目。图 11.9 显示了集成 WSN 设计的通用流程。

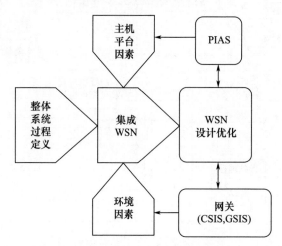

图 11.9 集成 WSN 设计的通用流程

例如,在铁路监控系统中,各个区段的系统可以看作是一个大型的分布式平台。然后,通过部署信息丰富的监控系统来帮助维护列车服务运行。然而,从无线传感器网络自适应的角度来看,这个过程可以看作是一个分布式网关系统,用于优化与其他网络和数据库的交互和互通。同样,作为一个运行列车的铁路系统,需要相当高的安全水平、大量和多种传感器和可靠的执行机构,以确保列车未来的安全运行,包括故障检测、平稳运行和建立用户信心[17]。

11.4.3　网络方面

由于全球市场份额及其对作为一个工业过程成功的关键影响因素,我们需要对无线传感器网络的联网系统和复杂的标准方面彻底了解。

这主要是因为未来市场的运作方式。然而,从智能传感器的设计过程来看,每个 WSN 部署都需要自己独特的场景专用设计目标。因此,我们认为,对于大多数极端环境的 WSN 应用程序来说,以下网络兼容性标准和相关 COTS 的好处可能非常有限;额外的复杂性无助于发展。然而,物联网正在将复杂的通信标准向无线传感器网络风格的市场发展,但在其自身扩展过程中,似乎在路径上增加了比帮助无线传感器网络应用更多的障碍。物联网的工业方面(在 11.3.3 节中讨论)可以在生产层面上有所帮助,但对于设计小型和中型独立无线传感器网络应用程序却没有太大帮助。

11.5　创新解决方案评估

针对智能传感器(IWSN)的工业和交通方面提出的通用解决方案,主要列在本章中,旨在引导工程师和工业界看到卓越技术背后的发展格局,并顺利地将 WSN 应用到他们自己独特的技术领域。为了阐明无线传感器网络的发展路线,进一步增加创新,我们提供了两个相互关联的表格,以突出在极端环境下无线传感器网络发展的潜力和差距。

表 11-2 显示了已知极端环境下无线传感器网络产品创新的各个创新方面。表 11-2 各栏中的所有评价都是主观的。

表 11-2　已知的极端环境中无线传感器网络的创新服务

环境	进展状态	复杂性	创新的副作用	能量问题
水下	递进	高	高	需要
地下	滞后	非常高	适中	需要
工厂	递进	中等	可接受	小
空间	成熟	高	可接受	合理
其他	滞后	非常高	小	根据具体问题

如表 11-2 所列,唯一技术成熟的是空间应用。这主要是因为空间工业是在一个非常有限和封闭的工作环境中运行的。它们的设计、开发、测试和部署没有任何常见的干扰。它们成功的最重要和最具体的事实与飞行任务的安全性有关。这就是采用无线智能传感器的成本和复杂性,相比之下,大型和昂贵的车辆允许任何财务利润,以确保车辆使用相对较低成本的传感器和相关的无线传感

器网络系统运行。其高度复杂性证实了这一点。然后，表 11-2 显示了地下工业的滞后进展，这主要是由于在评估地基硬度时的共同疏忽①。在创新的副作用一栏，分数太高，不容忽视。最后一列显示了较差的评分，阐明我们应该遵循节约能源、节约传感器的格言。

表 11-3 显示了已知极端环境中无线传感器网络生产过程的各个创新方面。

表 11-3　已知的极端环境中无线传感器产品

环境	产品质量	生产速度	创新的副作用	兼容性
水下	低	需要提高	高	基本兼容
地下	差	不可接受	高	部分兼容
工厂	可接受	可接受	适中	完全兼容
空间	满足要求	好	不明显	完全兼容
其他	差	不可接受	高	部分兼容

如表 11-3 所列，航天工业由于其全部工业生产而保持良好状态。其他行业应该努力利用独特的及时的 WSN 主要业务模式，以免引发不良后果。

11.6　结　束　语

本章讨论了为极端环境（如水下、地下、制造、空间和运输系统）提供创新性无线传感器网络生产、产品和服务的实际应用。为了优化生产系统并在极端环境下实现传感器丰富的服务部署，分析了工业物联网的相互作用和 IWSN 在这些环境中的发展，并通过一些进展样本来展示每个环境对 WSN 解决方案的特定需求、进展和生产。

参 考 文 献

[1] Braun, E., D. Elliott. T302 Technology: Innovation: Design Environment and Strategy - Block 6, Global Patterns in Technological Innovation [M]. Open University, 1999 (ISBN 10: 0749274506).

[2] Pant, R. B. Wireless Sensor Networking with Lab - Scale Intermediate Measurement Node for Extension of WSN Coverage [D]. Master's Thesis 2011, Telemark University College, Norway.

---

①　大型农业的蓬勃发展，主要是由化学品和重型机械驱动的，不能算是对智能传感器的适当使用。

[3] Earthworks. Troubled Waters: How mine waste dumping is poisoning our oceans, rivers, and lakes? [EB/OL]. Earthworks and mining watch Canada, February 2012, https://miningwatch.ca/sites/default/files/Troubled-Waters_Full.pdf, https://earthworks.org/.

[4] Ouellette, S. A. Energy Harvesting Paradigms for Autonomously-Powered Sensor Networks[D]. Electronic Theses and Dissertations, UC San Diego, 2015.

[5] Sahoo, R. Application of Sensor in Mining Machinery to Recognise Rock Surfaces[J]. Iernational Journal of Computer & Communication Technology (IJCCT), Vol. 2, Is. VI, 2011.

[6] Kanellakis, C., G. Nikolakopoulos. Evaluation of Visual Localization Systems in Underground Mining[C]. IEEE, 24th Mediterranean Conference on Control and Automation (MED), 2016, Athens, Greece.

[7] Sell, R., M. Tamre. Design templates for mobile robot conceptual design[C]. 2007 IEEE/SME international conference on advanced intelligent mechatronics, Zurich, 2007, pp. 1-6.

[8] Pippin II, C. E. Trust and reputation for formation and evolution of multi-robot teams[D]. PhD thesis, Georgia Institute of Technology, 2013.

[9] Internet of things-Wikipedia[EB/OL]. https://en.wikipedia.org/wild/Internet of things.

[10] Vermesan, O. (SINTEF, Norway), P. Friess (EU, Belgium). Internet of Things: Converging Technologies for Smart Environments and Integrated Ecosystems[M]. River Publishers, 2013.

[11] Intelligent transportation system-Wikipedia.

[12] Hautala, R. et al. Smart sustainable mobility[J]. VTT Technical Research Centre of Finland, 2014.

[13] Scotland's Trunk Road and Motorway Network. Future Intelligent Transport Systems Strategy [EB/OL]. Transport Scotland, 2017, https://www.transport.gov.scot/media/40406/its-strategy-2017-final.pdf.

[14] Turnbull, K. F. Towards Road Transport Automation: Opportunities in Public-Private Collaboration[M]. The National Academies Press, 2015.

[15] Mammela, A., A. Anttonen. Why Will Computing Power Need Particular Attention in Future Wireless Devices [J]. IEEE Circuits and Systems Magazine, Vol. 17, No. 1, pp. 12-26, 2017.

[16] Abedi, A. Wireless sensors without batteries[J]. High Freguency Electronics Magazine, pp. 22-26, 2012.

[17] Hodge, V. J., S. O'Keefe, M. Weeks, A. Moulds. Wireless Sensor Networks for Condition Monitoring in the Railway Industry: A Survey[J]. IEEE Transactions on Intelligent Transportation Systems, Vol. 16, No. 3, pp. 1088-1106, 2015.

第12章
无线传感器系统的空间应用

本章将全面介绍无线传感器系统在太空探索中的应用。美国国家航空航天局技术路线图[1]介绍了用于空间探索的各技术发展领域(图12.1)。这些领域大多为无线传感器系统提供了应用机会。利用无线传感器系统不仅可以降低设计和后期修改成本,而且可以减轻系统的重量。

图12.1　NASA技术路线图[1]

12.1　引　言

参考文献[2]介绍了几种可能受益于无线技术的空间应用案例场景,并将在后续章节中进行更深入的讨论。本章从空间运输工具(即空间飞行器)开始,考虑在载人和无人飞行器中使用无线传感器系统的可能性,同时还将研究卫星系统和有效载荷,分析提出一套完全不同的边界条件和设计要求。其次如果一辆车到达一个新的星球,不同的环境条件对地表勘探设计提出了新的挑战,也将在以下章节进行讨论。

以上所有系统都经过严格的测试以确保其可靠性。这些地面系统可能是证明无线传感器系统优点的低效成果。最后,但仍非常重要的是,深空探测以及相关任务需要设计和维护太空定居系统,这也是部署无线传感器系统的很好的场景。接下来将介绍与无线传感器系统设计相关的每个实例场景及其特定边界条件。

12.2 无线传感器系统用例场景

12.2.1 空间飞行器

图 12.2 所示的空间发射系统(Space Launch System,SLS)等空间飞行器的设计需要考虑能够承受恶劣的空间环境。监测关键系统,如热力和压力系统、低温流体管理、暖通空调(Heating Ventilation and Air Conditioning,HVAC)、环境控制和生命支持系统(Environmental Control and Life Support System,ECLSS)、照明监测、对接和汇合系统,都将在本节进行具体的讨论。

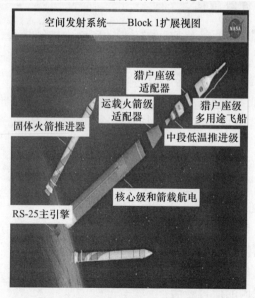

图 12.2 下一代深空运载火箭[2]

这些系统大多位于不易抵近的区域。无线系统的设计需要适应在密闭空间或封闭的金属腔体中，或在极高或极低温度下的流体或气体环境中运行。监测发动机和隔热板需要能在高温并且恶劣化学蒸汽的环境下工作的传感器。实时监测发动机不同部位的压力和温度，使用传感器和执行器网络有助于进行准确的性能测量和动态性能控制。

尽管无线传感器系统具有很高的潜在效益，但应从安全角度审查其在运载火箭燃料管路和油箱附近使用情况，以避免任何潜在的无线电波加热燃料可能引起的火花或过早点火的情况。

在空间飞行器应用中使用无线传感器时，将面临以下挑战。

(1) 温度变化范围广；

(2) 振动容限；

(3) 受限环境中的可接近性；

(4) 金属外壳中的信号传播。

如果系统设计得当，无线传感系统的优点可能会克服这些挑战。以下是空间飞行器的一些突出优点。

(1) 从支撑结构和发动机本身获取更多数据；

(2) 因取消电缆而减轻重量；

(3) 带有无线感应和驱动的动态性能控制。

12.2.2 卫星和有效载荷

卫星和有效载荷需要在无人管控的恶劣环境中持续运行，调谐或维修的机会很小或根本没有。这就要求对极端温度变化、辐射甚至微流星体影响进行持续的监测和自我保护。乍一看，用无线收/发单元替代小卫星内部的短连接线似乎是不合逻辑的，或者说不必要的；然而，在某些应用中，在体积和内部空间有限的情况下，或在需要信号进出封闭的加热或冷却箱的情况下，无线传感器系统成为可行的选择。

至少可以说，不需要在有效载荷或卫星的外部物体上钻孔，就可以节省热量和能量。在两个脱节的部位之间转移能量也可能是另一个使用无线系统的机会，另外近距离的磁耦合也是一个很好的应用场景。

当无线传感器系统用于卫星(图 12.3)和有效载荷时，确定了以下挑战。

(1) 温度和辐射变化范围广；

(2) 尺寸和重量限制；

(3) 金属外壳内的信号传播；

(4) 电量限制。

第12章 无线传感器系统的空间应用

图 12.3 绕地球旋转的卫星[3]

与空间飞行器应用类似,无线传感器系统在卫星和有效载荷中应用的优点往往会夸大缺点,使其成为目前在卫星和有效载荷中使用的有线系统的有吸引力的替代品。其中一些好处如下。

(1) 两个不相交区段之间的无线连接;

(2) 避免钻孔,减少热损失;

(3) 更有效地利用收获的电能。

12.2.3 表面勘探

表面勘探可能需要利用大量技术,包括多地形牵引系统、能量产生与储存、计算机视觉与机器人技术等。这些应用程序通常需要导航、收集并分析样本,并将保留的样本带回到基地以便进一步分析。

所有这些应用都可以从无线传感器中受益。例如,红外传感器可以与可见光摄像机一起用于目标检测与分类,并帮助机器人精确地移动手臂。在地面钻井过程中可以使用湿度和温度传感器,而振动传感器可以监测钻井作业。在行星表面没有全球定位系统(GPS)导航的情况下需要有精确测量到达时间的专用有源无线链路。NASA 约翰逊航天中心开发的超宽带(Ultra Wide Band,UWB)无线电便是其中的一个案例,用于精确测量位置[4]。

与前面讨论的其他应用场景类似,在将无线系统用于地表勘探(如图 12.4 所示的漫游者)之前,需要解决一些挑战,包括以下几个方面。

(1) 运行和抵御灰尘或辐射风暴的能力;

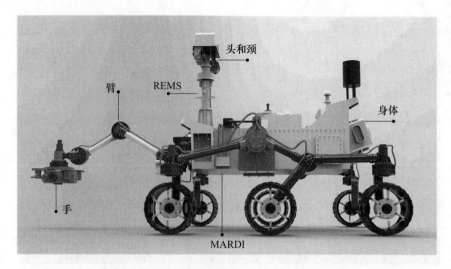

图12.4 美国宇航局喷气推进实验室设计的火星探测器/科学实验室[5]

（2）移动式化学和生物传感器单元；
（3）远程可靠连接，具有导航能力。
在地表勘探中使用无线传感器的额外优势如下。
（1）原位测试样品；
（2）无需 GPS 导航；
（3）使用无线传感器和执行器对机械臂进行动态控制。

12.2.4 地面系统

地面试验是验证空间系统设计和保证其可靠性的必要手段。测试设置通常需要结构传感器，如应变计、加速计和偏转传感器以及泄漏检测传感器、氢（或其他气体）传感器、湿度和温度传感器。这些测试通常是在一个受控环境中进行的，其热循环模拟了空间条件。因此，所有这些仪器，虽然在地球上使用，也需要它能够在恶劣环境中工作。

布线和捆扎是这些测试中成本最高、耗时最长的部分。地面系统中的无线传感可以以更低的成本和更短的项目持续时间收集更多关键数据，主要是因为有线布线图的设计和实现时间大大缩短。图12.5描述了美国国家航空航天局 MSFC 系统集成实验室中的下一代航天发射系统的一小部分布线和电缆视图，以展示这一过程的复杂性。

在地面测试中使用无线传感器的一些挑战如下。
（1）高精度的数据采样和传输；
（2）在规定测试设置受限范围内大量工作的传感器之间的干扰管理。

图 12.5　美国国家航空航天局 MSFC 系统集成实验室布线和布线复杂性视图

在地面测试中使用无线传感器代替有线测试系统的优点如下。
(1) 获取更多的结构分析数据；
(2) 减少因电缆敷设而导致的测试成本；
(3) 后期增加更多传感器的测试灵活性，无须重新设计整个布线方案；
(4) 为将来的测试编程测试台的多功能性。

12.2.5　空间定居地

空间定居地的设计必须使其轻量化，同时保证高度可靠和耐用。影响因素包括空间温度的巨大变化，有害辐射，甚至微流星体。监测空间定居地的结构完整性是首要关注的因素。根据空间定居地类型，可采用各种不同的技术。有些设计依靠月球或火星土壤建造空间定居地，只需要运输支撑结构，而其他设计则采用充气多层织物结构，重量轻，易于搭建和维护。充气月球空间定居地的示例如图 12.6 所示。

监测空间定居舱内的生活条件是使用无线传感器系统的另一个潜在应用领域。氧含量、CO、CO_2 等有害化学物质和气体的存在以及空气循环不良导致的内层霉菌的检测，只是无线传感器可以轻松应对的几个重要监测任务。

如果使用基于条形码的传统技术，在空间定居地内跟踪和查找货物和物品的库存是另一项麻烦的任务。在跟踪库存方面，基于 RFID 的系统可能是光学系统更有效的替代品。约翰逊航天中心正在开发基于 RFID 的自主物流管理 (Autonomous Logistical Management, ALM) 库存跟踪方法，并可与人居监测相结合[7]。

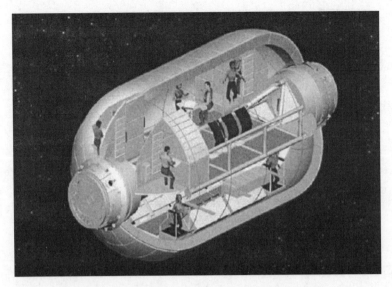

图 12.6 Bigelow 公司开发的充气空间定居地[6]

将传感器作为负载集成到 RFID 设备上,并读取除了 ID 号之外的响应变化,是朝着这个方向发展的一种有希望的方法。监测生活条件包括物理(温度、湿度和辐射)、化学(空气和水质)和生物(霉菌或其他空气传播细菌)是无线传感器的一些关键应用。监测太空定居系统的另一个重要方面是评估其居民的认知变化(即乘员健康监测)。实时跟踪生命体征和用于睡眠行为监测的无线传感器对于确保任务成功至关重要。

在空间定居地使用无线传感系统(包括 RFID)的一些主要挑战如下。
(1) 温度和辐射变化范围广;
(2) 不同采样率和精度的多模传感器数据的聚集挑战;
(3) 金属外壳中的信号传播。

无线传感在空天环境中的优势总结如下。
(1) 从空间定居地结构中获取更多数据;
(2) 因电缆消除而减轻重量;
(3) 改变部署后设计和传感器位置的灵活性。

12.3 应用特定要求

本节介绍美国国家航空航天局技术路线图中部署无线传感器系统的几个例子。我们特别关注以下技术领域:2、3、5、6、7 和 10。每个技术领域包含多个主题。这些实例列出了可以从使用无线传感器系统中受益的相关子主题。

12.3.1 技术领域2子主题4.1：发动机健康监测

定义："使用模拟和数据处理的方法来确定和减轻推进系统中的运行、安全和可靠性风险和问题。一般来说，空间发动机健康监测的关键指标是可靠性、重量和成本。"

这一技术领域与空间飞行器实例场景密切相关。无线解决方案（如射频、光学和声学）的组合可能需要以可靠的方式覆盖空间飞行器的所有子系统。这些应用中使用的大多数传感器（如温度、压力、燃油油位和气体传感器）都会产生低速率数据，但发动机健康监测除外，这需要对加速计或负载传感器进行高速采样。在极低或极高温度下运行可能需要特殊涂层材料来承受这些温度。带有传感器的发动机示例如图12.7所示。

图12.7 为SLS提供动力的RS-25发动机[8]

短期事件环境的视频监测或用于性能验证的车辆监测也是空间应用领域的一个研究热点。例如，将着陆器推进器的短视频发送到控制站进行验证，有助于改进设计和实时性能调整。IEEE 802.15.3 等高速率数据 WPAN 标准是适用于这类应用的良好标准。

12.3.2 技术领域 3 子主题 3.4:无线能量传输

定义:"该领域描述了在电池充电和仪器仪表的短距离、低功率无线功率传输以及在远距离、大功率表面元件应用中所需的增强。"

从功耗角度看,空间应用中的无线传感器系统面临着一个重大挑战。它们要么用电池供电,要么用无源反射技术运行。前者需要频繁更换电池,同时增加成本和重量。后者由于响应传感器的无源特性而受到距离问题的困扰。无源传感器还缺乏有源电池功率传感器的存储和处理能力。

能量传输似乎是一个中间环节,它为有源传感器提供远程能量,同时解决距离和功耗问题以及机载处理能力。

这些系统中需要考虑的设计挑战如下。

(1) 传感器采样频率。低采样率节省功率,充电频率较低,而高采样率可以增加更多数据点,保证更高精度。

(2) 传输频率。当无线信道处于不良状态(低信噪比)或电池电量低时,存储数据包并等待下一个时隙传输可能更省电。如果发送器有任何迹象表明数据包可能到达损坏的接收器(由于低信噪比),则周期性传输会导致浪费能量。

(3) 充电频率。周期性充电似乎是一种简单且复杂度较低的方法。然而,如果信道条件不理想或传感器已经有足够的能量,则可能需要实现更有效的决策算法,以节省整个网络的能量以避免不必要的传输。

需要澄清的一点是,这里频率的概念用来指能量或数据的传输频率。频率的另一个含义是以赫兹为单位测量的无线电波频率,这在"射频"一节中进行了讨论。

参考文献[9]给出了无线能量传输系统优化的一个最新实例。在这项工作中,NASA 马歇尔航天飞行中心和缅因大学的研究人员研究了一种优化调度方法,该方法分别对数据和能量通道建模,根据数据和能量的当前通道条件以及当前电池电量水平联合优化传输或等待决策。

在这项工作中,计算了各种类型的数据和能量通道模型中断概率的封闭式方程。数据信道和能量信道均采用了加性高斯白噪声(Additive White Gaussian Noise,AWGN)、瑞利和莱斯信道模型,以涵盖静态或移动充电器和/或传感器(共 9 种情况)的各种应用。图 12.8 显示了中断概率与阈值的关系。阈值效应表明,只要在低质量信道或低电量态下限制传输,中断就可以控制在一定的期望极限下。否则,中断可能太大,无法进行可靠的检测。

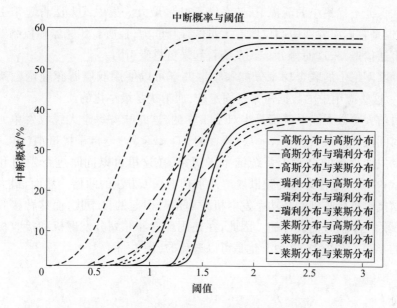

图 12.8　各种无线信道的中断概率与阈值[9]

12.3.3　技术领域 5 子主题 2：射频通信

定义："射频通信致力于加速目前用于美国 NASA 任务的技术。射频技术的发展集中于从分配给空间用户的受限频谱中获得更高的生产力。虽然它比光通信成熟了不少，但在射频领域仍有很大的技术突破希望。射频技术发展的重点将放在国际电信联盟为空间使用分配和需要的射频频谱上，在这些频谱上，充足的带宽将保障有用的服务和应用超出近地环境。"

频谱是射频通信中的稀缺资源。随着地球上用户数量的指数增长和对无线设备更高速度的需求，人们比以往任何时候都更需要更高效的频谱通信技术。在空间应用中，用于监测航天器或空间定居地各子系统的大量传感器在保持高度可靠和精确的数据链路的同时，也对大规模无线传感器系统的部署提出了类似的挑战。如果将频谱效率与功耗结合起来进行优化，在功率同样稀缺的空间应用中，可以带来更多的好处。

传统的功率和频谱分配方法彼此独立工作，尽管每种方法在各自的领域可能是最优的，但总体解决方案可能不是全局最优的。在链路可靠性约束条件下，包括特定误码率或可接受吞吐量水平的无线传感器节点的功率和频谱联合分配是一个复杂的优化问题。

参考文献[10]提出了一种 CDMA 系统速率和功率控制的分布式方法。该方法在保证干扰最小的前提下,使系统吞吐量最大。集中式方法看起来更容易预测,但是它们需要在中心位置有大量的计算能力,在所有传感器和控制器之间有许多通信链路,这使得分布式系统看起来更具吸引力。

蜂窝网络中的联合功率分配和频谱共享可以使用双层博弈理论框架来实现[11]。这些应用中的数据速率是固定的,而干扰是最小化的。

目前大多数无线系统都是半双工工作的,这意味着每个无线收发单元在给定的时间段只能接收($T_1 < t < T_2$)或发射($T_2 < t < T_3$)。自干扰抵消(SIC)方法的最新发展为新的全双工系统铺平了道路,在这里可以同时进行发射和接收($T_1 < t < T_2$)。这种方法的频谱效率几乎是半双工方法的两倍。然而,最大的挑战是由接收机接收到的高功率发射机发射信号引起的自干扰,而这种接收机是为接收低功率信号而设计的。因此,在使用环形器并划分发射机和接收机工作时间的半双工系统中,这种干扰是可以避免的(图12.9)。

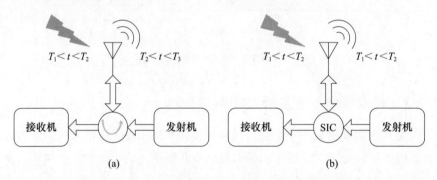

图12.9 带环形器的半双工系统与带自干扰消除器的全双工系统(SIC)
(a)半双工系统;(b)全双工系统。

然而,在全双工系统中,由于发射机和接收机同时工作,需要使用模拟或数字或两种方法来消除自干扰。这些系统中的资源分配是混合组合以及非凸优化问题,具有很高的计算复杂度,在参考文献[12]中进行了研究。采用离散随机优化方法解决全双工方法中考虑各蜂窝中残余自干扰的问题。

12.3.4 技术领域5 子主题5.3:认知网络

定义:"认知网络是一种通信系统,其中网络上的每个通信节点能够动态地感知其他节点的状态和配置,以根据用户需求或环境条件的变化自主地优化工作参数。"

无线传感器的空间应用可能需要两种类型:关键和非关键传感器。将专用频谱分配给关键传感器可确保工作具有需要的高可靠性。另一方面,非关键传感器可以使用与关键传感器空置时相同的频谱。这与认知无线电网络的概念类似,在认知无线电网络中,频谱的主要用户允许次要用户在主要用户空闲时进行信息传输[13]。在前面的例子中讨论的功率和频谱分配在认知网络中更为复杂。博弈论方法为分析这类系统提供了一个简单的解决方案[14]。

假设有两组具有关键和非关键功能的传感器,称为 CS 和 NS,可以将此问题表示为一个时分问题,其中一个时隙分为三个分区,称为 CST、NSR 和 NST,如表 12 - 1 所列管理传输。中央协调器或关键传感器可确定 CST 和 NSR 的长度,剩余时间留给 NST。

表 12 - 1　认知传感器网络合作计划表

传感器类型/时隙	CST	NSR	NST
关键传感器(CS)	发射	接收	空置
非关键传感器(NS)	空置	中继	发射

这种合作和认知无线电相结合的方法可能是未来实现空间认知网络的关键。注意到由于来自主用户的高优先级流量总是优先于不太敏感的流量,那么完全抑制干扰是可以实现的,但是这样的话低优先级用户永远无法获得任何数据。协作中继是低优先级用户在每个时隙内预定,但只能在部分期间内为动态获得对频谱的访问而付出代价。

12.3.5　技术领域 6 子主题 4.1:环境监测和传感器

定义:"传感器用于空气、水、微生物和声学,该领域的目标是为未来的航天器提供先进的集成传感器网络,以监测环境健康,并精准确定和控制机组人员生活区及其环境控制系统的物理、化学和生物环境。"

与部署在飞行器或空间飞行器外部的传感器相比,飞行器或空间定居地内部环境监测所需的传感器和无线系统的设计要求相对较低。室内环境主要是抵御极端的热波动和辐射,但也带来了其他挑战,如无线信号的多径反射和散射,无论它们是无线电波、声波甚至是光波。

射频信号从物体的金属内表面反射,形成高度分散的信号环境。需要使用诸如空时编码[15~17]和 MIMO[18]等适当的无线通信技术来解决这一挑战。这些在过去 10 年中发展起来的技术能够利用多径信号,与将它们视为干扰的传统方法相比,这些技术具有独特优势。

声波通信可以通过两种方式进行:通过固体材料或通过空气。前者提供了通过金属传输数据或功率的方法,并且不容易受到干扰[19]。后一种方法需要使用波束形成技术处理环境散射和反射[20]。

如果在传感器和数据处理中心之间能够保持目视,那么光波无线通信可以成为通信的另一种方式。请注意,自由空间无线光通信不同于光纤有线系统。在自由空间光波通信中,利用诸如 LiFi 等最新技术实现了高速率数据的传播[21,22]。

无论使用哪种通信方式(无线电波 MHz、声波 kHz 或光波 THz),都需要大量的环境传感器,以确保始终以高精度监测物理、化学和生物参数。空气质量传感器(如 CO 和 CO_2)以及水质传感器(如溶解氧、PH 值、电导率和温度)都是少数例子。

生物传感器能够检测到由于空间定居地内部的冷凝作用而产生的霉菌,这也引起了人们的关注。生物污垢首先是细菌不可逆转地附着在空间定居地的内表面,如果处理不当,可能会导致处于分散状态,最终使细菌在空间定居地或空间飞行器内的空气中传播。

为了避免这一问题,要么对耐压囊体的内表面进行涂层,以尽量减少初始附着的可能性,要么设计适当的空气循环系统,以保持表面干燥。

12.3.6　技术领域 7 子主题 4.1:空间定居系统

定义:"集成空间定居系统使用解决声波处理与降低噪声、阳光照明与加热、低毒阻燃纺织品、抗菌和表面涂层以及监测系统性能等问题的嵌入式传感器。在 NASA 的其他技术领域,如 TA 4 机器人与自主系统、TA 6 人类健康、生命支持和居住系统、TA 8 科学仪器、观测台和传感器系统、TA 11 建模、仿真、信息技术和加工以及 TA12 材料、结构、机械系统和制造业等领域,正在开发支持综合太空定居系统能力的附加依赖技术。"

空间定居地可以用金属、木材、织物或其他复合制造材料建造。每种建造方法可能需要不同的通信模式,根据实际情况可能是射频或声学的,甚至是光学的。金属腔体的内部尺寸和形状将决定使用的最佳频率和避免使用的频率。

充气示例(由 NASA 约翰逊航天中心建造,缅因大学提供仪器)是一个多功能试验台,用于技术演示和舾装,包括人因视角(图 12.10)。在为空间定居地创建监控系统时,无线技术开发人员和人素研究人员必须协同工作。

美国 NASA 的人素研究涉及各种各样的内容,包括在狭小空间工作的心理和认知挑战。这些问题需要在由医生、研究人员和工程师组成的跨学科团队中进行研究,以了解问题、收集数据和应对挑战。无线传感器可以监测我们的日常活动,如运动、睡眠和生命体征,在这些研究中非常有用。

12.3.7　技术领域 10 子主题 4.1:传感器和执行器

定义:"基于纳米技术的传感器除了用于车辆健康管理的状态(温度、压力、应变、损伤)传感器外,还包括用于检测化学和生物物种以支持行星探索和宇航员健康系统。纳米技术可以使体积小、侵入性小的传感器和执行器具有更好的性能和更低的功率需求,用于变形车辆控制表面、漫游车和机器人系统的新设计。"

从传感器和执行器网络中去掉导线肯定会显著地节省重量和成本。然而,需要首先解决执行器控制网络中的延迟和噪声等新挑战。传感器和执行器的一些应用需要一个反馈控制系统来及时作用于传感数据并保持稳定。控制系统反馈链路的噪声和时延在近年来持续进行研究。

图 12.10　美国国家航空航天局的充气月球空间定居地
(位于乌曼无线传感实验室,装有 172 个无线传感器)

利用 AWGN 噪声对无线信道中的噪声影响进行建模,同时假设时延为常数(点对点无线系统时延的函数)。结果表明,只要噪声和时延低于特定阈值,新的控制器就可以在这些环境下正常工作。

虽然 TA 10.4 技术领域的重点是纳米传感器,但值得注意的是,能够检测生物化学物种的微型传感器也是传感器—执行器网络的一个可行候选方案。表面声波等技术的外表面沉积有薄膜,可以设计成对各种物理、化学或生物物质的敏感设置。

12.4　结　束　语

用于空间应用的无线传感在完成未来空间任务时,在重量和成本方面具有显著的效益。效益不局限于电线的成本和重量,还包括布线、捆扎、固定装置和布线成本。无线传感器的另一个优点是增加了未来变化或增加的灵活性。而有线系统需要重新设计线路,研究电磁兼容性以及实现节约成本和时间。

在设计和实施用于野外作业的传感系统(如空间飞行器内部或地面试验设施)方面,一个共同的挑战是缺乏与机组人员或系统实际用户充分的连续协调。很难预测哪些其他任务将需要访问车辆或空间定居地系统的不同部分,从而干扰当前布线或传感器位置。有了无线传感器,这些挑战都得到缓解,因为传感器的位置可以很容易地改变,而无须对整个系统进行重新布线。

空间应用无线传感器系统设计和实现的第一步是需求分析。易受辐射和高能粒子损伤的外部传感硬件可能需要特殊考虑,例如,使用抗辐射部件和电路板。另一方面,内部系统可以采用较低等级的材料设计,而无须隔热或防辐射。但是,应该对内部频谱进行仔细分析,以避免意外干扰。现代技术,如协作通信和认知网络技术,可用于在未来不改变当前关键无线系统设计的情况下,增加新的传感器系统。在用无线传感器网络取代有线传感器系统之前,最重要的考虑因素是这些系统的可靠性以及选择可靠性、速度和延迟能够提供可接受性能的应用程序。在开发用于空间应用的新系统时,每传输一个字节的能量成本是另一个值得注意的指标。本章试图总结在太空和极端环境中使用无线传感器的优点和面临的挑战。

参考文献

[1] NASA Technology Roadmaps[EB/OL]. www. nasa. gov/offices/oct/home/roadmaps.

[2] A. Abedi, D. Wilkerson. Applications of Wireless Technology in Space[R]. NASA Technical Report, 2016.

[3] Webster dictionary[EB/OL]. www. merriam – webster. com/dictionary/satellite/.

[4] J. Ni, et al. UWB Tracking System Design for Lunar/Mars Exploration[J]. *IEEE International Conference on Wireless*, 2006, Sydney, Australia.

[5] Mars Science Laboratory[EB/OL]. https://mars. nasa. gov/msl/.

[6] Bigelow Inflatable Space Habitat[EB/OL]. rocketry. files. wordpress. com/2012/05/bigelow. jpg.

[7] Fink P. RFID Smart Storage Enclosure[EB/OL]. ntrs. nasa. gov/archive/nasalcasi. ntrs. nasa. gov/20160009157. pdf.

[8] RS25 Engine. Picture courtesy of Aerojet – Rocketdyne[EB/OL]. https://www. nasa. gov/exploration/systems/sls/rs25 – engine – powers – sls. html.

[9] Veilleux, S., A. Almaghasilah, A. Abedi, D. Wilkerson. Stochastic modelling of wireless energy

transfer[C]. 2017 *IEEE International Conference on Wireless for Space and Extreme Environments (WiSEE)*, Montreal, QC, 2017, pp. 153 – 155.

[10] Berggren, F., Seong – Lyun Kim. Energy – efficient control of rate and power in DS – CDMA systems[J]. *IEEE Transactions on Wireless Communications*, Vol. 3, No. 3, pp. 725 – 733, 2004.

[11] Ahmad, I. et al. Game theoretic approach for joint resource allocation in spectrum sharing femtocell networks[J]. *Journal of Communications and Networks*, Vol. 16, No. 6, pp. 627 – 638, 2014.

[12] Liu, G., F. R. Yu, H. Ji, V. C. M. Leung. Energy – Efficient Resource Allocation in Cellular Networks With Shared Full – Duplex Relaying[J]. *IEEE Transactions on Vehicular Technology*, Vol. 64, No. 8, pp. 3711 – 3724, 2015.

[13] Setoodeh, P., S. Haykin. Fundamentals of Cognitive Radio[M]. Wiley, Hoboken, NJ, 2017.

[14] Afghah, F., et al. A Reputation – based Stackelberg Game Approach for Spectrum Sharing with Cognitive Cooperation[C]. *Proceedings of 52nd IEEE Conference on Decision and Control*, 2013, Florence, Italy.

[15] Tarokh, V., N. Seshadri, A. R. Calderbank. Space – time codes for high data rate wireless communication: performance criterion and code construction[J]. *IEEE Transactions on Information Theory*, Vol. 44, No. 2, pp. 744 – 765, 1998.

[16] Tarokh, V., H. Jafarkhani, A. R. Calderbank. Space – time block codes from orthogonal designs [J]. *IEEE Transactions on Inforrmation Theory*, Vol. 45, No. 5, pp. 1456 – 1467, 1999.

[17] Tarokh, V., H. Jafarkhani, A. R. Calderbank. Space – time block coding for wireless communications: performance results[J]. *IEEE Journal on Selected Areas in Communications*, Vol. 17, No. 3, pp. 451 – 460, 1999.

[18] Zheng, L., D. N. C. Tse. Diversity and multiplexing: a fundamental tradeoff in multiple – antenna channels[J]. *IEEE Transactions on Information Theory*, Vol. 49, No. 5, pp. 1073 – 1096, 2003.

[19] Lawry, T. J., et al. A high – performance ultrasonic system for the simultaneous transmission of data and power through solid metal barriers[J]. *IEEE Transactions on Ultrasonics, Ferroelectrics, and Frequency Control*, Vol. 60, No. 1, pp. 194 – 203, 2013.

[20] Roufarshbaf, H, J. Castro, F. Schwaner, A. Abedi. Sub – optimum fast Bayesian techniques for joint leak detection and localisation[J]. *IET Wireless Sensor Systems*, Vol. 3, No. 3, pp. 239 – 246, 2013.

[21] Deng, P, and M. Kavehrad. Software defined adaptive MIMO visible light communications after an obstruction[C]. 2017 *Optical Fiber Communications Conference and Exhibition (OFC)*, Los Angeles, CA, 2017, pp. 1 – 3.

[22] Haas, H., L. Yin, Y. Wang, C. Chen. What is LiFi? [J]. *Journal of Lightwave Technology*, Vol. 34, No. 6, pp. 1533 – 1544, 2016.

第 13 章
极端环境下的无线传感器网络设备和系统

无线传感器网络可以看作是一个特殊的分布式系统,或者是一个可组网的智能传感器集合,作为网络的节点集成在网络中,具有一些共同的特征和一些独有的特征。尽管它们的应用场景假设传感器具有不同的配置,但是一般情况下传感器通常批量生产,以提高解决方案的经济性。

尽管无线传感器网络具有通用性,但由于它们具有广泛的交互功能(媒介属性、强度和大小),可以有数百种传感器,这些传感器是为适应在各种极端环境中工作的各种无线传感器网络系统而制造的。也就是说,对于每种设计方案,可能只需要几个类型,通常使用正确的组合来优化特定的解决方案。

因此,本章的主要目标如下:①便于理解设计章节中提供的设备端解决方案;②减少整本书中的重复;③对极端环境下的无线传感器网络设备和系统进行分类,以帮助设计师进行商用现货(COTS)部件设计和标准化。

由于此类设备的范围广、类型多、功能多样化,涉及的范围绝非详尽无遗,需要不断更新。

13.1 引　　言

为了提出一种新的传感器分类方法,应该制定一些简单的规则,并以最小的交叉模糊度将它们分组。因此,需要将传感器分为能够配置一些基本网络的智能传感设备。也就是说,假设群式网络和大型网络的优化特性不要求节点的自治功能,使其保持在簇头内或 WSN 层次结构上。这个假设是公平的,因为智能传感器节点需要灵敏和轻量级,以便感知、做出基本决策和根据需要执行简单的机动操作。

图 13.1 所示为应用场景中的传感器,它表示无线传感器网络解决方案的智能传感器节点的第一组。13.2 节~13.6 节讨论传感器。然后,13.7 节介绍其他设备,接着介绍无线传感器网络系统以及一些典型的功能,13.8 节补充其他章节中讨论的功能。

图 13.1 中的第一部分证明在专用章节对设备进行分类的合理性,这在前面部分已经解释过。为此,对本章各节中出现的项目使用一个新的简单的 5 位数代码来标记产品。例如,13300 系列指水下无线传感器网络应用,13500 系列指地面以上(航空电子、卫星和外层空间)无线传感器网络应用。前缀 13 表示编码系统,并将实际编码空间降低到三位数,足以适应传感器和相关设备环境所需的工作环境规范①。

为了简化编码分类,从以下一组简要数据开始本章的每个部分。

组:标题,仅当与小节的副标题不同时才显示。

代码:上述 5 位数字。

预期功能:任何已知的特定功能。

典型项目:一个简单的列表,给出项目的充分指示。

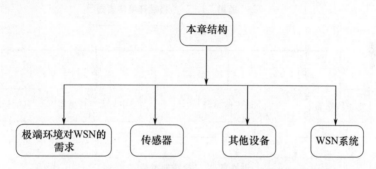

图 13.1 本章关于传感器及相关设备和系统分类的结构

13.2 传 感 器

1. 通用传感器(用于极端环境智能传感器应用)

代码:13100

预期功能:可在极端环境中使用的所有通用传感器。

典型项目:包括温度、压力、湿度、重力和方向传感器。大多数特殊的应用是物理、化学和生物传感器,虽然这些传感器一般在其设计工作的特殊极端环境下工作,但其并不局限于特定环境。

2. 极端环境通用传感器

代码:13200

---

① 根据其他的定义,大多数传感器及其相关系统都需要专门设计和校准,以便在极端环境下工作。因此,为这些设备分配编码系统被认为是基本需求。

预期功能：①增强通用传感器在极端环境中的功能；②专门为极端工作环境设计的传感器。

典型项目：参见相关章节了解其他特定传感器。

基本上，目前用于极端环境应用的智能传感器比其早期的型号（将一种形式的能量转换为另一种形式的能量的传感器）具有更多的功能。为了节约能源和成本，传感器通常以集成化、多传感器的形式出现在设计中，从而简化了设计过程。因此，不为温度等常见传感器提供分类代码，除非经过其他修改或测试后能够在极端环境下工作。

图 13.2 显示了极端环境智能传感器的家族树。为了帮助熟悉分类方法，图 13.2 中的家族树与本章的部分结构相匹配。

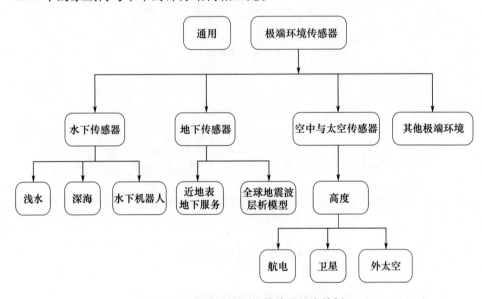

图 13.2 极端环境智能传感器的家族树

通用传感器是以智能传感器的形式出现的，只要它能在恶劣的专用 UW 工作条件下工作，就可以作为无线传感器网络应用的节点。

1) 压力传感器

压力传感器的应用范围很广，可以测量由于压力差引起的静态和动态压力。例如，将地震波或声波信号转换成电信号，由于需要具有高灵敏度，通常使用柔性锆钛酸铅压电陶瓷（PZT）。图 13.3 所示的压力传感器单元是容易制造的短圆柱体（也称为环），它将圆柱体表面上出现的压力矢量和带入环内。图 13.4 显示了 10 个方向灵敏度单元的阵列，而图 13.5 增强了用于实时压力控制应用的快速变化系统的性能[1,2]。

第13章 极端环境下的无线传感器网络设备和系统

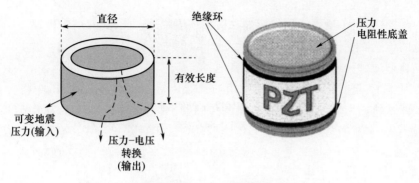

图 13.3 以环形形式生产的基本 PZT 压力传感器
(由于其生产的灵活性,PZT 材料可以形成任何形状以适应应用。
在许多应用场合,圆柱体类型为最适合的产品)

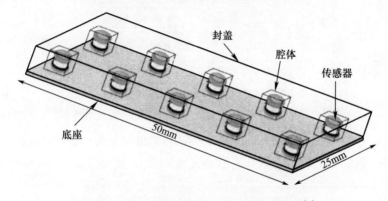

图 13.4 典型中型 PZT 压力传感器阵列产品[1]

图 13.5 微型机电系统(MEMS)技术 PZT 压力传感器的应用
(已应用于航空、汽车和医疗等各个行业。绝对压力传感系统具有成本低、兼容性好、
灵活性强等优点,经许可可作为航空电子应用中传感的核心部件[2])

然而,制造这种器件的过程相当复杂,需要专用仪器装置,如图 13.6 所示的硅基体和图 13.7 所示的阵列制作过程。

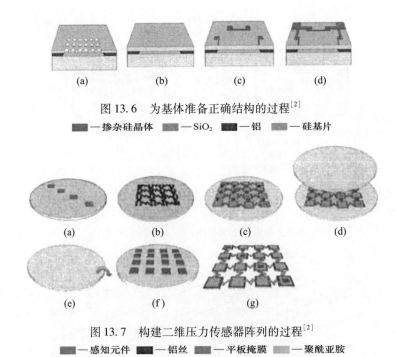

图 13.6　为基体准备正确结构的过程[2]

■ —掺杂硅晶体　■ —SiO_2　■ —铝　■ —硅基片

图 13.7　构建二维压力传感器阵列的过程[2]

■ —感知元件　■ —铝丝　■ —平板掩膜　■ —聚酰亚胺

在实践中,通过建立模型和原型来测试和测量设备的功能、性能需要专业的设计师配备适当的工具,一般在实验室完成。图 13.8 显示了在生产前检查设备的原型。

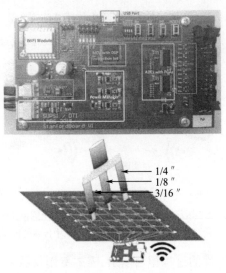

图 13.8　印刷电路样式设计和用于测量的建议技术[2]

2）溢油传感器

随着众多行业争相最大限度地利用低成本的天然石油,需要阻止石油泄漏事件破坏环境,水污染是最常见的情况。部分产品采用氙束技术检测油品。

图 13.9 显示了一个简单的装置,即在油品呈阳性时可以检测到滤波光束。图 13.10 和图 13.11 分别是该装置的工业和海洋应用。图 13.12 显示了一个漏油事故,在这个事故中,一个复杂的报警系统可以采取进一步的步骤清除漏油。

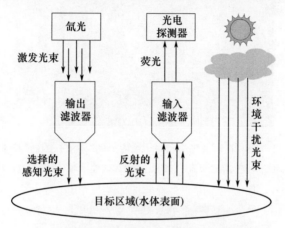

图 13.9　氙光束传感方法的原理结构

（其中首先过滤源光束,选择可用波长分量。然后,由接收滤波器收集的反射光束将不需要的光谱清除到光检测器部分,以分析是否存在溢油的性质[3]）

图 13.10　在工厂排水口和出口安装"油探测器"

（由 Slick Sleuth 提供[3]）

图 13.11 安装在输油码头和海运油库上的"油液探测器"技术应用
(能够监控并主动给关键人发送短消息(照片由澳大利亚皇家海军和斯里克斯勒特提供)[3])

图 13.12 安装在 SBM 型 10m 装载浮标上的"石油探测器"的海上应用
(如果探测到泄漏,警报将从三个浮标上的六个点传送到岸上
(图片由中国石油集团公司和斯里克斯莱克提供))

13.3 水　　下

水下专用传感器

代码:13300

预期功能:①水下环境中使用的增强型通用传感器,该传感器应受到水及其

压力的保护,以达到与其他传感器相同或更好的预期效果;②根据所需规范专门设计用于水下工作的传感器。

典型项目:高压、盐度、流量、声传感调制解调器(声矢量传感器和水听器)。

1. 水听器

水听器被认为是声波传播的接收器。最初它是非常大的机械装置,但现在压电元件的体积小得多,通常是以阵列的形式将水中压力的任何变化转化为可用于声波通信的信息。工作中的水听器类似于检波器,只是设计用于水下工作。如今,对遥感和水下传感器等极端环境的高级维护可以通过内置通信能力来开发,以降低成本和复杂性。例如,图13.13所示的启用了HART的速度传感器,不仅不受工作环境的危害,而且还可以作为UWSN系统的一部分主动使用[4]。

图13.13 Wilcoxon传感技术公司提供的可用于海洋水听器的特殊设计传感器样品[4Wilc]

2. 矢量传感器

矢量传感器通常是PZT传感器阵列,它结合持久的多径信号来检测和定位信源。由于声波信号的压力特性,它通常用于水下情况,如图13.14～图13.16所示[5~7]。

图13.14显示了水下应用情景中三条主要传播路径的典型多径情况,在这

种情况下,利用了用于矢量处理的成熟波束形成算法,接收机可以适应并产生实际距离所需的数据。在视距传播不可用的情况下,通常由其他几个主要路径代替。

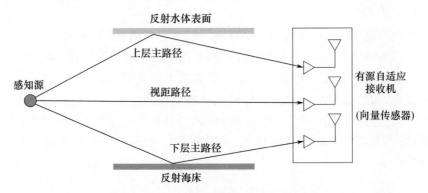

图 13.14 水下应用矢量传感器的原理
(这里的主要设计任务属于信号处理和有效调谐,这可以帮助
远程最小化所需的复杂性和相关的能源、服务和管理需求。)

由于声波波长的原因,传统矢量传感器的尺寸要求特殊的结构设计。图 13.15 所示为多环传感器产品示意图,用于提高性能和灵敏度。它们也被称为圆形声矢量传感器。

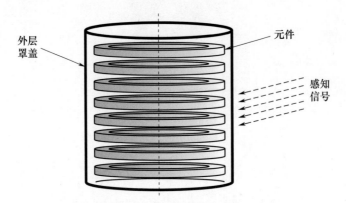

图 13.15 用于水下应用的圆形声矢量传感器[6]

图 13.16 Wilcoxon 传感技术公司的低频矢量传感器样本[4]

13.3.1 浅水

近几十年来,智能传感器在浅水、沿海和近海设施等领域的应用一直在增加。

多年来,浮标一直被用来保护船只,现在有了新的低成本传感器,它可以用于更重要的任务。它在将 UWSN 连接到地面网络方面,突显出实用性和低成本效益(图 13.17)。

图 13.17　美国国家海洋与大气局合作在印度洋安装的浮标
(安装在这些浮标上的传感器用于灾害警报和气候变化监测,如温度和 CO_2。
但它们也可以设计用于任何水下特定的工业应用[7])

13.3.2 深海

深海及其海底为安装和使用地下传感器和测量设备提供了最好的机会,避免了回火的可能并具有抗干扰能力。

13.3.3 水下航行器

自主式水下航行器通过更好地利用智能传感器和阵列技术而不断发展。利用这些服务,它们可以将许多新的感知特性与移动性结合起来,作为一个完美的探索机器,为广阔的水下环境带来可见性和可操控性。典型特征包括加速计、电流剖面、声学调制解调器、导航控制、摄像机、磁通门罗盘、GPS、陀螺仪、磁传感器、无线电信标深度计、声波测距和定位、速度计、超声波压力、温度、声纳和其他测量能力。

13.4　地　　下

地下专用传感器

代码:13400

预期功能:①在地下环境中使用的增强型通用传感器,以在预期寿命内无任何服务故障或操作问题的情况下保持正常工作;②设计适用于在地下条件下工作的专用地下传感器。

典型项目:地震和振动传感器、地震检波器、磁性和声学梯度仪(图 13.18)、磁性(MI)智能传感器、阵列地震传感器、功率传输和采集设备。

由于缺乏合适的地面宽带无线电波传播,WUSN 在农业、矿业和考古勘探等领域的各种应用都倾向于使用新的 MI 设备,这些设备有望与高频地震技术相竞争。因此,地面磁性的识别正变得越来越重要。

图 13.18　一个典型的磁梯度计

(能够绘制磁场图,探测金属,并检查用于 WUSN 应用的 MI 设备的
干扰磁场(见第 10 章),图像版权属巴丁顿仪器有限公司,根据许可使用[8]。)

地震波通过地球各层介质传递地球内部信息,其能量通过地下和水中传播。人们发明了地震检波器,用各种技术探测这些具有压力特性的波。随着压电陶瓷的出现,所有这种新产品都采用这种流行的技术。早期的版本是利用随地震波或声波移动的磁铁,如图 13.19 ~ 图 13.21[9] 所示。

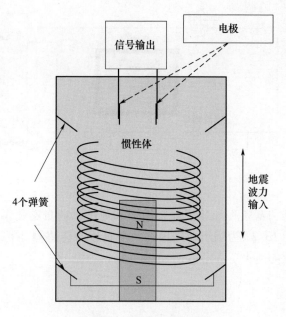

图 13.19　磁检波器的结构

(其中弹簧稳定磁铁随着地震能量的到达而移动,产生与传感器感应的振动成比例的电信号。为了在地下应用程序(如地震)中最大限度地进行检测,检波器被牢牢地固定在地面上。然而,基于参考文献[9]的微机械技术,如压电陶瓷(PZT)正成为该行业的重要组成部分)

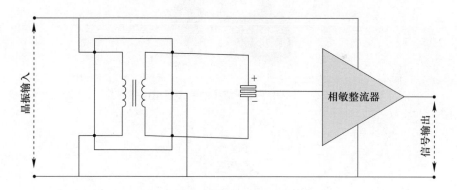

图 13.20　小信号检测的放大能力

(是感应地震波强度的关键部分,使用特殊设计的电容器可以提高检波器灵敏度[9])

13.4.1　近地表地下服务

近地表地下服务的应用每天都在增长,在许多包括采矿和农业在内的广泛应用中,用于对地面进行剖面分析。在任何重大项目开工之前对地面进行剖面分析,这些特性可能会节省相当大的成本。

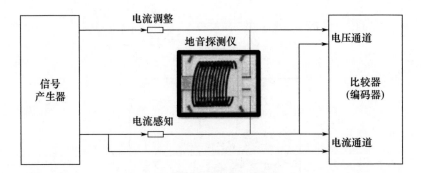

图 13.21 地震检波器校准配置[9]

地震检波器和宽频程加速度计在地面和地下工业自动化 WUSN 应用中占有很大份额。图 13.22 为用于新应用的两个有趣的传感器,图 13.23 显示了它们对安全采矿业的潜力[4,10]。

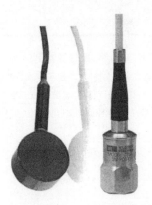

图 13.22 广泛用于地下应用的两个通用传感器[4]

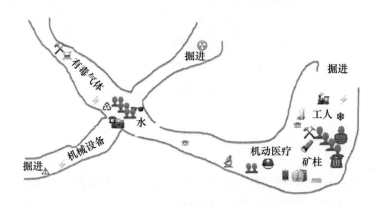

图 13.23 极端环境——矿山的有限移动、危害和危险[10]

13.4.2　全球地震波层析模型

在第 10 章中讨论了需要调查的因素包括滑坡、地震和相关海啸的来源和性质,有特殊传感器可供使用(图 13.24 和图 13.25)。

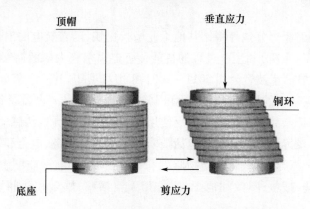

图 13.24　演示大规模移动板块(Pangaea 理论)或较小规模软土液化可能导致滑坡的模型[11]

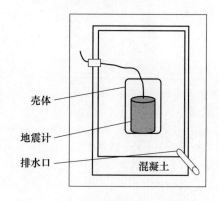

图 13.25　地下地震传感器的安装[12]

13.5　空　　间

空间专用传感器
代码:13500
预期功能:①可在空间环境中使用的、按要求工作的增强型通用传感器;②设计用于在所需工作条件下工作的空间专用传感器。
典型项目:轻型射频传感器和许多特殊设计的、具有所需能力的、高性能

TWSN 设备(例如,无电池传感器)。

虽然本节的标题是"空间",但我们非常清楚越来越需要航空运输和卫星技术来提供全球通信。

13.5.1 航电

航空航天工业部分预计将比其他工业增长更快,随着航电的出现,对其产品(无人驾驶汽车、飞机)和生产过程的智能传感器需求将大幅增加。

图 13.26 显示了波音公司 2011 - 2031 年市场展望,其三个部分分别预计为 50% 的新产品、35% 的增强换代产品和 15% 的现有产品。也就是说,85% 的创新生产需要在其产品和生产线中广泛使用智能传感器和无线传感器网络。随之而来的相关无线传感器网络应用包括消防、救灾、农业服务、电力和管道监测、污染监测、大气和海洋监测、野生动物监测和管理、海事和航运监测、交通监测、执法和调查、监测、搜救;图像和地图、广告和天空横幅、娱乐和新闻媒体、科学研究等[13]。

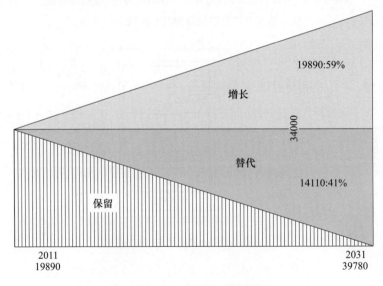

图 13.26 飞机各部分的预测趋势

13.5.2 卫星

使用卫星雷达作为传感器,可以帮助我们监测和处理陆地和水上的问题。一个巨大的好处来自于定位海洋中不断增加的石油泄漏,反射敏感雷达可以发现事故并通知当局采取正确的行动(图 13.27)[14]。

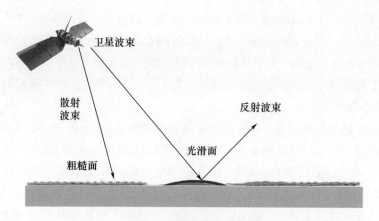

图 13.27 定位石油泄漏

（黑海被认为是原油运输量非常高的海洋之一，如图所示有石油泄漏的黑点。雷达感应方法现在可以用来帮助解决这个不断增长的问题[14]）

近地轨道（Lower Earth Orbit，LEO）卫星，针对许多工业和勘探服务的小型卫星特别有用。因其具备极低的生产成本和低维护性，使它们成为卫星系统中最有效的成员。然而，由于使用较低的轨道，因此无法获取充足的太阳能，从而导致缺乏基本的能量来源。因此，为了实现对地球的全面覆盖，需要大量或成群结队地工作，将信息和传感器信号从地球的一个角落传递到另一个角落。为了实现这项服务，它通常通过地面基站并使用 DTN 协议进行通信。

从历史上看，低轨卫星的部署经历了 8 个发展阶段，即 OSCAR – 1（1961 年）、TELESTAR – 1（1962 年）、MAGSAT（1979 年）、UoSAT – OSCAR – 9（1981 年）、UoSAT – 3（1990 年）、铱（1998 年）、地球观测卫星（2003 年），最后是巨型星座（2017 年），如图 13.28 所示。

图 13.28 铱星、GOMX – 4 立方体卫星和 Ulloriaq 稀疏星座

通过包含成百上千颗卫星，巨型星座（即 O3B、oneWeb、SpaceX、Starlink）有望提供高度动态和同步的组合[15]。换句话说，点对点的连接在任何时候都成为可能。因此，巨型星座符合同步原则，提供实时互联网、语音和视频服务。然而，

巨型星座需要几个具备足够功率(大小和质量)的资源卫星来同时维持几个连续的数据链路。这种基础设施需要大量的投资,世界上只有少数机构能够负担得起,这在过去一直是一个争议的来源(即铱和全球星破产)[16]。此外,巨型星座是基于封闭和专有技术的,由于空间碎片[17]、频谱分配[18]和火箭发射器的污染,使其仍然备受争议。

通过所谓的稀疏星座,一种更民主的天地网络正在出现。放宽同步限制禁止实时点对点通信,但也消除了巨型星座背后的大部分争议。最近基于廉价cubesat平台上的商用现货(COTS)组件的创新任务正在创造新的稀疏星座服务机会(即 GomX - 4、NASA 的 EDSN、s - Net、SAS)[19]。由于其低成本、易于获得组件以及连续覆盖要求少,稀疏星座正使更多的国家、机构和私营公司能够进入空间,以便发展地球光学和雷达观测、空中侦察、跟踪、遥感数据收集等相关领域。尽管如此,由于少数和功率受限的轨道卫星需要与邻近卫星和地面站建立机会性联系,因此被禁止使用互联网协议,支持异步数据传输方法,也称为延迟容忍网络(DTN)[20]。

13.5.3 外层空间

作为世界领先的航天机构,美国宇航局一直致力于太空探索,并在航空运输、健康、安全以及人文等各个方面探索发展创新技术(见图 13.29 ~ 图 13.32)[21]。

图 13.29 航天飞机

(航天飞机和航天器的开发、设计和发射要求在工程创新的几乎所有方面具有精确、全新和先进的技能。在美国航空航天局的帮助下,50 多年来,这种非凡的技术水平一直引领着这个国家和世界)

第13章 极端环境下的无线传感器网络设备和系统

图 13.30 新型涡轮风扇发动机
（由美国国家航空航天局工程部引领，开发出一系列新型涡轮风扇发动机，使商用飞机的发动机设计发生了革命性的变化，具有重量轻、噪声小、燃油效率高的特点（由美国国家航空航天局提供）[21]）

图 13.31 航空安全
（航天器远距离飞行乘客安全性的发展触发了安全和新程序，以拯救飞行员和大小飞机乘客的生命。这样一个可靠的系统只有在美国国家航空航天局提供的高度可靠的智能传感器的帮助下才能正常工作）

图 13.32　宇航员专用空调服

（在美国航空航天局的帮助下，极端环境工作人员专用空调服的开发一直在促进在恶劣工作条件下改善健康的技术[21]）

13.6　其他极端环境传感器

其他专用传感器

代码：13600

预期功能：无线传感器网络的工业、交通和医疗应用三大类都需要特殊功能的传感器。

典型项目：工业、交通、医疗三大类应用都有特殊需求。为 IWSN 和其他环境提供了多种解决方案。

工业传感器和其他专用设备正在迅速变化，使新的工业再次蓬勃发展。图 13.33 显示了传感器增长的共同趋势。无线传感器的应用正在迎头赶上，预计将超过有线传感器[22]。

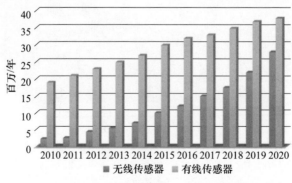

图 13.33　有线和无线传感器工业应用的市场趋势[22]

13.7 其他传感器

其他电子设备

代码:13700

预期功能:虽然听起来是互补的,但一般来说,WSN 应用程序不能仅仅与传感器一起工作,需要许多其他装备和设备来在极端环境中部署 WSN。

典型项目:IWSN 和其他环境的一系列解决方案正在变得可用。示例包括信号发生器、信标、加速度计、执行器、RFID、微控制器和工业物联网设备。

管道一直对家庭和工业环境中的安全和卫生有很大帮助。尽管它不断改进,实现抗老化和抗腐蚀,但它的爆裂或泄漏会造成严重问题。使用机器人式的设备上下管道听起来是个不错的方案。图 13.34 显示了 3 种常规方法,在极端环境特别需要使用这些工具来为自己提供便利。

(a)

(b)

图 13.34 机器人管道清洁器[23]

(a)顶视图;(b)俯视图。

1—搬运模块;2—探测器。

能源已经成为并将继续保持着作为影响工业成败的关键因素,特别是对于极端环境下使用 WSN 或 I^2oT 技术,能量收集技术还远未成熟。图 13.35 显示了三种常规方法。同样,极端环境下特别渴望使用这些工具来为自己提供便利。

图 13.35　极端环境常见的三种渐进式能量收集方法[22]

工业容易受到污染,空气污染尤其令人讨厌,而且常常是危险的。工业传感器和其他专用设备日新月异,使新兴产业再次蓬勃发展。图 13.36 显示了三个主要的工业污染源。

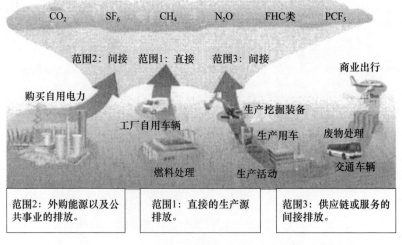

图 13.36　三大工业污染源[22]

交通运输一直是一个巨大的争论议题,而且存在多种建议的解决方案。运输业容易产生污染,空气污染尤其令人讨厌,而且常常是危险的。传感器对人们的出行和旅游可能会有所帮助。例如,联合运输,图 13.37 显示了整个流程的票务部分。

第13章 极端环境下的无线传感器网络设备和系统

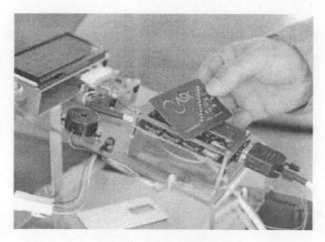

图 13.37 联合运输售票[22]

13.8 无线传感器网络系统

面向极端环境的 WSN 系统

代码:13800

预期功能:正如在本书的各个章节所讨论的一样,由于存在诸多实际困难和成本过高,我们倾向于使用"系统"而不是"网络"(WSS)。极端环境的应用程序不能太大,通常使用敏捷和轻量级算法来简化。因此,利基市场、专业产品和应用程序有望在任何大规模的全球应用范式出现之前抢占先机。这种漫长的开发过程将把两个重要的设计过程带到新项目的顶层:①特定于应用程序的开发,以创建一个全球公众视野,了解极端环境下无线传感器网络产品可以启动哪些新的机会;②软件支持的模块化设计过程,以整合日益分散的零星项目共同发展成为有价值的服务。为了加快处理速度,应该开发基于 mote 思想但专门用于极端环境下的一系列新处理器系统。

典型项目:一系列广泛的应用和服务解决方案,从支持小规模物联网的扫描到层析成像和监测应用,逐渐发展成为控制全球变暖的全球规模服务、地壳水平建模(GSTM)和 IWSN 下的全球工业合作。

模块化设计理念具有独特的柔性设计和快速成型的设计特点,适用于许多开发周期长的产品。这个概念可以用于两个不同系统的集成,因此在工业中经常发生。然而,如果流程变得非常缓慢和资源匮乏,特别是如果需要通过中间流程的各个阶段,它就无法在竞争环境中生存(图 13.38)。

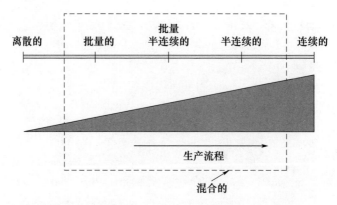

图 13.38 混合系统通过不同连续性流所需的集成阶段[24]

13.9 结 束 语

通过对极端环境下可联网智能传感器系统(WSN)的样本传感器、产品、应用和服务的分析,展示了4个基本的设计思想:①对设备进行分组和编码,这将有助于制定极端环境传感器和设备的新标准;分组将有助于各行业以更低的成本和复杂度开发功能性传感器和设备;②由于针对各种极端环境的无线传感器网络解决方案几乎不存在共性,因此开发工作将面临只有通过专门项目才能出现的重大开销;③现有的标准处理系统(如 mote 系列)只能提供最初的极端环境服务,但由于其 TWSN 设计性质不能被视为针对所有极端环境应用进行优化,因此迫切需要设计一个新的灵活和轻量级核心处理器系列,从而将旧的工业标准与新的工业标准结合起来以满足极端环境下的功能需求(例如,可用于极端环境系列的核心轻量级低能耗基础处理器);④考虑到模块化系统设计,所需的软件和中间件算法可以为所有即将推出的无线传感器网络—电子系统和服务提供灵活、可编程和优化的解决方案。

参考文献

[1] Asadnia, M., et al. Flexible and Surface-Mountable Piezoelectric Sensor Arrays for Underwater Sensing in Marine Vehicles[J]. *IEEE Sensors Journal*, Vol. 13, No. 10, pp. 3918–3925, 2013.

[2] Guo, Y, et al. Stand-Alone Stretchable Absolute Pressure Sensing System for Industrial Applications[J]. *IEEE Transactions on Industrial Electronics*, Vol. 64, No. 11, pp. 8739–8746, 2017.

[3] Chase, C. R., L. G. Roberts. Advanced Detection Technology for Early Warning – The Key to Oil Spill Prevention[C]. *International Oil Spill Conference*, May 2008 – Savannah, Georgia, USA, www.SlickSleuth.com.

[4] Wilcoxon Research[EB/OL]. www.wilcoxon.com.

[5] He, J. Joint Space – Time Parameter Estimation for Underwater Communication Channels with Velocity Vector Sensor Arrays[J]. *IEEE Transactions on Wireless Communications*, Vol. 11, No. 11, pp. 3869 – 3877, 2012.

[6] Zou, N., A. Nehorai. Circular Acoustic Vector – Sensor Array for Mode Beamforming[J]. *IEEE Transactions on Signal Processing*, Vol. 57, No. 8, pp. 3041 – 3052, 2009.

[7] NOAA Research News. NOAA teams up with India to strengthen ocean observations[EB/OL]. June 12, 2018, (https://research.noaa.gov/article/ArtMID/587/ArticleID/2363/NOAA – teams – up – with – India – to – streng.

[8] Grad601 Gradiometer System, Bartington™[EB/OL]. www.bartington.com.

[9] Discovery of Sound in the Sea[EB/OL]. https://dosits.org.

[10] Yarkan, S., et al. Underground Mine Communications: A Survey[J]. *IEEE Communications Surveys & Tutorials*, Vol. 11, No. 3, pp. 125 – 142, 2009.

[11] Committee on State of the Art and Practice in Earthquake Induced Soil Liquefaction Assessment, NAP Report. State of the Art and Practice in the Assessment of Earthquake – Induced Soil Liquefaction and Its Consequences[EB/OL]. http://nap.edu/23474.

[12] Bormann, P. (Ed). revised version. New Manual of Seismological Observatory Practice (2002)[EB/OL]. electronically published 2009 elisabetta.danastasio/grot/manual_seismological observatory – 2002ftp://ftp.ingv.it/publ.pdf.

[13] Materna, R., F. W. Deck. Aerospace Industry Report[R]. Third Edition, Facts, Figures & Outlook for the Aviation and Aerospace Manufacturing Industry, Aerospace Industries Association of America, Inc. 2013.

[14] Guido Ferraro and MEASURE team. Monitoring sea – based oil pollution in the Black Sea: JRC activities[EB/OL]. Joint Research Centre (JRC), https://www.osce.org/eea/32917?download = true.

[15] NASA SPINOFF. Technology Transfer Program[EB/OL]. https://www.nasa.gov.

[16] IEC. Internet of Things: Wireless Sensor Networks, white paper[EB/OL]. www.iec.ch/whitepaper/pdf/iecWP – internetof things – LR – en.pdf.

[17] Chatzigeorgiou, D., et al. Design of a Novel In – Pipe Reliable Leak Detector[J]. *IEEE/ASME Transactions on Mechatronics*, Vol. 20, No. 2, 2015, pp. 824 – 833.

[18] Yang, C. H., V., Vyatkin. Design and validation of distributed control with decentralized intelligence in process industries: A survey[C]. 2008 6th IEEE International Conference on Industrial Informatics, Daejeon, 2008, pp. 1395 – 1400.

作者简介

Habib F. Rashvand,1981年在坎特伯雷的肯特大学获得电子学博士学位(荣誉)。同年加入赞比亚大学,任工程学院通信系主任。后于1983年加入雷卡(Racal)数据集团,担任高级开发部门负责人。1990年,加入英国大东电报局(Cable & Wireless Plc),作为伦敦考文垂大学(Coventry University)的学术顾问参加了一个联合项目。2001年加入马格德堡大学(University of Magdeburg),担任欧洲数据通信教授,并于2004年移居沃里克大学(University of Warwick)。Rashvand教授的课外活动包括在朴茨茅斯大学教授安全技术,加入南安普顿大学的研究协会,在开放大学教授创新设计并担任IET研究期刊(COM、IFS、NET、WSS)的主编和顾问。他的主旨和受邀演讲包括"远程医疗中心""互联网流量工程""WiMax、Cybercity和下一代网络""工程师创新""网络安全""无线通信""无线传感器系统""ICT、创新和技术革命""分布式智能""无处不在的覆盖技术""DSS和IoT""多移动机器人平台""智能手机智能应用程序""高速列车专用通信""分布式智能与代理技术""健康监测移动技术""分布式智能和MAS""异构多代理覆盖通信基础设施""计算机在第三次技术革命中的作用""无线分布式传感的发展与前景""无线通信网络的承诺"和"无线通信技术研究展望"等。他的技术专著有《分布式传感器系统》(Wiley 2012)、《跨层通信》(IGI Global 2012)、《动态自组织网络》(IET 2013)、《极端环境下的无线传感器系统》(Wiley 2017)。作为涉及全球学术界和创新产业的先进通信系统的主管,他帮助建立了一个可持续发展的地球村。

作者简介

Ali Abedi，2004 年在滑铁卢大学获得电气和计算机工程博士学位，2005 年加入缅因大学欧洛诺分校，现任电气和计算机工程教授、计算机和信息科学合作教授、研究助理副总裁。他曾任安大略省金斯敦女王大学兼职教授（2004 年），马里兰州大学帕克分校客座副教授（2012 年），NIST 客座研究员（2012 年），美国宇航局院士（2016 年）。Abedi 博士曾担任美国宇航局、国家科学基金会和国家卫生研究院资助的几个项目的首席研究员，这些项目包括月球空间定居地的无线传感和国际空间站的泄漏检测。Abedi 博士获得了加拿大自然科学与工程研究委员会（NSERC）、日本科学促进会（JSPS）、加拿大航天局（CSA）、美国宇航局（NASA）和美国电气与电子工程师协会（IEEE）的多项奖项和认可。他在 IEEE 杂志和会议上发表了 100 多篇论文，其中包括几本著作和专利。Abedi 博士是 IEEE 的高级成员，曾在地方、地区、国家和国际各级的 IEEE 委员会以及 IEEE 国际会议的组织委员会和 IEEE、KICS 和 IET 期刊的编辑委员会任职。他是两家初创公司的联合创始人，也是无线传感器远脑损伤检测的创始人之一。